高职高专"十三五"规划教材·电子信息类

局域网交换技术项目化教程

主　编　陈　敏　谭韶生　杨丽莎
副主编　邓丽君　刘霜霜　刘让文

西安电子科技大学出版社

内 容 简 介

    本书详细介绍了局域网组建的方法、技术标准与规范、交换技术的基本知识和操作技能等。本书内容按局域网项目展开的顺序、项目大小及技术复杂程度循序渐进地编排,分为概述、局域网规划设计、小型办公局域网项目、中型企业局域网项目、大型园区局域网项目、局域网总体部署与实施方案等6个项目,项目中所涉及的主要技术包括:局域网的组网技术及标准,交换产品及主要技术指标,交换机的CLI访问和使用,交换机基本配置,VLAN、Trunk和VTP配置,VLAN间路由及配置,DHCP服务器配置,以太网链路聚合及配置,STP和HSRP配置等。

    本书的编写基于作者多年的教学经验,内容安排图文并茂,实用性强,适合于教、学、做、工程体验一体化的教学过程。本书可作为高职高专相关专业学生的教材,也可供网络工程人员参考。

图书在版编目(CIP)数据

局域网交换技术项目化教程/陈敏,谭韶生,杨丽莎主编.—西安:西安电子科技大学出版社,2018.3(2018.4 重印)

ISBN 978 - 7 - 5606 - 4846 - 0

Ⅰ.① 局…　Ⅱ.① 陈…　② 谭…　③ 杨…　Ⅲ.① 局域网—信息交换机—教材
Ⅳ.① TN915.05

中国版本图书馆 CIP 数据核字(2018)第 028338 号

策　　划	马乐惠　马　琼	
责任编辑	黄　菡　阎　彬	
出版发行	西安电子科技大学出版社(西安市太白南路 2 号)	
电　　话	(029)88242885　88201467	邮　编　710071
网　　址	www.xduph.com	电子邮箱　xdupfxb001@163.com
经　　销	新华书店	
印刷单位	陕西华沐印刷科技有限责任公司	
版　　次	2018 年 3 月第 1 版　2018 年 4 月第 2 次印刷	
开　　本	787 毫米×1092 毫米　1/16　印张　16	
字　　数	377 千字	
印　　数	181～3180 册	
定　　价	33.00 元	

ISBN 978 - 7 - 5606 - 4846 - 0/TN

XDUP 5148001 - 2

前　言

本书从局域网基础知识入手，通过对各种背景下网络组建项目的讲解，帮助读者建立系统、全面的局域网组建知识结构，切实提高组网能力。

本书按项目的形式组织章节内容，分为概述、局域网规划设计、小型办公局域网项目、中型企业局域网项目、大型园区局域网项目、局域网总体部署与实施方案等 6 个项目。项目 0 主要介绍项目有关概念，项目 1 主要介绍局域网组建的方法、技术标准及规范、交换技术基础等，项目 2～项目 5 都是基于一个实际的网络工程项目，通过科学的裁剪、序化、组合，从简单到复杂，从而形成可真正适用于教学的项目。读者通过对本书中各个项目的学习，可以掌握局域网项目实施的流程和工作内容，提高技术综合运用能力。本书主要有以下特色：

(1) 突出技术、产品和解决方案。本书以中小型企业网为起点，使读者基本掌握局域网的主流技术、主流产品以及完整的解决方案。

(2) 突出实用性。本书以网络工程的生命周期引领局域网的需求分析、规划设计过程以及相关网络文档的编写，从实用角度讲述组建局域网和交换技术所需的基本知识和基本技能，具有一定的实用性。

(3) 采用真实的工程项目案例。本书对真实的工程项目进行了裁剪、序化、组合，形成可真正适用于教学的项目，除项目 0 外每一个项目都是一个完整的案例，实现了"教、学、做、工程体验"四位一体化。

(4) 突出理论知识和实践能力的提高。本书对实践项目配有实训练习、习题及答案，可对读者的理论知识和实践能力进行检验。

本书配套有 60 个数字资源，包含微课视频、实训操作视频和相关技术资料，可扫描对应的二维码查看，其中视频部分建议读者在 WiFi 环境下观看。

湖南工业职业技术学院陈敏、谭韶生、杨丽莎任本书主编，湖南工业职业技术学院邓丽君、刘霜霜和湖南省通晓信息科技有限公司刘让文任副主编。西安电子科技大学出版社相关编辑对本书的编写提出了许多宝贵意见，在此表示感谢。

鉴于编者水平有限，书中难免存在不妥和疏漏之处，恳请读者批评指正。

编　者
2017 年 12 月

目　　录

项目 0　概　述

【学习目标】

通过本项目的学习，应达到以下目标：

(1) 熟悉局域网项目概念。

(2) 能进行项目需求分析。

(3) 熟悉项目解决方案及实施流程。

(4) 能绘制局域网逻辑结构图。

0.1　项目概念

项目是指一系列独特、复杂并相互关联的活动，这些活动有一个明确的目标或目的，必须在特定的时间、预算、资源限定内，依据规范完成。网络项目就是通过网络专业技术和与之相关的通用技术，按照一定的规则和目标，对功能分散的网络设备以"活动"的方式进行有效整合与集成实施，以达到满足企业需求和客户满意的目的。

网络项目实施流程主要分为项目准备、工程项目实施和工程项目收尾三个阶段，每个阶段都包含多个操作。

0.2　项目描述

项目描述一般是指客户的网络建设要求，下面以三个实际项目案例示意。

项目描述

1. 小型企业局域网建设项目

某广告设计外包公司设有综合部、策划部、销售部、财务部等四个部门，分散在同一栋楼的两个楼层。其中第一层为综合部和销售部，约 45 台计算机；第二层为策划部和财务部，约 10 台计算机。要求局域网内有文件服务器和 Web 服务器，公司用户可以实现资源共享和相互通信，所有用户均可访问 Internet。

2. 中型企业局域网组网项目

某电力设备厂内分为办公区和生产区两个区域。其中办公区拥有一栋五层办公楼，每层近 15 间办公室，约 200 台计算机；生产区拥有两栋六层楼房，每层设有八个生产车间，约 300 台计算机。组建局域网后，总数量约 600 台计算机。考虑网络的可管理性和安全性，需部署多个 VLAN。

3. 某大学校园网建设项目

某学院校区占地面积 1200 余亩，有两个校区。校园网信息点约 1500 个，主要集中在教学楼、办公楼、实训楼、宿舍楼和图书馆，网络中心设置在教学楼二楼，其主要建设需求如下：

（1）层次需求。校园网整体分为三个层次：核心层、汇聚层、接入层。核心层由两个核心节点组成，包括教学区区域、服务器群；汇聚层设在每栋楼上，每栋楼设置一个汇聚节点，采用 1～2 台汇聚层交换机；接入层为每栋楼的接入交换机，直接分布到房间节点。

（2）通信需求。主干网数据通信介质采用光纤，两个校区相互之间为千兆信息传输、校区内部楼宇之间为千兆信息传输、各个信息节点为 100 M/1000 M 信息传输。

（3）业务需求。能为用户提供教务管理、学籍管理、办公管理，如 WWW 服务、文件服务、远程登录等。

（4）安全需求。能对校园网资源进行有效控制，内部网业务系统要求用户身份验证，内部网和外部网通过防火墙技术隔离。

0.3　项目需求分析

需求分析是网络设计的基础，有助于加强设计者对网络功能的理解，并给整个网络设计提供参考。需求分析不是设计者凭经验或主观上撰写的一份文档，而是设计者通过与用户进行沟通，将用户模糊的想法和潜在的需求明确化、具体化，然后进行针对性的分析和设计，使网络能满足用户的需求。不正确或不准确的需求分析将会使设计结果与用户需求不一致，致使项目出现延期甚至中断的不良后果。因此在网络规划设计前，应严格做好需求分析。需求分析示意如图 0-1 所示。

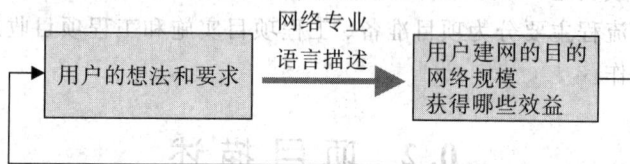

图 0-1　需求分析示意图

在与用户沟通调研时，应重点关心用户规模、设备类型、通信类型、网络应用、通信量等问题，具体内容如图 0-2 所示。

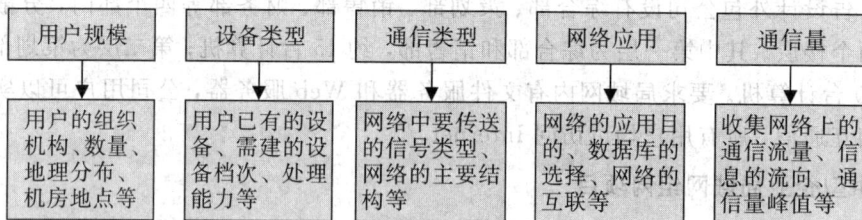

图 0-2　调研时需考虑的问题

此外，还需详细做好以下几方面的需求分析：

1. 拓扑结构需求分析

在进行网络的总体设计前，应当首先弄清楚给哪些建筑物布线，每座建筑物中的哪些房间需要布线，每个房间的哪个位置要预留信息插座。此外，建筑物之间的距离、建筑物的垂直高度和水平长度等都要事先做好调查，才能合理地设计网络拓扑结构，选择适当的位置作为网络管理中心以及作为设备间放置联网设备，有目的地选择组建网络所使用的通信介质和交换机。

2. 设备选型需求分析

设备选型方面需在技术上具有先进性、通用性，且便于管理和维护，应具备未来良好的可扩展性、可升级性。设备要在满足该项目的功能和性能的同时还具有良好的性价比，故在选型上不仅要选拥有足够实力和市场份额的主流产品，同时也要考虑好的售后服务。

3. 网络发展需求分析

网络设计者不仅要考虑到容纳网络中当前的用户，还应当为网络保留至少 3~5 年的可扩展能力，从而在用户增加时，网络依然能够满足增长的需要。这一点非常重要，因为布线工程一旦完毕，就很难再进行扩充性施工，所以在埋设网线和信息插座时，一定要有足够的余量，而联网设备则可以在需要时随时购置。

4. 网络高效稳定需求分析

网络设计者在设计网络前必须考虑网络在满负荷下能稳定高效运营。为使内网交换机间中继链路具有足够的带宽，通常使用链路汇聚技术；同时为了确保网络的可靠性与稳定性，通常在内网交换机间提供冗余链路，冗余链路可提高网络的健全性、稳定性和可靠性，但在网络中冗余链路形成环路会引发诸如广播风暴、多重帧复制以及 MAC 地址表的不稳定等严重后果。网络设计者在规划设计时应考虑使用链路汇聚技术、生成树技术等以保证网络高效、稳定运营。

在做好以上准备后，整理好需求报告，再结合实际，分析建网的目的是否可行、投资力度是否足够、技术是否可行等，最后作出可行性分析报告。

0.4 项目解决方案

在项目解决方案中，主要解决设计目标、设计依据、设计原则、设计方案以及方案预算等问题，其主要内容如图 0-3 所示。

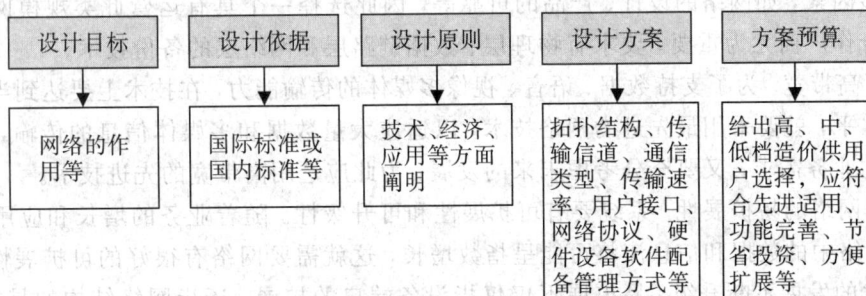

图 0-3 解决方案的主要内容

下面主要以设计方案来说明。

1. 网络拓扑类型

网络拓扑结构的设计是全网设计的基础，拓扑结构直接决定了网络各个部分所采用的设备类型，只要拓扑结构确定下来，各部分该使用什么类型的设备就可以确定，网络设计的其他方面都是在网络拓扑结构的基础上进行调整完善的。

网络拓扑是指网络结构形状，或者是它在物理上的连通状态。网络的拓扑结构主要有星型拓扑、总线拓扑、环型拓扑（单环与双环）、部分互联及全互联拓扑。

网络拓扑图中通常是以厂商的图标来表示具体的设备，如思科厂商的部分网络设备图标如图 0-4 所示。

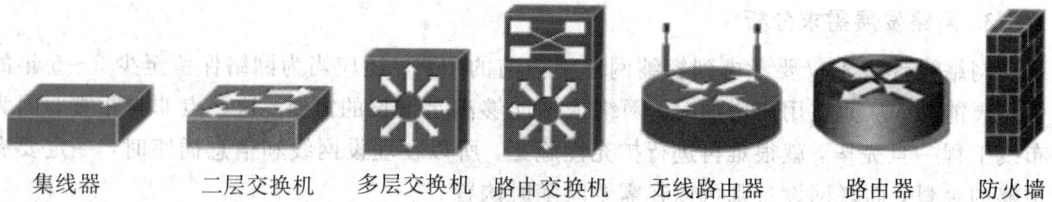

| 集线器 | 二层交换机 | 多层交换机 | 路由交换机 | 无线路由器 | 路由器 | 防火墙 |

图 0-4　思科厂商的部分网络设备图标

2. 技术选型

目前流行的局域网和城域网技术主要包括以太网、快速以太网、ATM（异步传输模式）、FDDI、CDDI、千兆以太网、万兆以太网等。在这些技术中，千兆以太网、万兆以太网以其在局域网领域中支持高带宽、多传输介质、多种服务、服务质量 QoS 好等特点正逐渐占据主流位置。

3. 传输介质选型

网络传输介质是网络中发送方与接收方之间的物理通路，它对网络的数据通信具有一定的影响。常用的传输介质有：双绞线、同轴电缆、光纤、无线传输媒介。无线传输媒介包括：无线电波、微波、红外线等。不同传输介质其传输距离与传输速率都不一样。

4. 设备选型

在进行网络系统规划与设备选型时应考虑以下几个方面的因素：

（1）网络的稳定可靠性。只有运行稳定的网络才是可靠的网络，而网络的可靠运行取决于诸多因素，如网络的设计、产品的可靠等，因此选择一个具有运营此类规模网络经验的网络合作厂商尤为重要。要求有物理层、数据链路层和网络层的备份技术。

（2）高带宽。为了支持数据、语音、视像多媒体的传输能力，在技术上要达到当前的国际先进水平，就要采用最先进的网络技术，以适应大量数据和多媒体信息的传输，既要满足目前的业务需求，又要充分考虑未来的发展，为此应选用高带宽的先进技术。

（3）网络的易扩展性。系统要有可扩展性和可升级性。随着业务的增长和应用水平的提高，网络中的数据和信息流将可能呈指数增长，这就需要网络有很好的可扩展性，并能随着技术的发展不断升级。易扩展不仅仅指设备端口的扩展，还指网络结构的易扩展性，即只有在网络结构设计合理的情况下，新的网络节点才能方便地加入已有网络；网络协议的易扩展指无论是选择第三层网络路由协议，还是规划第二层虚拟网的划分，都应注意网络设备对网络的扩展能力需求。

（4）网络的安全性。网络系统应具有良好的安全性，应支持 VLAN 的划分，并能在 VLAN 之间进行第三层交换时实施有效的安全控制，以保证系统的安全性。

　　根据以上规范，上面三个项目案例中的网络结构分别如图0-5、图0-6和图0-7所示。

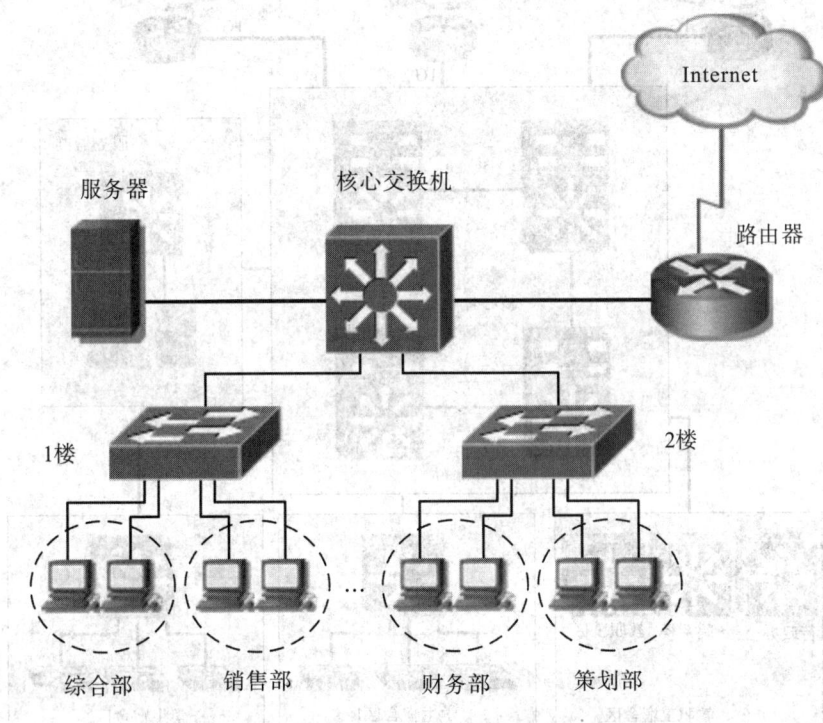

图0-5　某广告设计外包公司网络结构拓扑图

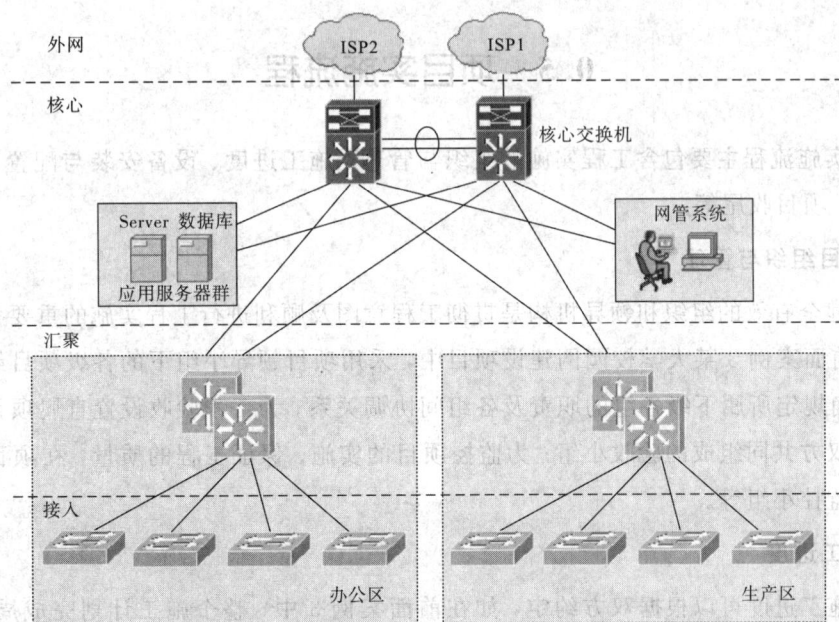

图0-6　某电力设备厂网络结构拓扑图

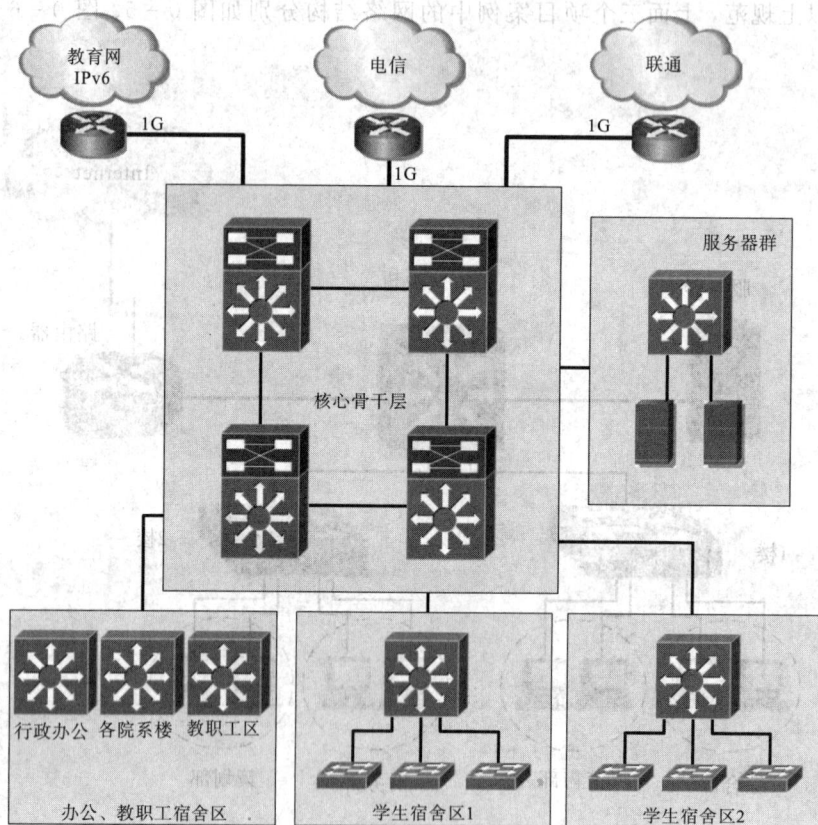

图 0-7 某大学校园网结构拓扑图

0.5 项目实施流程

项目实施流程主要包含工程实施的组织与管理、施工进度、设备安装与配置、系统运行与测试、项目收尾等。

1. 项目组织与管理

建立健全有效的组织和领导机构是贯彻工程意图及顺利进行工程实施的重要条件与保证。如在前面案例 3 某大学校园网建设项目中，采用项目领导小组下的各级项目组长负责制，并明确规定所属下级各组的职责及各组间协调关系。为工程验收设置直属项目领导小组之下的双方共同组成的验收小组；为监控项目的实施、保证工程的质量，在项目执行小组下设置监控小组等。

2. 施工进度

项目施工进度可以根据双方约定，如在前面案例 3 中，整个施工计划完成周期为 40 天，其中网络综合布线 8 天、线路测试 1 天、设备安装 2 天、设备配置与调试 6 天、试运行 6 天等。计划实施严格按照项目进度计划表进行。

3. 设备安装与配置

设备的安装与配置是工程实施中最重要的环节。在安装前，应该有一个安装计划书和安装过程配置表，将安装过程中的主要步骤、配置参数、出现的问题以及解决方法和效果等都记录下来，以便工程结束时整理成文档交付用户。

配置前也应该有一个配置部署方案，如设备命名、VLAN 划分、IP 地址规划、VTP域、中继、以太通道组、VLAN 间路由、双机热备份等，并按照部署方案实施配置。本书的后续章节着重讲的就是交换机的配置，在这里就不详述了。

4. 系统运行与测试

设备安装完毕后，还要进行整个网络的联调测试，其中包括硬件设备和软件的调试，在调试过程中可能还需要对已配置的参数进行修改，这些也要做好记录和整理。系统安装调试成功后，如果不投入应用，可能有些问题就发现不了，因此，必须经过试运行阶段。系统试运行期对整个网络系统而言是一个非常重要的时期，在此期间，客户方技术人员对设备管理、设备操作和具体使用设备等处于磨合阶段，可能会出现许多意想不到的问题，而这些问题一般在系统开始运行时不会马上出现，故系统试运行期对客户方的技术人员而言是逐步熟悉和掌握新设备与新技术的重要时期。在系统试运行期，实施企业将提供必要的现场技术支持，配备专门的网络管理人员对网络进行日常的管理，设置网络工程人员对网络进行故障维护等。

网络测试从宏观层面主要包括响应时间(报文从一个终端输入直到网络输出第一个数据单元之间的时间)、吞吐量(代表单位时间内网络实际上可能传送的报文量或者数据单元)、可靠性(在网络中当一条链路和节点发生故障时，报文能够通过网络进行迂回传输的可能性)等方面内容。网络测试的技术层面主要包括连通性测试、VLAN 功能测试、广域网访问测试、网管测试等内容。

5. 项目收尾

项目收尾阶段包含项目培训、项目验收、项目质量考核和项目移交等操作。经过项目收尾阶段后，一个局域网工程项目的组网、建网工作就已完成，接下来的就是对该网络进行维护、管理，即管网工作了。后续的内容主要讲述的就是如何组网和建网。

1) 项目培训

项目培训是针对项目实施中所设置的技术参数、运用到的技术进行讲解，以达到用户能够进行运维操作的目的。

2) 项目验收和项目质量考核

项目验收和项目质量考核指对系统运行与测试报告进行确认，测试正常后，对整个项目实施的流程进行考核。

3) 项目移交

项目实施方提交整个项目竣工文档给客户，同时通知客户项目已经实施完成并转入售后及运维阶段。

6. 项目总结

掌握规范的项目流程之后，还需要及时进行项目沟通与总结。良好的沟通可以让项目负责人随时掌握项目的动向，提前规避可能遇到的问题，最终使整个项目在保证质量的情况下按时完工。

以上就是一个局域网工程项目开展的基本过程，本书重点是项目的设备部署和设备配置，在后续的内容中将以实际项目为例深入学习和实施配置。

【实训 0.1】 绘制局域网逻辑结构图

一、实训目的

熟悉 Visio 软件的基本操作，能使用 Visio 绘制局域网逻辑结构图。

二、Visio 软件的使用

Visio 界面操作

1. Visio 软件简介

局域网逻辑结构图是网络设计中的重要文件之一。小型、简单的局域网逻辑结构图比较容易画，因为其中涉及的网络设备不是很多，图元外观也不会要求完全符合相应产品型号，通过简单的画图软件（如 Windows 系统中的"画图"软件、HyperSnap 等）即可轻松实现。而对于一些大型、复杂局域网逻辑结构图的绘制则通常需要采用一些非常专业的绘图软件，如 Visio、LAN MapShot 等。

在 Visio 等绘图软件中，不仅会有许多外观漂亮、型号多样的产品外观图，而且还提供了圆滑的曲线、斜向文字标注以及各种特殊的箭头和线条绘制工具。

Visio 系列软件是微软公司开发的高级绘图软件，属于 Office 系列，可以绘制流程图、网络拓扑图、组织结构图、机械工程图等。它功能强大，易于使用，就像 Word 一样。它可以帮助网络工程师创建商业和技术图形，对复杂的概念、过程及系统进行组织和文档备案。Visio 2010 还可以通过直接与数据资源同步，自动化更新数据图形，提供最新的图形，并且可以自定制来满足特定需求。

2. 基本操作步骤

Visio 2010 软件的基本操作步骤如下：

（1）运行 Visio 2010 软件，在打开的如图 0-8 所示窗口左边的"新建"列表中选择"详细网络图"选项，然后在右边窗口中选择一个对应的选项，或者在 Visio 2010 主界面中选择"新建"→"网络"菜单下的某项菜单操作，都可打开如图 0-9 所示的界面（在此仅以选择"详细网络图"选项为例）。

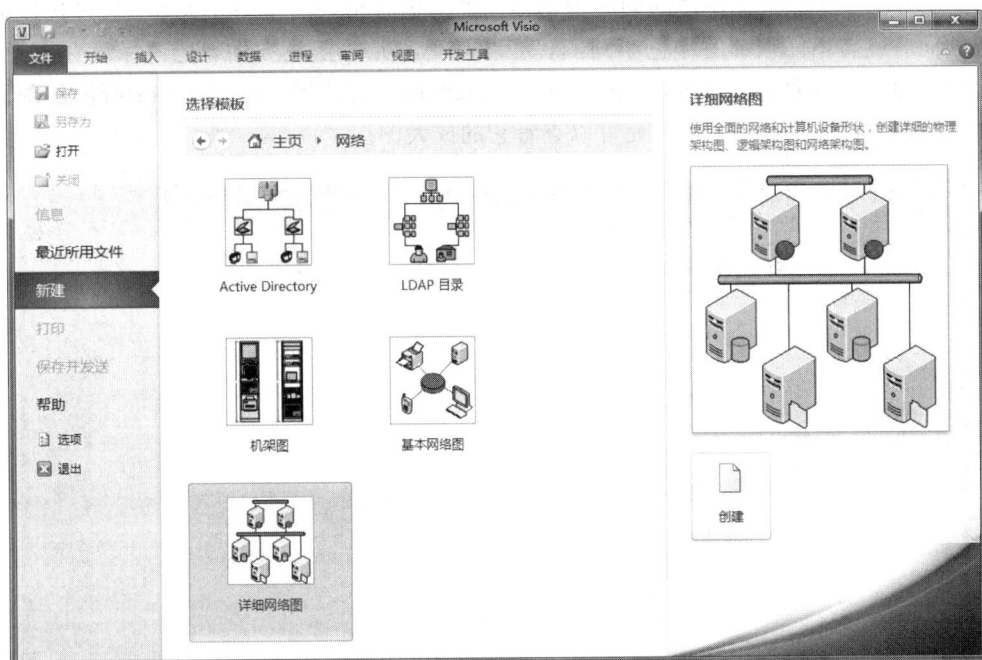

图 0-8 Visio 2010 主界面

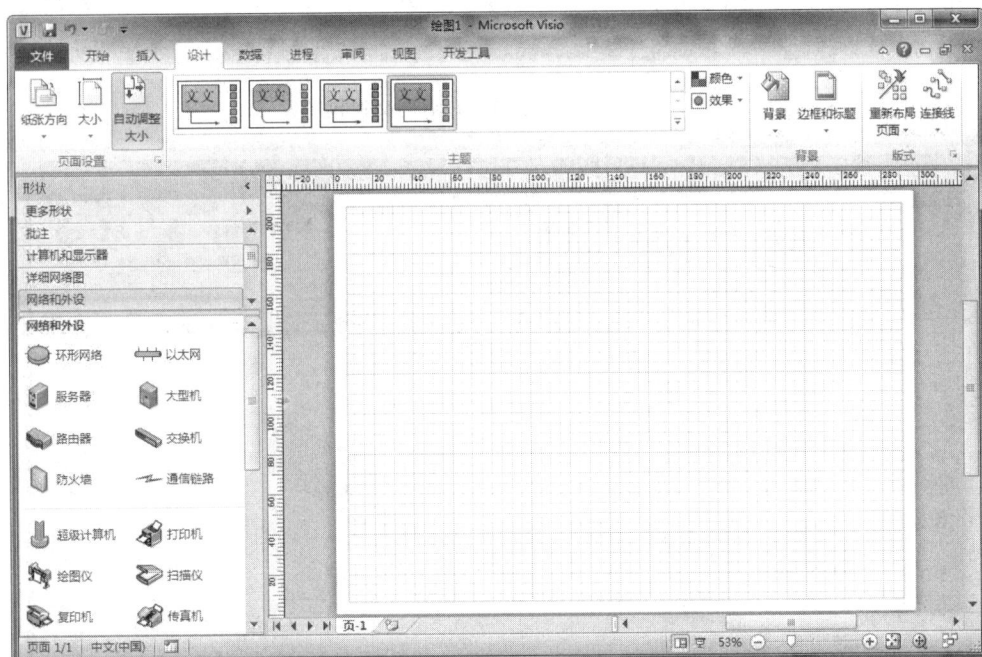

图 0-9 "详细网络图"拓扑结构绘制界面

（2）在左边图元列表中选择"网络和外设"选项，在其中的图元列表中选择"交换机"选项（因为交换机通常是网络的中心，故应首先确定好交换机的位置），按住鼠标左键把交换机图元拖到右边窗口中的相应位置，然后松开鼠标左键，得到一个交换机图元，如图 0-10

所示。还可以在按住鼠标左键的同时拖动四周的绿色方格来调整图元大小，通过按住鼠标左键的同时旋转图元顶部的绿色小圆圈，可以改变图元的摆放方向，把鼠标放在图元上，然后在出现 4 个方向箭头时按住鼠标左键可以调整图元的位置。如图 0-11 所示是调整后的一个交换机图元，通过双击图元可以查看它的放大图。

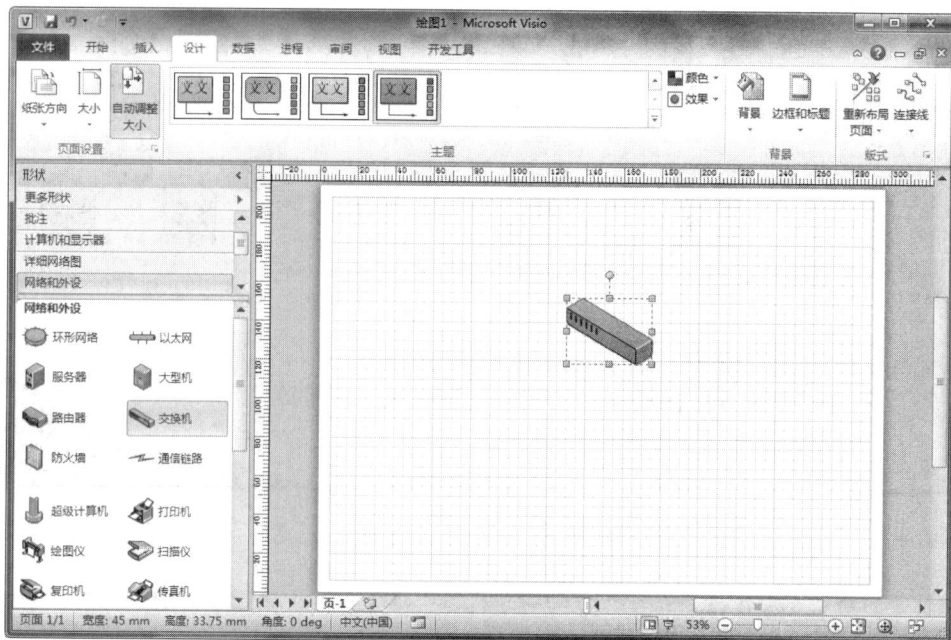

图 0-10 拖放到绘制平台后的交换机图元

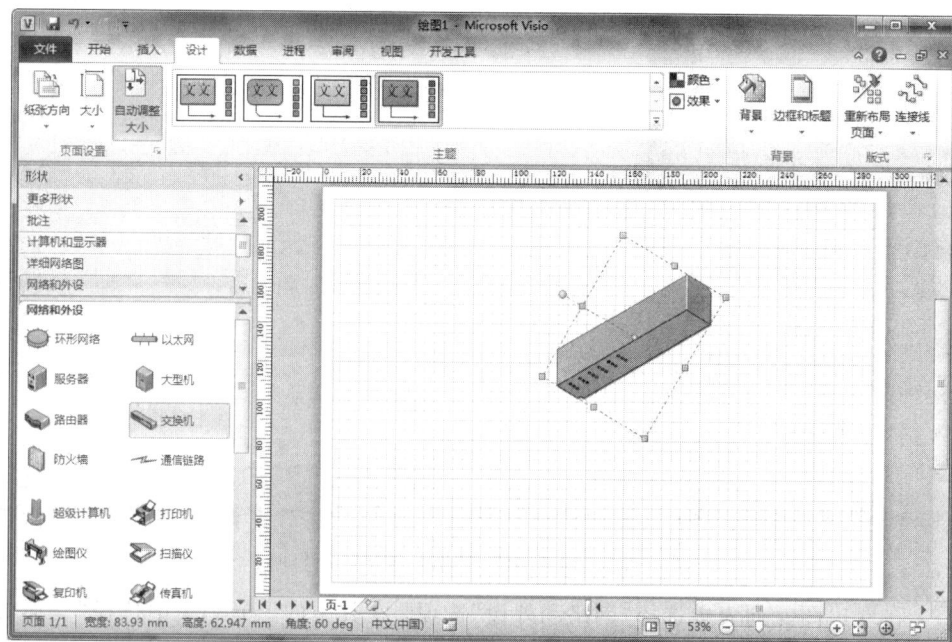

图 0-11 调整大小、方向和位置后的交换机图元

（3）要为交换机标注型号可单击工具栏中的 **A** 按钮，即可在图元下方显示一个小的文本框，此时可以输入交换机型号或其他标注，如图 0-12 所示，之后在空白处单击鼠标即可完成输入，图元又恢复原来调整后的大小。

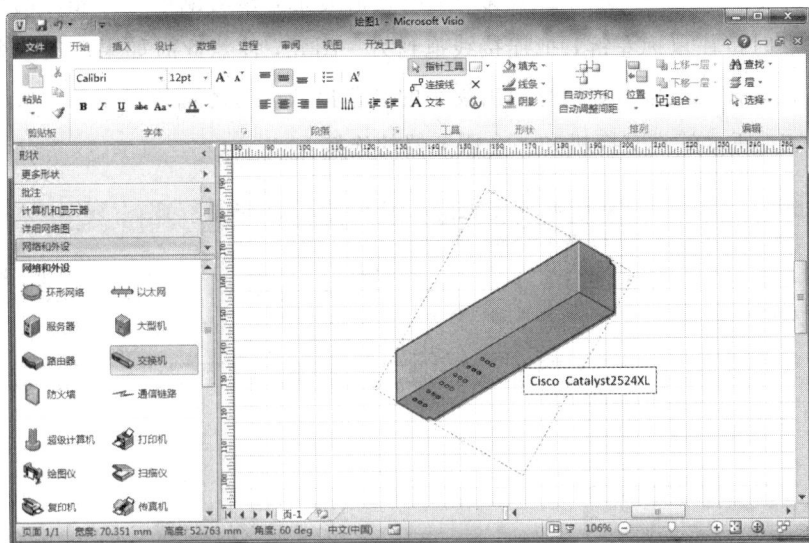

图 0-12　给图元输入标注

标注文本的字体、字号和格式等都可以通过工具栏中的 Calibri ▼ 12pt ▼ 来调整，如果要使调整适用于所有标注，则可在图元上单击鼠标右键，在弹出的快捷菜单中选择"格式"→"文本"选项，打开如图 0-13 所示的对话框，在此可以进行详细的配置，标注的输入文本框位置也可通过按住鼠标左键移动。

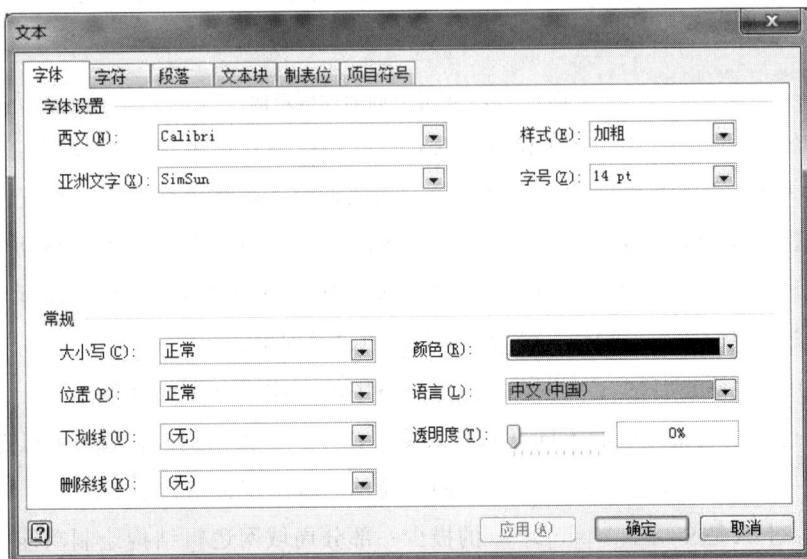

图 0-13　标注文本的通用设置对话框

（4）以同样的方法添加一台服务器，并把它与交换机连接起来。服务器的添加方法与交换机一样，在此只介绍交换机与服务器的连接方法。在 Visio 2010 中介绍的连接方法很复杂，实际操作时只需使用工具栏中的连接线工具进行连接即可。在选择了该工具后，单击要连接的两个图元之一，此时会出现一个红色的方框，移动鼠标选择相应的位置，当出现紫色星状点时按住鼠标左键，把连接线拖到另一图元，注意此时如果出现一个大的红方框则表示不宜选择此连接点，只有当出现小的红色星状点时才可松开鼠标，从而使连接成功，如图 0-14 所示就是交换机和一台服务器的连接。

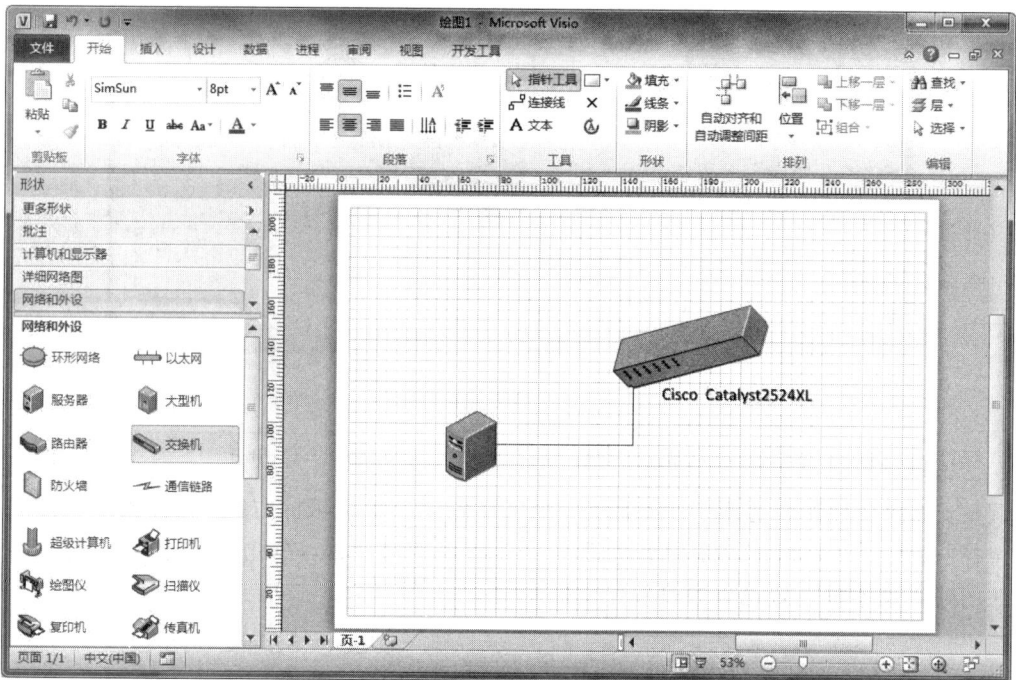

图 0-14　图元之间的连接示例

提示：在更改图元大小、方向和位置时，一定要在工具栏中选择"选取"工具，否则不会出现图元大小、方向及位置的方点和圆点，无法调整。要整体移动多个图元的位置，可在同时按住【Ctrl】和【Shift】两键的情况下，按住鼠标左键拖动选取整个要移动的图元，当出现一个矩形框并且鼠标呈 4 个方向箭头时，即可通过拖动鼠标移动多个图元了。要删除连接线，只需先选取相应连接线，然后再按【Delete】键即可。

（5）把其他网络设备图元——添加并与网络中的相应设备图元连接起来，当然这些设备图元可能会在左边窗口中的不同类别列表中。打开一个类别列表，从中可以选择需要的图元。图 0-15 是一个通过 Visio 2010 绘制的简单局域网逻辑结构示意图。

说明：以上只是介绍了 Visio 2010 的极少一部分局域网逻辑结构绘制功能，因为它的使用方法比较简单，操作方法与 Word 类似，在此不再详细介绍。

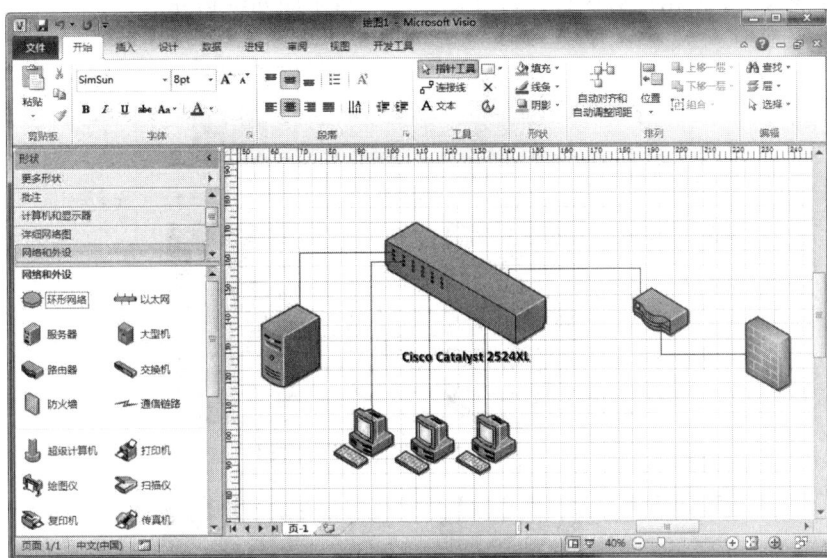

图 0-15 用 Visio 2010 绘制的简单局域网逻辑结构示意图

三、实训内容

（1）启动 Visio 软件。

（2）熟悉 Visio 软件界面操作。

（3）用 Visio 软件绘制小型局域网网络拓扑图，如图 0-16 所示。

绘制逻辑结构图

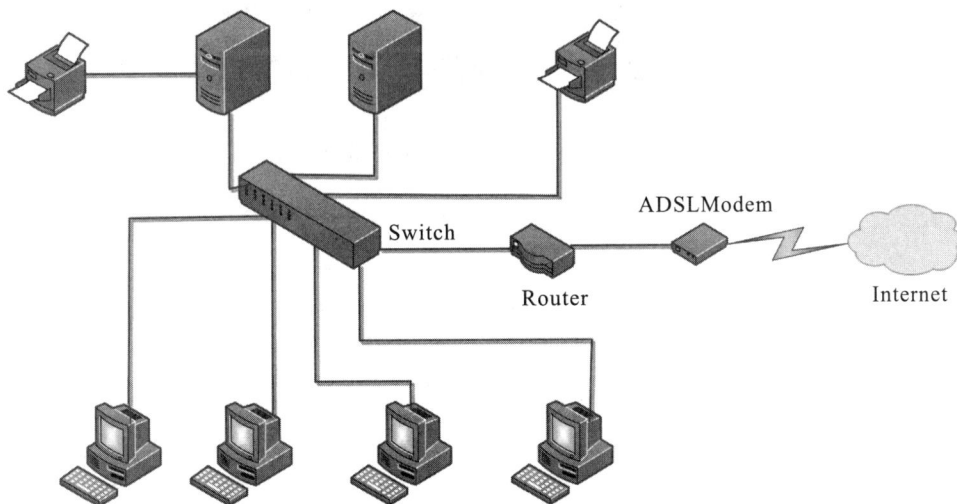

图 0-16 绘制小型局域网网络拓扑图

四、实训思考题

（1）在绘制网络拓扑图时，若要使用厂商图标，如思科、华为、H3C 等，如何操作？查找这些厂商图标库并下载。

（2）在 Visio 中使用厂商图标绘制如图 0 - 17 所示的网络拓扑图。

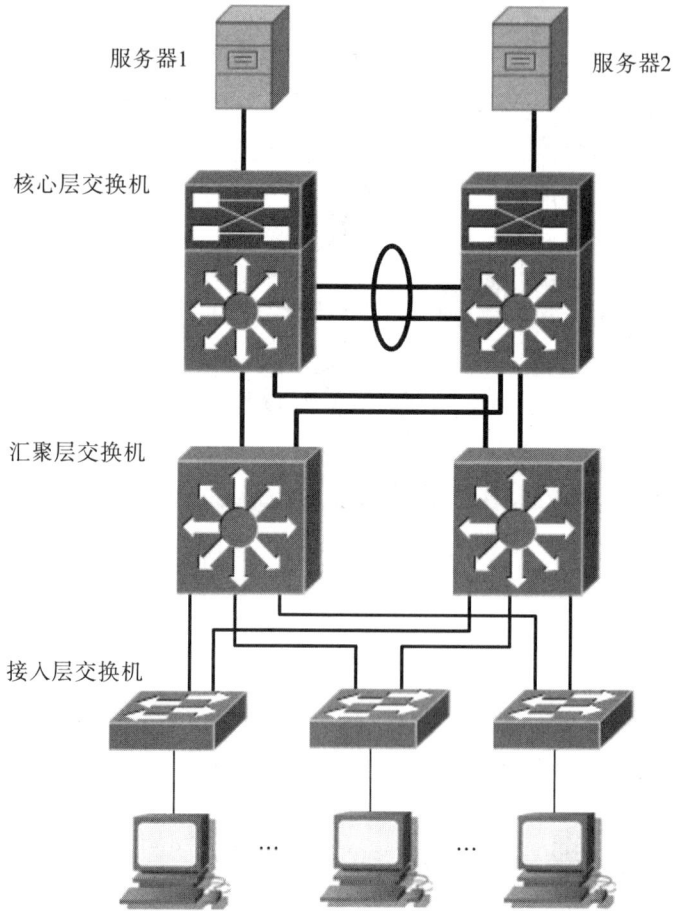

图 0 - 17　使用厂商图标绘制网络拓扑图

项目 1　局域网规划设计

【学习目标】

通过本项目的学习，应达到以下目标：

(1) 熟悉局域网协议标准、常见拓扑结构及特点。

(2) 理解以太网介质争用方式。

(3) 熟悉交换式局域网及局域网组网技术规范。

(4) 能为企业局域网进行技术选型。

(5) 熟悉交换机产品及技术参数，并能根据用户的需求合理地选用产品。

(6) 通过实际案例熟悉小型、中型和大型局域网组建方法。

(7) 能针对实际需要进行局域网的规划和设计。

1.1　项目概述

　　某实创公司是一家专业从事网络、存储产品代理销售和信息项目整体方案解决的国家一级系统集成商，地点在长沙，拥有一栋办公大楼，共 12 层；公司下设行政部、财务部、市场部、开发部等四个部门。随着业务的扩大及人员的增长，以前的办公网络已经不能适应实际工作的需求，拟对其进行改造，构建一个高效的办公网络，以提高公司办公效率。为了保证改造的质量、工期、成本，公司对此次网络改造单列为若干个项目。本项目将组织技术人员设计公司网络方案。

1.2　需求分析

　　(1) 公司有四个部门，分别是行政部、财务部、市场部、开发部，各部门之间相互隔离，但可以通过设置控制通信；

　　(2) 公司联网的信息点数为 800 点左右；

　　(3) 1～12 层每个楼层信息点数为 60 点左右，办公室终端分为有线连接和无线连接；

　　(4) 网络中心位于第五层，信息点数 20 点左右，千兆到桌面；

　　(5) 整个大楼主干采用千兆光纤布线，楼层百兆交换到桌面；

　　(6) 公司网络的主要应用为内部文件共享、办公自动化(OA)、邮件、网站服务和业务应用系统等；

　　(7) 满足公司日常办公需求，完成公司网络层次结构设计与设备选型，尽量节省开支，做到每一台设备都能够物尽其用。

1.3　结　构　设　计

　　局域网结构设计涉及拓扑设计、层次结构设计和有线无线一体化结构设计。规模较小或简单网络较容易设计与实现，一般多采用平面网络拓扑结构。所谓平面网络拓扑结构就是指没有层次的网络，每一个互联网络设备实质上都完成相同的工作，如通过交换机将PC 和服务器连接在一起就属于平面网络拓扑结构设计。平面网络拓扑结构具备容易设计与实现、代价低等优点，不足之处在于所有设备属于相同的冲突域，容易产生广播风暴等。平面网络拓扑结构可应用到局域网和广域网中，部分网状拓扑结构和完全网络拓扑结构属于平面网络拓扑结构的类型。

　　对于大、中型网络设计，尤其在不同局域网互联而造成的复杂结构设计中，通常采用分层设计思想。分层的好处在于增加网络可用带宽、隔离广播、容易设计和理解、元素更改较容易和能够充分发挥网络设备的功能等。

　　若网络中涉及不方便布线的场合，还需考虑有线无线一体化结构，在后续内容中将后面具体介绍。

1.3.1　选择网络拓扑结构

　　网络拓扑结构是由网络节点(一个节点就是一个网络端口)设备和通信介质通过物理连接所构成的逻辑结构，说明的是一种与大小、距离无关的几何图形特性的方法。网络拓扑结构是从逻辑上表示网络服务器、工作站及网络设备之间的连接方式和服务关系。

拓扑结构

　　常见的网络拓扑结构有：总线型拓扑(如图 1-1 所示)、星型拓扑(如图 1-2 所示)、环型拓扑(如图 1-3 所示)、树型拓扑、网状拓扑、混合型拓扑和蜂窝拓扑结构等。

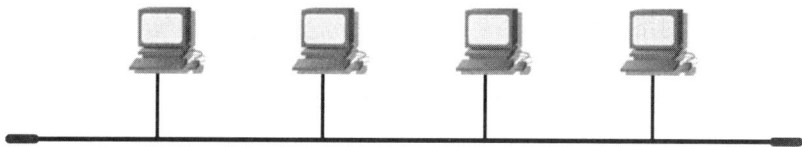

图 1-1　总线型拓扑

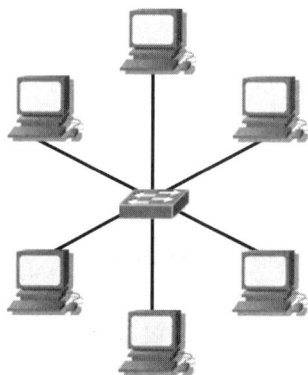

图 1-2　星型拓扑　　　　　　　　图 1-3　环型拓扑

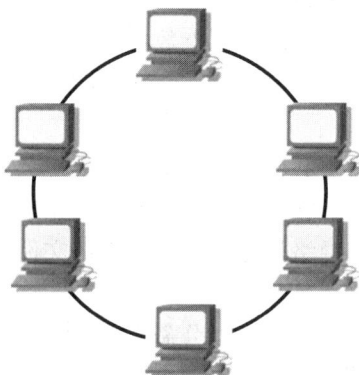

　　网络拓扑的选择往往与传输介质的选择及介质访问控制方法的确定紧密相关。在选择网络拓扑结构时,应该考虑的主要因素有下列几点:

　　(1)可靠性。尽可能提高可靠性,以保证所有数据流能准确接收;还要考虑系统的可维护性,使故障检测和故障隔离较为方便。

　　(2)费用。建网时需考虑适合特定应用的信道费用和安装费用。

　　(3)灵活性。需要考虑系统在今后扩展或改动时,能容易地重新配置网络拓扑结构,能方便地处理原有站点的删除和新站点的加入。

　　(4)响应时间和吞吐量。要为用户提供尽可能短的响应时间和最大的吞吐量。

　　在目前的局域网组网中,主要选择的拓扑有星型拓扑和树型拓扑。

1. 星型拓扑结构

　　星型拓扑结构是目前应用最广、实用性最好的一种拓扑结构,这主要是因为它非常容易实现网络的扩展。

　　星型拓扑结构也称集中型结构,它由一个中心节点和分别与它单独连接的其他节点组成。在这种拓扑结构的网络中有中央节点(集线器或交换机),其他节点(工作站、服务器)都与中央节点直接相连。现在常用交换机作为中心节点。这种结构适用于局域网,如图 1 - 4 所示的是最简单的单台交换机星型拓扑结构单元。

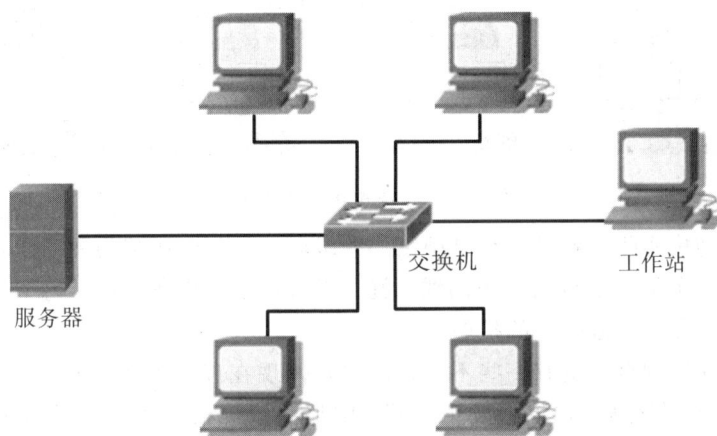

图 1 - 4　星型拓扑结构单元

　　在这个星型拓扑结构单元中,所有服务器和工作站等网络设备都集中连接在同一台交换机上。因为现在的固定端口交换机可以有超过 48 个交换端口,所以这样一个简单的星型网络完全可以适用于用户节点数在 40 个以内的小型企业或者分支办公室。扩展交换端口的另一种有效方法就是堆叠了。有一些固定端口配置的交换机支持堆叠技术,通过专用的堆叠电缆连接,所有堆叠在一起的交换机都可作为单一交换机来管理,不仅可以使端口数量得到大幅提高(通常最多堆叠 8 台),还可以提高堆叠交换机中各端口实际可用的背板带宽,提高了交换机的整体交换性能。

　　为了使网络更加可靠,可组成双星型拓扑结构以及多星型拓扑结构。

2. 树型拓扑结构

　　树型拓扑结构是自上而下依次分层扩展的,就像一棵倒放的树,这或许就是把它定义为树型拓扑结构的原因之一。树型拓扑结构的最顶端相当于树的根,中间相当于树的枝,而最下面则相当于树枝上的细枝和树叶。自上而下,所用的交换机数量是逐级增多的。

图1-5所示的就是一个典型的树型拓扑结构,其传输介质可有多条分支,但不形成闭合回路。

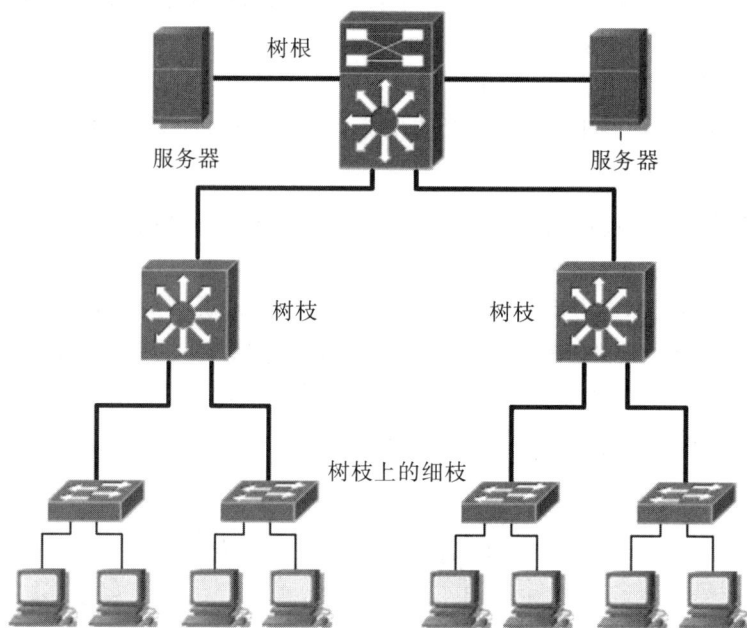

图1-5　树型拓扑结构示例

树型拓扑结构实际上就是多级星型结构的级联,星型拓扑结构便于扩展,只要在交换机或集线设备空余端口上拉出一条网线,就可以添加新的设备,所以树型拓扑能更方便地实现在连接距离和端口数据上的扩展。

但树型拓扑结构自身也有一些不足,这主要体现在以下两个方面:一是对根设备(核心)交换机的依赖性太大,如果根发生故障,则那些依赖根设备访问的服务器或外网则全部不可访问了,相当于总线型拓扑结构中总线中断后,所有用户网络都中断一样;二是处于最顶端的核心设备,因为下面连接了更多的级联设备和用户,负荷更重,需要配备性能更强的交换机和路由设备,成本比较高。但这些不足都可以通过配置冗余链路和选择高性能设备来弥补。树型拓扑结构是目前中小型以太局域网中最主要的拓扑结构。

1.3.2　确定网络层次结构

网络架构根据规模大小组建网络,常见的网络结构有集中型结构、核心层+接入层、核心层+汇聚层+接入层,即二层组网结构、三层组网结构。随着核心层设备的高密度、大容量发展,网络规模越大,则管理维护成本越高,因此高校校园网等趋向于采用扁平化组网结构。

层次结构

1. 典型的微小企业组网结构

微小型企业组网拓扑结构采用一台交换机或几台交换机组成的局域网，也称集中型结构，它由一个中心节点和分别与它单独连接的其他节点组成。在这种拓扑结构的网络中有中央节点（集线器或交换机），其他节点（工作站、服务器）都与中央节点直接相连。现在常用交换机作为中心节点。图 1-6 所示的是最简单的单台交换机星型拓扑结构。

图 1-6 单台交换机星型拓扑结构

2. 典型的二层组网结构

规模较小的局域网采用二层组网结构，如图 1-7 所示，就如一栋学生公寓的宿舍楼。主干网络为核心层，主要连接局域网上的服务器、建筑楼宇的配线间接入层设备。连接信息点的线路及网络设备称为接入层。接入层交换机直接上连至核心交换机。核心和接入采用二层组网技术，接入层采用二层交换机。

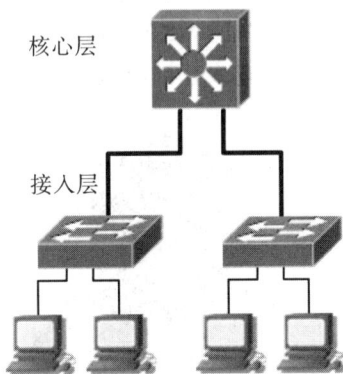

图 1-7 局域网的二层结构

3. 典型的三层组网结构

规模较大的局域网采用三层组网结构，如图 1-8 所示。主干网络为核心层，主要连接局域网上的服务器、建筑楼宇的配线间设备。连接信息点的线路及网络设备称为接入层。根据需要在中间设置汇聚层，汇聚层上连核心层，下连接入层。核心层和汇聚层采用三层（支持路由）交换机，接入层采用二层交换机。核心层与汇聚层双链路冗余连接，有效提升了网络的高可用性。

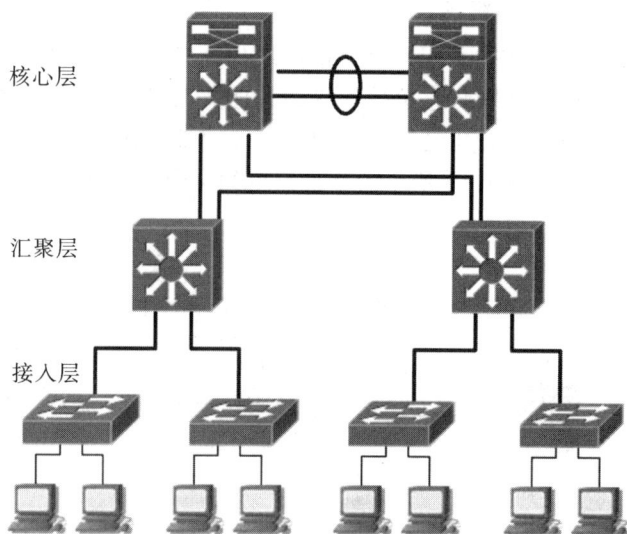

图 1-8　局域网的三层结构

　　分层设计有助于网络扩展、故障排除、规划和分配主干带宽，有利于数据传输流畅。若全局网络对某个部门数据访问的需求较少，则部门业务服务器即可放在汇聚层，这样局部的信息流量传输不会波及全网。部门内的数据尽可能在本部门局域网内传输，可以减轻主干信道的压力和确保数据不被非法监听。

4. 扁平化组网结构

　　扁平化组网结构通过核心交换机实现扁平化组网，可满足大规模局域网的所有用户及终端使用需求，核心交换机作为整网的统一网关，统一准入认证、统一安全策略、统一无线控制等，接入或汇聚交换机只需简单的 VLAN 隔离功能，整网仅需管理核心交换机即可实现对极简网络的管理。这种结构正越来越广泛地用于大规模校园网，如图 1-9 所示。

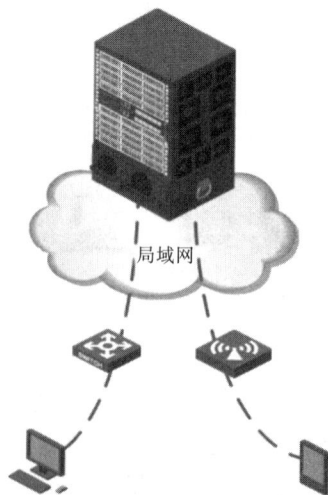

图 1-9　校园扁平化组网结构

在传统的校园网中，用户接入控制、安全防护、运营及服务管理的各种功能和策略一般都部署在校园网的接入、汇聚交换机上，这种部署方式导致接入网的整体成本非常高，网络中心需要投入大量的资金来搭建这张接入网，而未来因为设备老旧、功能升级等原因，这张接入网还需要持续的资金投入，并且随着无线校园网的融合管理，这笔资金的数额将更加巨大。扁平化组网结构首先实现的是将原来分布在接入网的各项功能和策略上收至核心交换机，上收之后各项功能、策略的执行点全部在核心交换机上，接入网的接入、汇聚交换机只负责进行各种数据的转发，实现一台设备管理全网，简化运维管理。

1.3.3 有线无线一体化结构

局域网分为两类：一类是采用光缆、铜缆（UTP，无屏蔽双绞线）连接的网络，即有线局域网（LAN）；另一类是采用无线通信技术连接的网络，即无线局域网（WLAN）。无线局域网通过无线的方式连接，从而使网络的构建和终端的移动更加灵活。

有线无线融合产品

无线局域网适用于很难布线的地方，如受保护的建筑物、机场等，或者经常需要变动布线结构的地方，如展览馆、体育场、学校阶梯教室、报告厅、阅览室等。若干台无线设备通过某个或数个无线接入点（AP）互连，再通过接入交换机即可连接到有线网络，实现有线无线一体化，如图1-10所示。

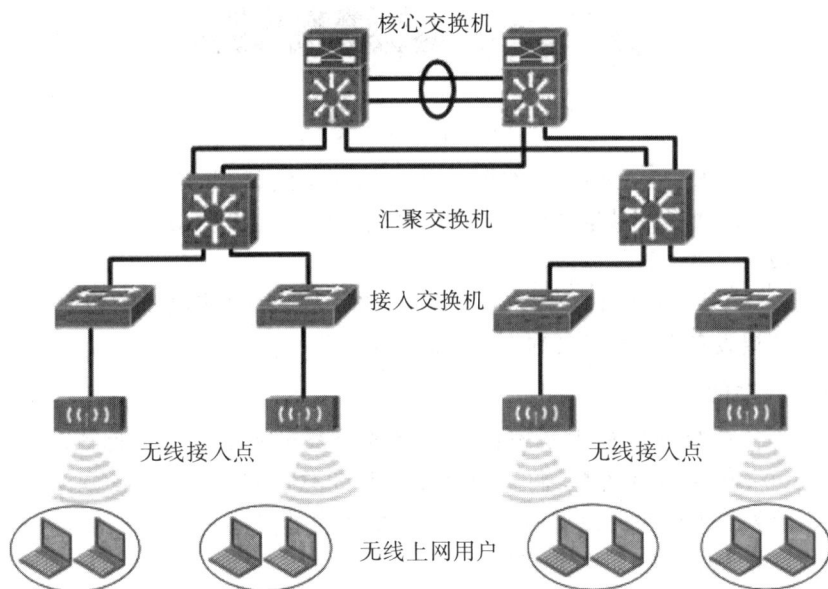

图1-10 有线无线一体化结构图

无线局域网适用于几十米到十几千米的区域，对于城市范围的网络接入也能适用，可以对任何角落提供网络接入。如中国移动、联通和电信为用户提供的无线城市网络服务，用户使用支持WiFi（Wireless Fidelity，无线保真）的终端（手机、平板电脑）可随时随地上网。

目前，家庭使用智能手机＋WiFi上网已成为一种常态。家庭敷设一条连接互联网的光缆或铜缆，支持 WiFi 的桌面路由器与该光缆或 UTP 连接，桌面路由器设置上网账号连接互联网，智能手机、笔记本电脑、平板电脑均可通过 WiFi 随时上网。

1.4　设备选型

1.4.1　常见的局域网设备

按照 OSI 参考模型，以太局域网设备分为物理层、数据链路层和网络层三类。物理层设备有集线器、收发器；数据链路层设备有网卡、二层交换机，网络层设备有路由（三层）交换机、路由器等。通常，路由器作为局域网与外部网互联的边界设备。

交换设备

1. 集线器及功能

集线器是一种共享总线的通信设备，就像一个星型结构的多端口转发器，每个端口都具有发送和接收数据的能力。当某个端口收到连在该端口上的主机发来的数据时就转发至其他端口。在数据转发之前，每个端口都对它进行再生、整形并重新定时。

集线器实物如图 1-11 所示。

图 1-11　集线器

集线器有三种规格：10 Mb/s 集线器、100 Mb/s 集线器、10/100 Mb/s 集线器。集线器可以互相串联，形成多级星型结构，但相隔最远的两个主机受最大传输延时的限制，因此只能串联几级。

集线器工作在 OSI 模型的物理层，不能隔离冲突，它只是将电缆进行连接，并将信号中继到所有的连接设备上，所以又称为多端口中继。

2. 收发器及功能

收发器是一种在数据传输中实现信号转换或介质转换的设备，例如，将 100 Mb/s UTP 转换为 100 Mb/s 多模光缆，将 1000 Mb/s 超 5 类 UTP 转换为 1000 Mb/s 多模或单模光缆等，该设备工作在 OSI 模型的物理层，不能隔离冲突。

以太网光纤收发器实物如图 1-12 所示。

图 1-12　以太网光纤收发器

光纤收发器一般采用高性能芯片，高品质光纤收发一体模块性能稳定，适应性强，与常用网络设备均能正常连接使用，适用于建筑楼宇局域网之间的光缆连接，也可用于用户网络与通信服务商的宽带网络连接。光纤收发器连接网络如图 1-13 所示。

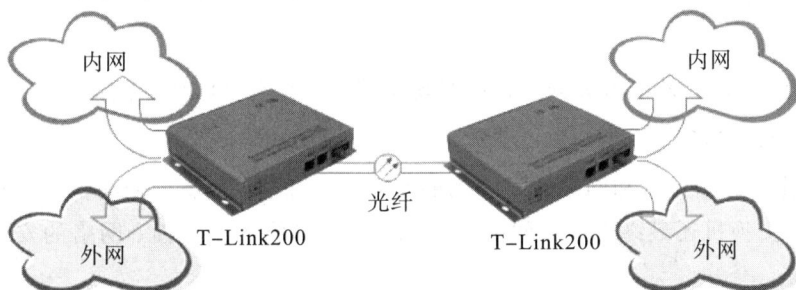

图 1-13 以太网光纤收发器组网连接

3. 网卡及功能

以太网卡（NIC）是计算机局域网中最重要的连接设备，计算机通过网卡连接网络。局域网中网卡的工作是双重的：一方面负责接收网络上传过来的数据帧，解帧后通过与主板相连的总线将数据传输给计算机；另一方面将相连的计算机上的数据封帧后送入网络。网卡实物如图 1-14 所示。

图 1-14 RJ45 口网卡（左）和双光纤口网卡（右）

以太网卡工作在 OSI 模型的数据链路层。为了实现与不同传输介质的连接，网卡有多种接口类型，目前市面流行的是 RJ45 接口的 10/100/1000 Mb/s 自适应网卡，也有 1000 Mb/s 和 10 Gb/s 光纤接口网卡，用于高性能的服务器和专业级的多媒体图形工作站。

为了标识以太网上的每一台主机，需要给每一台主机的网卡分配一个唯一的通信地址，即以太网地址或者称为网卡的物理地址、MAC（Media Access Control，介质访问控制）地址。

MAC 地址由网络设备制造商生产时写在硬件内部，这个地址与网络无关，也即无论将带有这个地址的硬件（如网卡、集线器、路由器等）接入网络的何处，它都有相同的 MAC 地址，MAC 地址一般不可改变，不能由用户自己设定。

MAC 地址由 48 位（比特，bit）二进制数组成，前 24 位是由生产厂家向 IEEE 申请的厂商地址，后 24 位就由生产厂家自行拟定了，查看时常看到的是十六进制表示，如 48-5B-39-B1-6D-EC。MAC 地址示意如图 1-15 所示。

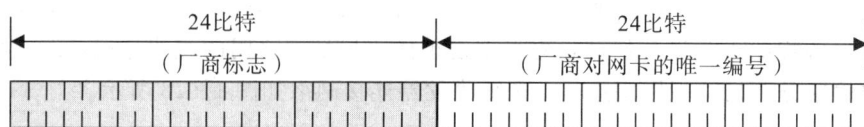

图 1-15　MAC 地址示意图

形象地说，MAC 地址就如同我们的身份证号码，具有全球唯一性。

4. 交换机及功能

交换机作为网络设备和网络终端之间的纽带，是组建各种类型网络都不可或缺的重要设备；同时，交换机还最终决定着网络的传输速率、网络的稳定性、网络的安全性以及网络的可用性。

交换机工作在 OSI 模型的数据链路层，也称二层交换机。交换机采用局域网交换技术 (LAN Switching)，使局域网共享传输介质引发的冲突域减小，每个终端能独享与其直连交换机的端口带宽，从而改善了网络通信性能。交换机实物如图 1-16 所示。

图 1-16　交换机

交换机是软硬件一体化专用计算机，主要由 CPU、存储器、I/O 接口等部件组成。不同系列和型号的交换机，CPU 也不尽相同。交换机的 CPU 负责执行处理数据帧转发和维护交换地址。交换机多采用 32 位的 CPU，配置固定网络端口及 IU 机架设备。

交换机的存储器有 4 种类型：只读内存(ROM)、随机存取内存(RAM)、非易失性 RAM(NVRAM)和闪存(Flash RAM)。

ROM 保存着交换机操作系统的基本部分，负责交换机的引导、诊断等。ROM 通常做在一个或多个芯片上，插接在交换机的主机板上。RAM 的作用是支持操作系统运行，建立交换地址表缓存以及保存与运行活动配置文件。NVRAM 的主要作用是保存交换机启动时读入的启动配置脚本。闪存的主要用途是保存操作系统的扩展部分(相当于计算机的硬盘)，支持交换机的正常工作。

交换机接口主要是以太网接口，用于电脑、终端设备连接到交换机组成网络，如 10/100/1000 Mb/s 自适应电口、1000 Mb/s 光口等。此外，交换机还有 Console 口，该端口为异步端口，主要连接终端或支持终端仿真程序的计算机，要本地配置交换机，不支持硬件流控制，可通过 PC 的"超级终端"界面对交换机进行配置。

除了工作在二层的交换机外，还有工作在 OSI 模型的网络层的路由交换机，也称三层交换机。二层和三层交换机是局域网中最重要的设备，局域网基本上是由若干台二层和三层交换机互连组成的。三层交换机可以将数据链路层的广播域减小，避免了广播风暴的产生，大大改善了网络通信功能。

5. 路由器及功能

路由器的功能就是实现网络之间的互联，路由器工作在 OSI 模型的网络层。作为网络互联设备，路由器往往被应用于传统网络的边缘，实现网络之间的远程互联以及 Internet 连接。

路由器的端口数量比较少，但是种类却非常丰富，可以满足各种类型网络接入的需要。路由器实物如图 1-17 所示。

图 1-17　路由器

路由器的主要功能有如下几点：

1）连接网络

路由器也称为网关（Gateway），它将局域网络连接在一起，组建更大规模的广域网络，并在每个局域网出口对数据进行筛选和处理。

2）隔离广播

尽管交换机可以隔离冲突域，从而提高局域网络的传输效率，然而，交换机会将所有广播发送至整个网络内所有交换机的每一个端口，并且由接入网络中的每台计算机进行处理，因此，过大的广播量，不仅会严重影响网络的传输效率，而且会大量占用计算机的 CPU 容量。当硬件损坏或受到病毒攻击时，网络内的广播数量将会剧增，从而导致广播风暴，使网络传输和数据处理陷于瘫痪。

路由器的重要作用之一就是将广播隔离在局域内（路由器的每个以太网端口均可视为一个局域网），不会将广播包向外转发。因此，大中型局域网都会被人为地划分为若干虚拟网，并使用路由设备实现彼此之间的通信，以达到分隔广播域、提高传输效率的目的。

3）路由选择

路由器能够按照预先制定的策略，智能选择到达远程目的地的路由。为了实现这一功能，路由器要按照某种路由通信协议维护和查找路由表，这是路由器最重要的功能。

4）网络安全

作为整个局域网络与外界联络的唯一出口，路由器还担当着保护内部用户和数据安全的重要责任。路由器的安全功能主要借助以下两种方式实现：

（1）地址转换。局域网内的计算机使用内部保留 IP 地址，这种 IP 地址不能被路由到 Internet，因此，不能被外部计算机所知晓，从而可以安全地隐藏在网络内部，避免来自外部的恶意攻击。当内部计算机需要与外部网络通信时，由路由器提供网络地址转换，将其地址转换为合法的 IP 地址，实现对 Internet 的访问。

（2）访问列表。借助 IP 访问列表，在路由器上可以设置各种访问策略，规定哪段时间、哪种网络协议和哪种网络服务是被允许外出和进入的，从而不仅可以避免对网络的滥用，提高网络传输性能和带宽利用效率，也可以有效地避免蠕虫病毒、黑客工具对内部网络的分割。

1.4.2　交换机性能指标

以太网交换机按组成结构，可分为固定端口交换机和模块化交换机。通常一个局域网有多台交换机，固定端口交换机作为接入交换机连接终端 PC，模块化交换机作为汇聚、核心交换机连接接入交换机。描述交换机性能的指标较多，如交换端口类型及数量、背板带宽、吞吐率或包转发率、交换容量等。例如，一款 Cisco 3560 交换机的性能参数如图 1-18 所示。

```
Cisco WS-C3560-48TS-E详细参数

主要参数       产品类型 ⓘ      企业级交换机

              应用层级 ⓘ      三层

              传输速率 ⓘ      10/100Mb/s

              产品内存 ⓘ      DRAM内存：128MB
                            FLASH内存：32MB

              交换方式 ⓘ      存储-转发

              背板带宽 ⓘ      32Gbps

              包转发率 ⓘ      13.1Mp/s

              MAC地址表 ⓘ     12k

端口参数       端口结构 ⓘ      非模块化

              端口数量 ⓘ      52个

              端口描述 ⓘ      48个以太网10/100Mb/s PoE端口，4个SFP上行链路端口

              传输模式 ⓘ      支持全双工

功能特性       网络标准 ⓘ      IEEE 802.3，IEEE 802.3u，IEEE 802.3z        意见
                                                                        反馈
              堆叠功能 ⓘ      可堆叠                                       ∧

              VLAN ⓘ         支持

              QOS ⓘ          支持

              网络管理        功能 SNMP，CLI，Web，管理软件
```

图 1-18　Cisco 3560 交换机性能参数示例

1. 主要性能指标

（1）传输速率。

（2）端口数量及类型。

（3）背板带宽。背板带宽的单位是每秒通过的比特数 b/s，现数量级通常为 Gb/s，表示交换机接口处理器或接口卡和数据总线间所能吞吐的最大数据量。一台交换机的背板带宽越高，所能处理数据的能力就越强，同时价格也越高。

（4）包转发率（或吞吐量）。交换机的包转发率也称吞吐量，它充分反映了该设备转发数据包的能力，是三层交换机性能的主要衡量参数。包转发率的单位是包每秒（p/s），现数量级通常为 Mp/s。

2. 交换机选购

在选购交换机时，应综合考虑性能指标。虽然性能指标越高，数据处理能力越强，但同时价格也越高，故一般按照下面的计算方法合理考量。

（1）计算所需背板带宽。

$$背板带宽 \geqslant (端口容量 \times 端口数量) \times 2$$

即背板带宽应大于或等于所有端口容量之和的 2 倍(考虑全双工通信),这样才可实现全双工无阻塞交换。

例如,Cisco 公司的 Catalyst 2950G - 48,它有 48 个 100 Mb/s 端口和 2 个吉比特端口,它的背板带宽应该不小于 13.6 Gb/s,才能满足线速交换的要求。

$$(48 \times 100 + 2 \times 1000) \times 2(\text{Mb/s}) = 13.6 \text{ Gb/s}$$

(2) 计算满配置吞吐量。

$$满配置吞吐量(\text{Mp/s}) = 满配置 \text{ GE } 端口数 \times 1.488 \text{ Mp/s}$$

其中 1 个吉比特端口在包长为 64 Byte 时的理论吞吐量为 1.488 Mp/s。

例如,一台最多可以提供 64 个吉比特端口的交换机,其满配置吞吐量应达到 64×1.488 Mp/s = 95.2 Mp/s,才能确保在所有端口均线速工作时,提供无阻塞的包交换。如果宣称的吞吐量达不到 95.2 Mp/s,那么用户有理由认为该交换机采用的是有阻塞的结构设计。

当我们选择交换机时,一般会通过厂商提供的背板带宽和吞吐量结合该交换机的端口数量来计算一下,看看它是否满足线速交换机的要求。

对于核心交换设备来说,线速交换是非常重要的。

例如,Cisco 公司的 Catalyst 4506,配置 IV 引擎(WS - X4515),其宣称的背板带宽为 64 Gb/s,满配置时的吉比特端口为 32 个,根据其宣称的背板带宽 64 Gb/s 以及它满配置时的端口数量 32,我们可以得出为了确保其所有端口均能满足线速交换的要求,它的吞吐量不能低于 $32 \times 1.488 = 47.616$ Mp/s。Cisco 宣称的吞吐量为 48 Mp/s,因此 Catalyst 4506 配置 IV 引擎能够满足线速交换的要求。

此处补充一下 1.488 的由来:具体的数据包在传输过程中会在每个包的前面加上 64 个前导符,然后在每个包之间会有长 96 bit 的帧间隙,也就是原本传输一个 64 Byte 的数据包,虽只有 512 bit,但在传输过程中实际上会有 512+64+96=672 bit,也就是说,这时一个数据包的长度实际上是 672 bit。

$$百兆端口线速包转发率 = \frac{100 \text{ Mb/s}}{672} = 0.1488 \text{ Mp/s}$$

$$吉比特端口线速包转发率 = \frac{1000 \text{ Mb/s}}{672} = 1.488 \text{ Mp/s}$$

$$10 \text{ 吉比特端口线速包转发率} = \frac{1000 \text{ Mb/s}}{672} = 14.88 \text{ Mp/s}$$

1.4.3　交换机产品选型

思科设备资料　　　　华为设备资料　　　　H3C 设备资料　　　　锐捷设备资料

局域网交接机选型要遵循相关基本原则以及一些特点。交换机配置与性能要符合网络组建的实际需求,切忌"大马拉小车"或"小马拉大车"的情况发生。

1. 交换机选型的基本原则

交换机选型的基本原则如下：

(1) 品牌选择。局域网设备尽可能选取同一品牌的产品,这样,用户可从网络设备的性能参数、技术支持、价格等方面获得利益。通常,应选择产品线齐全、技术力量雄厚、产品市场占有率高的品牌,如华为、H3C、锐捷等。

(2) 扩展性考虑。网络层次结构中,主干网(如核心交换机等)设备选择应预留一定的能力,以便于将来扩展;低端设备够用即可,因为低端设备更新较快,易于淘汰。

(3) "量体裁衣"策略。根据网络实际带宽性能需求、端口类型和端口密度选型。如果是旧网改造项目,应尽可能保留可用设备,减少在资金投入方面的浪费。

(4) 性价比高、质量可靠。网络设备应选用性价比高、质量可靠的产品。要考虑网络建设费用的投入产出应达到最大值,为用户节约资金。

2. 核心交换机的选型要求

核心骨干交换机是宽带网的核心,应具备以下特点:

(1) 高性能、高速率。最好能达到线速交换,即交换机背板带宽大于等于所有端口带宽的总和。如果网络规模较大(联网机器的数量超过 1000 台),或虽然联网机器台数较少,但出于安全考虑,需要划分虚拟网,这两种情况均需要配置 VLAN,要求第三层(路由)交换能够适配 VLAN 之间数据包流畅转发的要求。

(2) 便于升级和扩展。具体来说,250~500 个信息点以上的网络,适宜采用模块化(插槽式机箱)交换机;500 个信息点以上的网络,交换机还必须能够支持高密度端口和大吞吐量扩展卡;250 个信息点以下的网络,为降低成本,应选择具有可堆叠能力的固定配置交换机作为核心交换机。

(3) 高可用性。应根据经费许可,选择冗余设计的设备,如双交换引擎、双电源、双风扇等;要求设备扩展卡支持热插拔,易于维护。

(4) 强大的网络控制能力。提供 QoS 和网络安全,支持 RADIUS、TACACS+等认证机制。

(5) 良好的可管理性。支持通用网管协议,如 SNMP、RMON、RMON2 等。

3. 汇聚层和接入层交换机的选型要求

通常大中型、大型企业网采用三层架构,汇聚层交换机应考虑支持路由功能。如果局域网覆盖范围比较集中、规模较小或适中,企业网可采用扁平架构,网络中只有核心层和接入层交换机,接入层采用二层交换机。汇聚/接入交换机均为可堆叠/扩充式固定端口交换机,这种固定端口交换机在大中型网络中用来构成多层次、结构灵活的汇聚和接入网络,在中小型网络中也可以用来构成网络骨干交换(支持路由)设备。此外,汇聚层和接入层交换机的选型还有下列要求:

(1) 灵活性。提供多种固定端口数量,可堆叠、易扩展,支持多级网络管理。

(2) 高性能。作为大中型网络的二级交换设备,应支持高速上连,最好支持链路聚合以及同级设备堆叠,当然还要注意与核心交换机品牌的一致性。如果用作小型网络的中心交换机,要求具有较高背板带宽和三层交换能力。

(3) 在满足技术性能要求的基础上,最好价格便宜、使用方便、即插即用、配置简单。

(4) 具备网络安全接入控制能力(IEEE802.1x)及端到端的 QoS。

（5）跨地区企业，通过互联网远程连接分支部门的路由交换机，要支持虚拟专网 VPN 标准协议。

1.4.4　局域网设备选型案例

局域网的规模有大有小，根据构建的局域网的通信节点数（简称信息点数）可分为微型局域网、小型局域网、中型局域网和大型局域网。

表 1-1 是以信息点数为参考的企业局域网分类。

表 1-1　按信息点数的企业局域网分类

信息点数	局域网类型	层次结构	拓扑结构
≤45	微型局域网	一层（接入层）	单星型
45～200	小型局域网	二层（接入层、核心层）	单星型或双星型
200～1000	中型局域网	二层或三层（接入层、汇聚层、核心层）	双星型或树型
≥1000	大型局域网		

1. 微型局域网

1）需求描述

某企业内部需要联网的信息点数为 40，需要百兆交换到桌面，要求只有经理可以访问财务部的主机，财务部的主机可以对外任意访问。

2）网络结构及选型分析

企业总信息点数在 45 点以下，采用一层结构，数据的交换在一台交换机上即可完成。选用一台 Catalyst 3560-48TS 交换机，它支持三层交换、有 48 个 10/100 Mb/s 端口。本案例中需要将财务部和其他部门分割开来，即划分不同的 VLAN，但又允许经理访问财务部的机器，需要三层交换功能的交换机，因此选择 Catalyst 3560-48TS 交换机。

网络结构见图 1-19，设备选择见表 1-2。

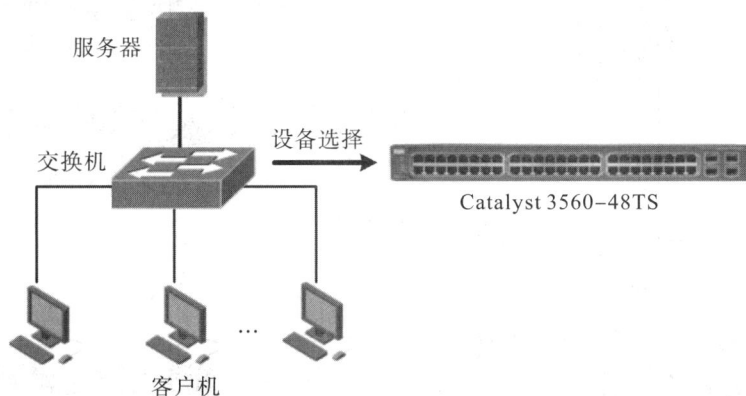

图 1-19　微小型局域网案例结构及设备选择

表 1-2　微小型局域网案例设备列表

设备名称	说　明	数量
Catalyst 3560-48TS	48 个 10/100 端口，4 个 SFP 千兆端口，SMI	1

说明：这里也可以使用 EMI(增强多层软件镜像)版本，但价格会更高。SMI(标准多层软件镜像)和 EMI 的主要区别是：SMI 也支持路由功能但只支持静态路由和动态 RIP 协议；EMI 支持静态路由和所有动态路由协议(RIP、EIGRP、ISIS、OSPF、BGP 等)。

2. 小型局域网

1) 需求描述

某企业在一幢大楼内，企业内部需要联网的信息点数为 100，其分布情况为：1 楼 40 点，2～4 楼各 20 点。大楼主干采用光纤布线，楼层需要千兆交换到桌面。企业主要应用为内部文件共享、邮件和办公自动化(OA)系统。

交换设备命名规则

2) 网络结构及选型分析

企业总信息点数为 100，应用为内部文件共享、邮件和办公自动化系统，这些都是非时间敏感型应用，并非一刻不能停机，因此可以在核心层放置一台 Catalyst 3560G-24TS-S交换机，支持各楼层数据的千兆交换，它有四个 SFP 千兆端口可用于和各楼层的交换机实现吉比特互连，由于大楼的主干采用光纤布线，所以选用 GLC-SX-MM(1000Base-SX SFP 多模光纤)模块用于和各楼层光纤互连。各楼层交换机可根据楼层的信息点数分别进行选择，1 楼选择 Catalyst 2960S-48TS-L，2～4 楼选择 C2960S-24TS-S，这两款交换机都有两个千兆双介质上行链路端口，可选用 SFP 模块，用于光纤上连核心交换机。

通过以上分析，确定网络结构如图 1-20 所示。

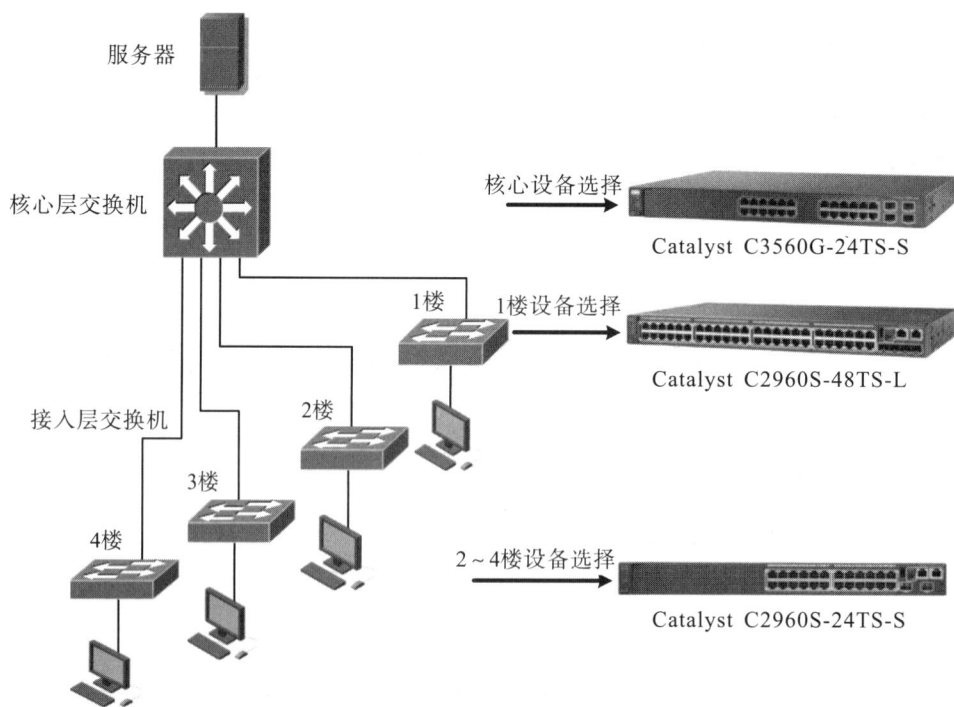

图 1-20　小型局域网案例结构及设备选择

由于大楼主干采用光纤布线，需选择互联模块，可选用 SFP 光纤互连模块 GLC - SX - MM（1000Base - SX SFP 多模光纤），如图 1 - 21 所示。

图 1 - 21　GLC - SX - MM SFP 模块

以上所选设备型号及数量见表 1 - 3。

表 1 - 3　小型局域网案例设备列表

设备用途、名称	设备型号	说　明	数量
核心层交换机			
Catalyst 3560	WS - C3560G - 24TS - S	24 个 10/100/1000 Mb/s 电口，4 个 SFP 光口	1
接入层交换机			
Catalyst 2960（1 楼）	WS - C2960S - 48TS - L	48 个 10/100/1000 b/s 电口，2 个 SFP 光口	1
Catalyst 2960（2～4 楼）	WS - C2960S - 24TS - S	24 个 10/100/1000 b/s 电口，2 个 SFP 光口	3
互连 SFP 模块	GLC - SX - MM	1000Base - SX SFP 多模光纤模块	8

3. 中型局域网

中型局域网的信息点数通常在 200～1000 点之间，网络结构根据具体应用的不同可选用二层结构（核心层和接入层）和三层结构（核心层、汇聚层、接入层）两种。

具体一个网络采用二层还是三层结构要视这个网络的数据流量而定。如果有大量的本地跨 VLAN 的访问，比如不同部门间的访问，这时可采用三层结构，这样大量的跨 VLAN 的访问就可在汇聚层的交换机上实现，而不用都集中在核心交换机上；如果本地跨 VLAN 的访问数据量不大，大量的数据是客户机对服务器和对外的访问，这些数据必然要穿越核心交换机，这时就可采用二层结构。

目前，80% 以上的企业网络采用的都是二层结构的网络架构，三层结构的网络更多的应用在电信运营商的网络中。

1）需求描述

企业内部需要联网的信息点数为 500 点左右，信息点的分布为：1～12 楼各 40 点左右；网络中心位于第五层（网络中心信息点数有 20 点左右，要求千兆到桌面）；整个大楼主干采用千兆光纤布线，楼层需要百兆交换到桌面。

企业网络的主要应用为两部分：一部分是基础的网络应用，它包括内部文件共享、办公自动化（OA）、邮件和网站服务等；另一部分是企业的业务应用系统，企业网中大部分的用户数据来自对业务应用系统的访问，同时业务应用系统的可靠性也要求最高。

2）网络结构及选型分析

企业总信息点数为 500，应用分为基础网络应用和企业的业务系统。

由于业务系统对可靠性有很高的要求，因此整体网络结构可采用冗余配置，避免单点故障。

注意：这里我们只讨论网络方面的可靠性，对于整个业务系统，为了保证其整体的稳定可靠，除了网络系统，我们还应该考虑其他方面的因素，比如服务器采用冗余系统，供电方面采用 UPS 等。

由于企业网中大部分的用户数据来自对业务应用系统的访问，因此整个网络我们采用二层双星型结构。网络结构如图 1-22 所示。

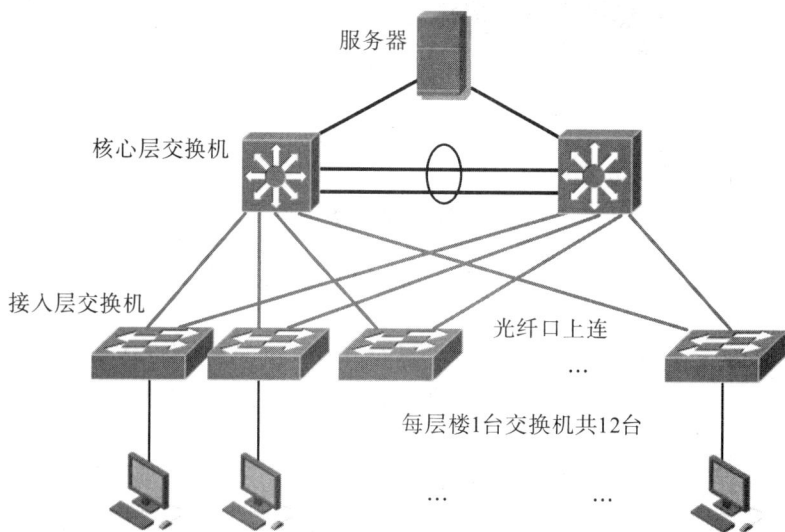

图 1-22　采用二层双星型结构的中型局域网

（1）核心层设备分析及选型。

根据网络中数据量的大小，可确定核心层的设备，如果没有具体的数据，我们可以参考经验值进行选择。

对于本案例，整个网络有 500 个信息点，如果按 1∶3 的并发率来计算，整个网络就有约 170 个点同时进行数据传输，每个信息点 100 Mb/s，那么整个网络就需要 17 Gb/s，也就是说如果要让这 170 个点进行数据的无阻塞的线速转发，那么整个网络的带宽就必须大于 17 Gb/s，如果考虑尖峰时刻（500 点同时进行网络访问）的流量为 50 Gb/s，那就意味着核心设备最好应具有 50 Gb/s 以上的处理能力。

按上面的分析，核心设备选用 Cisco Catalyst 4507R 交换机，其背板带宽达 64 Gb/s，设备如图 1-23 所示。

图 1-23　Catalyst 4507R

Catalyst 4507R 的引擎方面：Catalyst 4507R 支持引擎的冗余，这在一定的程度上提高了系统的可靠性。引擎选用 Supervisor Ⅳ（4 代引擎 WS－X4515），它有 48 Mp/s 的分组转发率，可实现三层数据的快速转发。

Catalyst 4507R 的模块方面：

- WS－X4448－GB－SFP

选择一块 WS－X4448－GB－SFP，共有 48 个 1000Base－X(SFP)，可用于和各楼层的交换机实现千兆互连。

- WS－X4424－GB－RJ45

由于用于业务系统的服务器(在信息中心内)直接连接在核心交换机上，线路采用的是吉比特铜缆，所以还需要选用一块 WS－X4424－GB－RJ45 用于服务器的连接以及信息中心 20 点千兆到桌面连接。

考虑到该系统要求稳定可靠，可选用冗余电源和引擎，我们在这里采用的是双核心结构，即整机是冗余的，那么模块就没有必要非要冗余，当然如果资金允许，所有部分都采用冗余最好。

（2）接入层设备分析及选型。

接入层交换机即各楼层交换机，可根据楼层的信息点数进行选择。1～12 层信息点数都为 40，因此每层都用一台 Catalyst 2960－48TC 交换机，如图 1－24 所示。

图 1－24　Catalyst 2960－48TC

Catalyst 2960－48TC 有两个双介质千兆上行链路端口，可选用 SFP 模块，用于光纤上连核心交换机。

网络设备选择列表如表 1－4 所示。

表 1－4　中型局域网案例设备列表

设备用途、名称	设备型号	说　明	数量
核心层交换机			
Catalyst 4507R	WS－C4507R	Catalyst 4507R Chassis(7－插槽)	2
引擎 Supervisor Ⅳ	WS－X4515	Catalyst 4500 监视器Ⅳ(2GE)，控制台(RJ45)	2
电源	PWR－C45－1000AC	Catalyst 4500 1000 W AC 电源(仅用于数据)	2
电源线	CAB－7KACA	AC 电源线	2
千兆 SFP 口模块	WS－X4448－GB－SFP	48 个 1000Base－X (SFP)	2
千兆以太口模块	WS－X4424－GB－RJ45	Catalyst 4500 24－port 10/100/1000 模块(RJ45)	2
接入层交换机			
Catalyst 2960	WS－C2960－48TC	48 个 10/100 端口，2 个双介质千兆上行链路	12
互连 SFP 模块	GLC－SX－MM	1000Base－SX SFP 多模光纤模块	48

从上面的示例可以看出，中高端模块化的核心交换机，其机箱、电源引擎及各类模块都需要根据要求选配。

1.5 项目资源

1.5.1 以太局域网技术及标准

以太网(Ethernet)是一种局域网组网技术。IEEE 制定的 IEEE 802.3 标准给出了以太网的技术标准，它规定了包括物理层的连线、电信号和介质访问层协议的内容。以太网是当前应用最普遍的局域网技术。

局域网技术标准

以太网的标准拓扑结构为总线型拓扑，但目前的快速以太网(100 Base - T、1000 Base - T 标准)为了最大程度地减少冲突并最大程度地提高网络速度和使用效率，使用交换机来进行网络连接和组织，这样，以太网的拓扑结构就成了星型，但在逻辑上，以太网仍然使用总线型拓扑和 CSMA/CD(Carrier Sense Multiple Access/Collision Detect，即带冲突检测的载波监听多路访问)的总线争用技术。

1. 以太网(IEEE802.3)帧结构

以太网的帧是数据链路层的封装，网络层的数据包被加上帧头和帧尾成为可以被数据链路层识别的数据帧(成帧)。虽然帧头和帧尾所用的字节数是固定不变的，但依被封装的数据包大小的不同，以太网的长度也在变化，其范围是 64～1518 B(不算 8 B 的前导字)。

以太网的帧结构如图 1-25 所示。

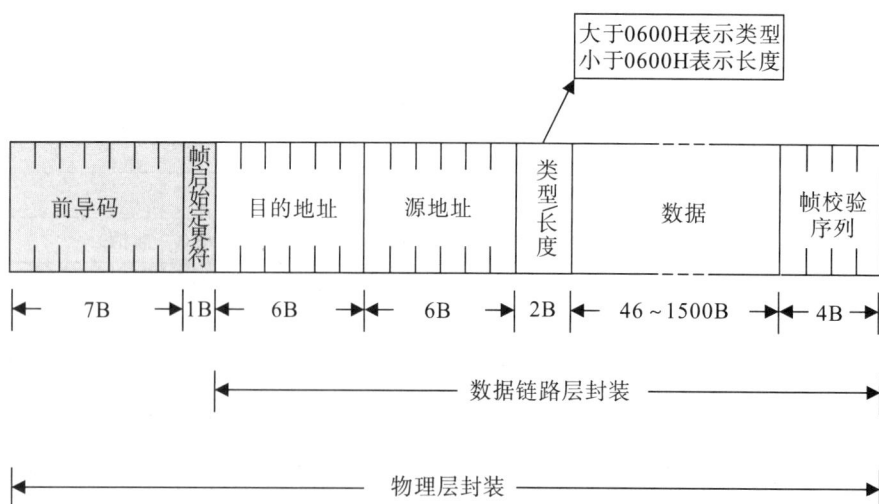

图 1-25 以太网帧结构

802.3 以太网帧结构中各字段的长度及意义如表 1-5 所示。

表 1-5　以太网帧结构中各字段意义

字　段	字段长度/B	意　义
前导码(Preamble)	7	同步
帧开始符(SFD)	1	标明下一个字节为目的 MAC 字段
目的 MAC 地址	6	指明帧的接受者
源 MAC 地址	6	指明帧的发送者
长度(Length)	2	帧的数据字段的长度(长度或类型)
类型(Type)	2	帧中数据的协议类型(长度或类型)
类型和填充 (Data and Pad)注	46~1500	高层的数据,通常为 3 层协议数据单元。 对于 TCP/IP 是 IP 数据包
帧校验序列(FCS)	4	对接收网卡提供判断是否传输错误的一种 方法,如果发现错误,丢弃此帧

注:如果数据包小于 46 字节,则要求填充,以使这个字段达到 46 字节。填充是必需的,因为数据字段要求至少 46 字节长。

2. CSMA/CD 工作机制

CSMA/CD 是标准以太网、快速以太网和千兆以太网中统一采用的介质争用处理协议(但在万兆以太网中,由于采用的是全双工通信,所以不再采用这一协议)。

以太网采用竞争机制实现网络通信权利的平等。在以太网中,计算机在发送信息前,首先侦听网络中是否有信号传输存在,只有在确认网络空闲后才发送数据。如果碰巧两台计算机同时在空闲时发送数据,那么,数据在传输过程中就会发生碰撞。当所有的计算机侦测到碰撞发生后,将停止数据的发送,并等待一个随机的时间后再次发送。

CSMA/CD 的介质访问控制机制包含四个处理内容:侦听、发送、检测、冲突处理,可以用十六个字来概括:

先听后发,边发边听,冲突停止,随机重发。

具体解释如下(见图 1-26 示意):

(1) 当一个站点想要发送数据的时候,它首先要检测总线介质上是否有其他站点正在传输,即侦听介质是否空闲(也就是前面所说的"先听")。

(2) 如果信道忙,则继续侦听,直到侦听到介质状态为空闲;如果侦听到介质状态为空闲,站点就准备好要发送的数据(也就是前面所说的"后发")。

(3) 在发送数据的同时,站点继续侦听总线介质(也就是前面所说的"边发边听"),确定没有其他站点在同时传输数据才继续传输数据。因为有可能两个或多个站点都同时检测到介质空闲,然后几乎在同一时刻开始传输数据。如果两个或多个站点同时发送数据,就会产生冲突,若无冲突则继续发送直到发完全部数据。

(4) 若检测到有冲突,则立即停止发送数据(也就是前面所说的"冲突停止"),同时发送一个用于加强冲突的阻塞信号,以便使网络上所有站点都知道网上发生了冲突,不再接收原来的帧,转而接收这个阻塞帧。本站点然后等待一个预定的随机时间,且在总线为空闲时,再重新发送数据(也就是前面所说的"随机重发")。

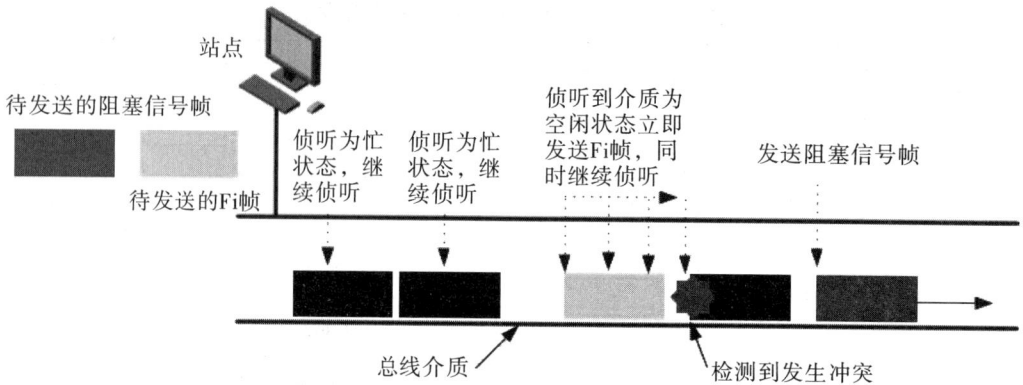

图 1-26 CSMA/CD 介质访问控制示意图

CSMA/CD 的工作机制可形象地比喻成很多人在一间黑屋子中举行讨论会，参加会议的人都只能听到其他人的声音，看不到人。会议规定，每个人在说话前必须先倾听，只有等会场安静下来后，他才能够发言。这时，可将人们在发言时进行的侦听（以确定是否有人在发言）的动作比喻为"载波侦听"；将在会场安静的情况下每人都有平等机会讲话比喻为"多路访问"。如果有两个人或两个人以上同时说话，大家就无法听清其中任何一人的发言，这种情况称为发生冲突；发言人在发言过程中要及时发现是否发生冲突，这个动作称为"冲突检测"；如果发言人发现冲突已经发生，这时他需要停止讲话，然后随机后退延迟，再次重复上述过程，直至讲话成功。如果失败次数太多，他也许就会放弃这次发言的想法。

CSMA/CD 的优点是方法简单，网络管理容易；缺点是若网络中的用户较多时，碰撞的机会将增大，整个网络的速度将会受到一定的影响。当然，这个问题也可以通过其他方法来解决，比如说，将大的网络划分为几个小的子网络，然后再由特定的设备（如路由器）连接起来，从而起到将广播彼此分割开来的目的。但是此举相对来说增加了成本，因此 CSMA/CD 适合于中小型网络应用。

1.5.2 以太局域网组网标准

1. IEEE802.3 以太网命名规则

以太网命名规则如图 1-27 所示（X TYPE-Y NAME）。

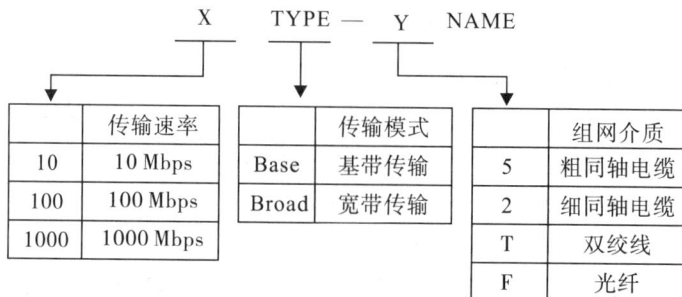

组网规范资料

	传输速率
10	10 Mbps
100	100 Mbps
1000	1000 Mbps

	传输模式
Base	基带传输
Broad	宽带传输

	组网介质
5	粗同轴电缆
2	细同轴电缆
T	双绞线
F	光纤

图 1-27 以太网命名规则示意图

以太网组网从 10BASE-5 技术发展到了现在的快速以太网、万兆以太网技术,组网模式也从共享式以太网到了交换式以太网。

2. 快速(百兆)以太网组网标准

100 Mb/s 的快速以太网(Fast Ethernet)技术是由 10 Mb/s 标准以太网发展而来的,主要解决网络带宽在局域网络应用中的瓶颈问题,其协议标准为 1995 年颁布的 IEEE 802.3u,可支持 100 Mb/s 的数据传输速率。

IEEE 802.3u 在 MAC 子层仍采用了在 IEEE 802.3 标准以太网中的 CSMA/CD 作为介质访问控制协议,并保留了标准以太网的 MAC 和 LLC 帧格式。

IEEE 802.3u 快速以太网标准中定义了 100Base-TX、100Base-T4 和 100Base-FX 三种不同的快速以太网规范,见表 1-6 所示。

表 1-6 三种快速以太网规范

快速以太网规范	使用的传输介质	有效距离	应用领域
100Base-TX	5 类、超 5 类非屏蔽双绞线(UTP)	100 m	目前仍用于接入层连接到桌面的组网
100Base-T4	3、4、5 类(包括超 5 类)非屏蔽双绞线	100 m	目前已较少使用
100Base-FX	单模或多模光纤	2 km 或以上	用于建筑物之间的联网

一个简单的快速以太网组网示意图如图 1-28 所示。

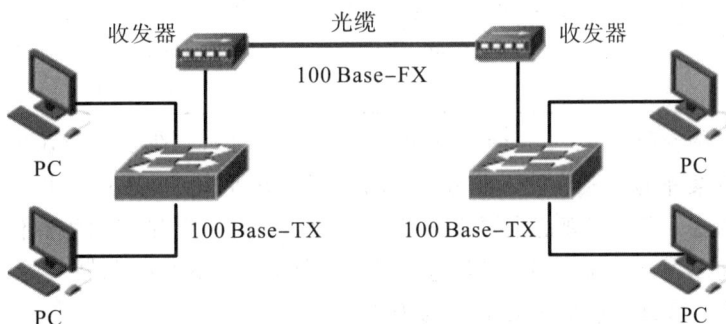

图 1-28 快速以太网混合组网

3. 千兆以太网组网标准

早在 1998 和 1999 年发布的 IEEE 802.3z 和 IEEE 802.3ab 标准中就包括了 1000Base-LX、1000Base-SX、1000Base-CX 和 1000Base-T(前三种统称为 1000Base-X 子系列)四个规范,其中前三个是由 IEEE 802.3z 标准规定的,而 1000 Base-T 规范则是由 IEEE 802.3ab 标准规定的,是后面专门开发的。这四个千兆以太网规范支持不同类型的光纤和双绞线电缆。

除了以上四种以标准形式发布的 IEEE 千兆以太网规范外,在工业应用中,还有些并没有正式以标准形式对外发布,但却实实在在有广泛应用的千兆以太网规范,如 1000Base-LH、1000Base-ZX、1000Base-LX10、1000Base-BX10、1000Base-TX 这五种规范。这样一来,在千兆以太网系列中加起来一共就有九种规范了。在这九种千兆以太网规范中,根据所采用的传输介质类型,总体上分两大类:基于光纤的和基于双绞线的。这九种千兆以太网规范如表 1-7 所示,从中可以看出各规范的主要优势和特性。

表 1-7　　九种千兆以太网规范

千兆网规范		使用的传输介质	有效距离	应用领域
基于双绞线	1000Base-CX	150 Ω 双绞线（STP）	25 m	适用于数据中心设备间的连接
	1000Base-T	5 类、超 5 类、6 类或 7 类双绞线（UTP）	100 m	目前在企业局域网中最常用的一种千兆以太网标准
	1000Base-TX	6 类或 7 类双绞线（UTP）	100 m	是由 TIA/EIA 于 1995 年发布的，对应的标准号为 TIA/EIA-854
基于光纤	1000Base-LX	波长为 1310 nm 的单模或多模光纤	5 km	主要适用于校园网或城域网的主干网
	1000Base-SX	波长为 850 nm 多模光纤	275～550 m	适用于大楼网络系统的主干通路
	1000Base-LH	波长为 1310 nm 的单模或多模光纤	10 km	非标准的千兆以太网规范，可以与 1000Base-LX 网络保持兼容
	1000Base-ZX	波长为 1550 nm 的单模光纤	70 km	非标准的千兆以太网规范
	1000Base-LX10	波长为 1300 nm 或 1310 nm 的单模或多模光纤	10 km	非标准的千兆以太网规范
	1000Base-BX10	下行波长为 1490 nm 的单模光纤，上行波长为 1310 nm 的单模光纤	10 km	非标准的千兆以太网规范，其两根光纤所采用的传输介质类型是不同的

在上面的组网规范中，1000Base-T 规范最吸引人的地方在于为企业提供了一种除多模光纤以太网方案外的更廉价的千兆方案，用户可以在原来 100Base-T 的基础上进行平滑升级到 1000Base-T。该规范主要用于结构化布线中同一层建筑间的通信，可以利用现有以太网或快速以太网已铺设的 UTP 电缆进行网络升级，其可被用做大楼内的网络主干，大大节省了成本，这是目前最主要应用的千兆以太局域网方案。

4. 万兆以太网组网标准

2002 年以 IEEE 802.3ae 标准的形式第一次发布万兆以太网标准，这个标准是当时最快的以太网标准。在 10 Gb/s 以太网中，最显著的改变就是只能与全双工交换机连接，不再支持半双工连接，也不支持 CSMA/CD。

现在万兆以太网标准和规范都比较多，在标准方面有 2002 年的 IEEE 802.3ae，2004 年的 IEEE 802.3ak，2006 年的 IEEE 802.3an 和 IEEE 802.3aq 以及 2007 年的 IEEE 802.3ap。

在万兆以太网规范方面，仅由上述 IEEE 标准中发布的规范就有 10 多个，除此之外，还有一些不是由 IEEE 发布的万兆以太网规范，如 Cisco 的 10GBase-ZR 和 10GBase-ZW，这些规范所对应的标准具体如图 1-29 所示。

综上所述，以太网之所以成为局域网的主流技术，并在城域网甚至广域网范围获得进一步应用，主要得益于以下原因。

（1）开放标准，获得众多服务提供商的支持。IEEE 组织成立了专门的研究小组，广泛

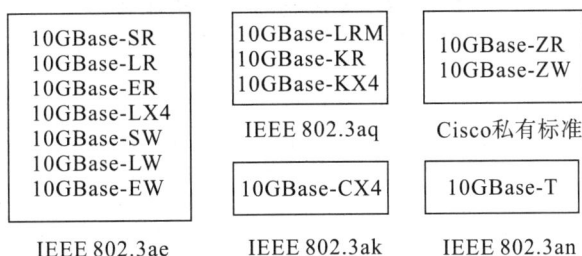

图1-29 万兆以太网组网标准

吸纳科研院所、厂商、个人会员参与研究讨论，这些举动得到了众多服务提供商的支持，使以太网很容易地融入到新产品中。

（2）结构简单，管理方便，价格低廉。由于没有采用访问优先控制技术，因而简化了访问控制的算法，简化了网络的管理难度并降低了部署的成本，进而获得了广泛应用。

（3）持续技术改进，满足用户不断增长的需求。在以太网的发展过程中，传输介质由同轴电缆（粗、细）演进为双绞线和光纤；组网模式由共享以太网演进为交换以太网；数据传输率由 10 Mb/s、100 Mb/s 演进为 1 Gb/s 及 10 Gb/s；技术持续地改进，极大地满足了用户需求和各种应用场合。

（4）网络平滑升级，保护用户投资。以太网的改进始终保持向前兼容，使用户能够实现无缝升级。网络系统升级时，原有的设备可与新增设备集成为网络系统，不需要额外投资更多的交换机设备，同时也不影响原先的业务部署和应用。

1.5.3 无线局域网技术标准

无线局域网（Wireless Local Area Network，WLAN）是使用无线连接方式的局域网络，以无线电磁波作为数据传送的媒介。WLAN 的主干网路仍然可以使用电缆，无线局域网的用户终端通过一个或更多的无线接入节点（AP）接入到无线局域网中。

无线局域网技术标准

WLAN 与 LAN 相比，具有组网灵活、快捷、可移动通信等优势。随着 IEEE802.11g、IEEE802.11n 等标准的推出，无线局域网的传输速率和传输质量得到了很大的提高。然而，WLAN 并非取代 LAN，而是弥补 LAN 的不足（如网络用户无固定场所、有线局域网架设受环境限制或成本很高以及 WLAN 作为 LAN 的备用系统），以达到延伸网络覆盖区域的目的。

1. 无线局域网标准

IEEE 802.11 是由国际电机电子工程学会（IEEE）定义的无线局域网通用标准。802.11 最初定义的三个物理层包括了两个扩散频谱技术和一个红外传播规范，无线传输的频道定义在 2.4 GHz 的 ISM 波段内。两个设备之间的通信可以以设备到设备的方式进行，也可以在基站或者接入点（AP）的协调下进行。为了在不同的通信环境下取得良好的通信质量，采用 CSMA/CA 硬件沟通方式。

随着无线网络的发展，在 802.11 的基础上又发展出了 802.11b、802.11a、802.11g 和 802.11n 等协议，无线局域网标准比较见表 1-8。

表 1 - 8　　无线局域网标准比较

标准项目	802.11	802.11b	802.11a	802.11g	802.11n	802.11ac
占用频率	2.4 G	2.4 G	5 G	2.4 G	2.4 G/5G	5 G
最大带宽	2 M	11 M	54 M	54 M	600 M	1 G
传输距离	<300 m	<300 m	<100 m	<300 m	<300 m	<100 m
调制方式	直扩/调频	直扩/CCK 补偿码键控	OFDM 正交频分复用	OFDM CCK	MIMO 多输入多输出技术	MIMO

2. 无线局域网设备

WLAN 设备包括：无线网卡、无线访问接入点(AP)、无线控制器(AC)以及无线天线等。

(1) 无线网卡。

无线网卡是终端无线网络的设备，是不通过有线连接而采用无线信号进行数据传输的终端。无线网卡根据接口不同，主要有 PCMCIA 无线网卡、PCI 无线网卡、MiniPCI 无线网卡、USB 无线网卡、CF/SD 无线网卡等几类产品，部分无线网卡实物如图 1 - 30 和图 1 - 31所示。

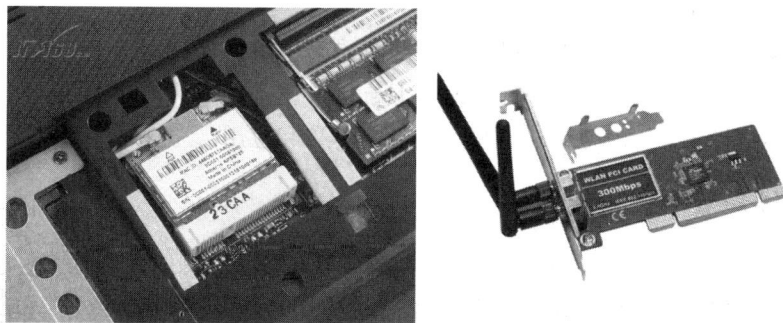

图 1 - 30　PCMCIA 无线网卡(左)和 PCI 无线网卡(右)

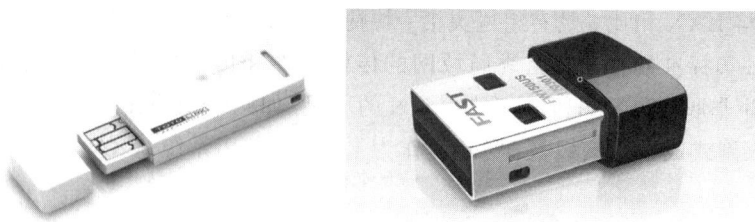

图 1 - 31　USB 无线网卡(左)和 CF/SD 无线网卡(右)

(2) 无线 AP。

无线 AP(Access Point，无线接入点)是一个无线网络的接入点，俗称"热点"，主要有路由交换接入一体设备和纯接入点设备。路由交换一体设备也称为无线路由器，执行接入和路由工作，俗称"胖 AP"；纯接入设备只负责无线客户端的接入，通常作为无线网络扩展使用，与其他 AP 或者主 AP 连接，以扩大无线覆盖范围，俗称"瘦 AP"。无线 AP 实物如图 1 - 32 所示。

图 1-32　无线 AP

（3）无线 AC。

无线 AC(Access Point Controller，无线控制器)是一种网络设备，用来集中化控制无线 AP，是一个无线网络的核心，负责管理无线网络中的所有无线 AP。无线 AC 对 AP 的管理包括：下发配置、修改相关配置参数、射频智能管理、接入安全控制等。无线控制器既可以是一台专用网络设备，也可以是交换机上的一个模块，其实物如图 1-33 和图 1-34 所示。

图 1-33　无线控制器

图 1-34　无线控制模块

（4）天线。

当计算机与无线 AP 或其他计算机相距较远时，必须借助于无线天线对所接收或发送的信号进行增益(放大)。无线设备本身的天线都有一定距离的限制，当超出这个限制的距离，就要通过外接天线来增强无线信号，达到延伸传输距离的目的。

无线天线包括室内天线和室外天线两类，其实物如图 1-35 所示。

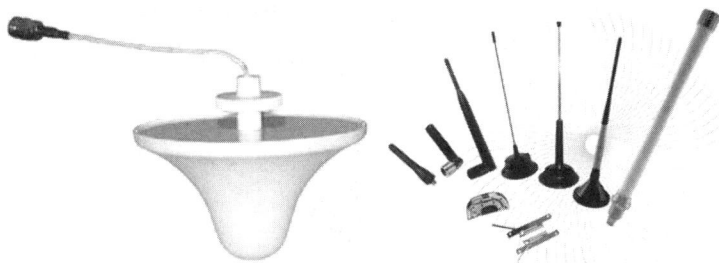

图 1-35　无线天线

3. 无线局域网组网

无线局域网的组网模式大致可以分为两种：Ad-hoc 模式(点对点无线网络)和 Infrastructure 模式(集中控制式网络)。

1) Ad-hoc 模式

Ad-hoc 网络是一种点对点的对等式移动网络，没有有线基础设施的支持，网络中的节点均由移动主机构成,网络中不存在无线 AP,通过多张无线网卡自由地组网实现通信。Ad-hoc 结构是一种省去了无线中介设备 AP 而搭建起来的对等网络结构,只要安装了无线网卡,计算机彼此之间即可实现无线互联;其原理是网络中的一台计算机主机建立点对点连接,其他计算机就可以直接通过这个点对点连接进行网络互联与共享,其基本结构如图 1-36 所示。

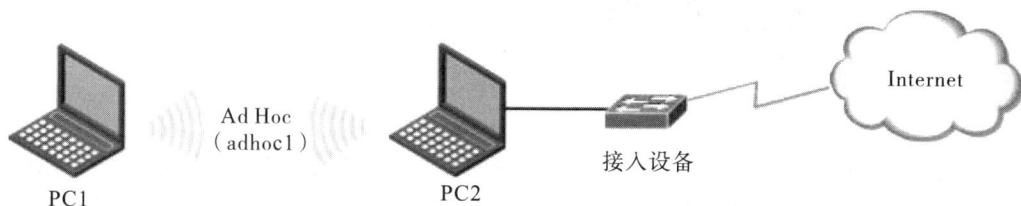

图 1-36   Ad-hoc 网络结构

由于省去了无线 AP,网络节点可以随时加入和离开网络,任何节点的故障都不会影响整个网络的运行,具有很强的抗毁性,因此 Ad-hoc 网络适用于无法或不便预先铺设网络设施和需快速自动组网的场合,如军事应用、紧急救灾或者个人网络等。

2) 集中控制式模式

集中控制式(Infrastructure)模式网络是一种整合有线与无线局域网架构的应用模式,在这种模式中,无线网卡与无线 AP 进行无线连接,再通过无线 AP 与有线网络建立连接。

实际上 Infrastructure 模式网络还可以分为两种模式:一种是传统的独立 AP 架构;一种是基于控制器的 AP 架构。

(1) 传统的独立 AP 架构。

无线网络采用无线 AP+无线网卡建立网络连接,这里的无线 AP 即无线路由器。可以直接在无线 AP 上进行无线网络的相关配置,其网络拓扑结构如图 1-37 所示。

图 1-37   传统的独立 AP 架构

传统的独立 AP 架构通常用于会议室、图书馆、小型办公网络和家用无线网络等。

（2）基于控制器的 AP 架构。

无线网络采用无线 AC＋无线 AP＋无线网卡的网络连接方式，这里的无线 AP 为"瘦 AP"，只负责无线客户端的接入，所有的网络配置都在无线 AC 上完成，通过无线 AC 对无线 AP 进行管理，其网络拓扑结构如图 1-38 所示。

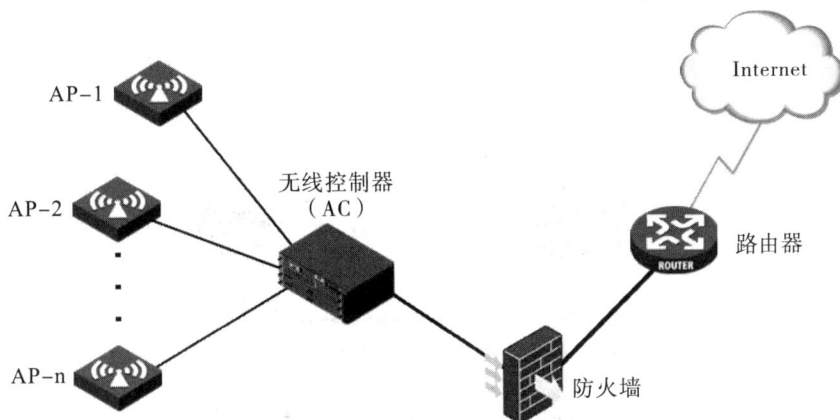

图 1-38　基于控制器的 AP 架构

基于控制器的 AP 架构通常用于大中型网络，如校园网和园区网等网络中 AP 数量较多的场合，可以通过 AC 统一进行控制，简化管理。

1.6　项目拓展

随着千兆到桌面的日益普及，万兆以太网技术已逐渐在汇聚层和骨干层广泛应用。从目前网络现状而言，万兆以太网最先应用的场合包括教育行业、数据中心出口和城域网骨干。

1.6.1　万兆校园网组网

随着高校多介质网络教学、数字图书馆等应用的展开，高校校园网将成为 10 Gb/s 以太网的重要应用场合，如图 1-39 所示。利用 10 Gb/s 高速链路构建校园网的骨干链路和各分校区与本部之间的连接，可实现端到端的以太网访问，进而提高传输效率，有效地保证远程多介质教学、数字图书馆等业务的开展。

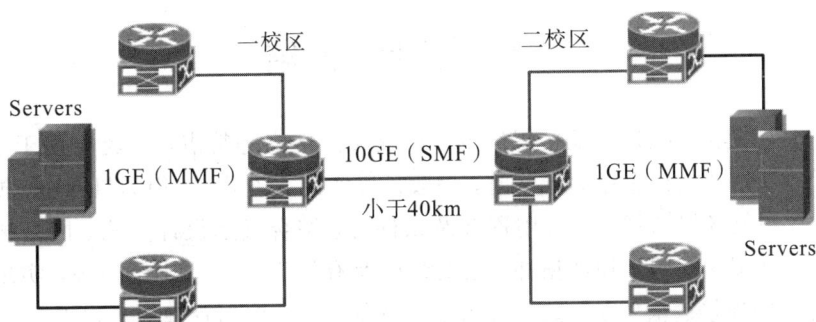

图 1-39　10 Gb/s 以太网在校园网的应用

1.6.2 数据中心组网

通常数据中心部署了服务器集群和存储系统，这些设备均采用千兆链路连接网络，汇聚这些设备的上行带宽将成为业务瓶颈，使用 10 Gb/s 以太网高速链路可为数据中心出口提供充分的带宽保障，如图 1-40 所示。

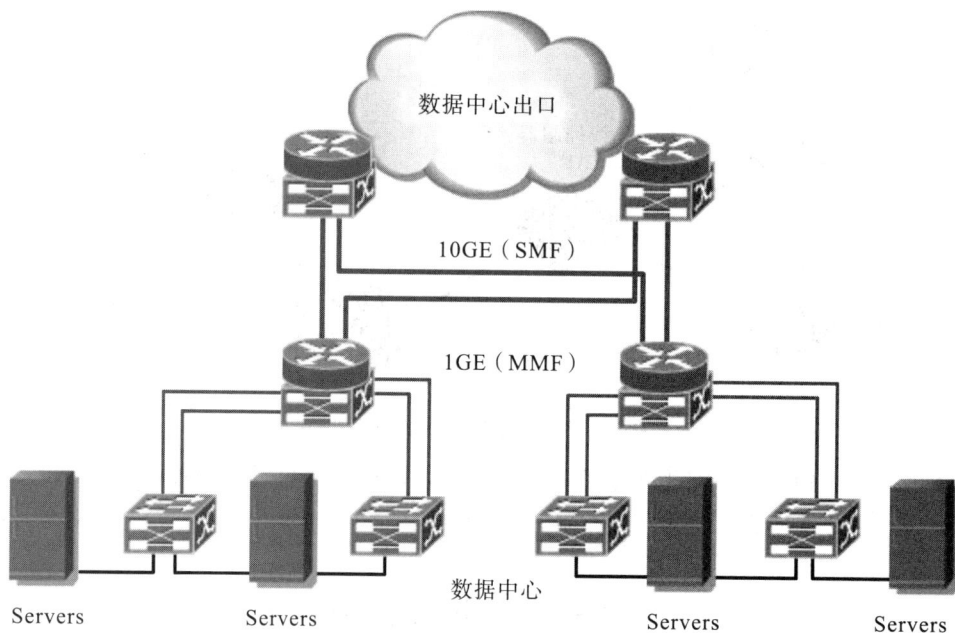

图 1-40　10 Gb/s 以太网在数据中心的应用

1.6.3 城域网应用

随着城域网建设的不断深入，多种信息业务纷纷出现，对带宽提出了更高的要求，而传统的同步数字系列(SDH)、密集波分复用(DWDM)技术作为网络骨干，存在着网络结构复杂、难于维护、建设成本高等问题。在城域网上部署 10 Gb/s 以太网可大大地简化网络结构、降低成本和便于维护。通过端到端的以太网连接，建设低成本、高性能和具有丰富业务支持能力的城域网，是推动 10 Gb/s 以太网标准建立和发展的重要因素。

1.7 项目小结

局域网具有建网、维护以及扩展容易、系统灵活性高等特点，广泛应用于部门、公司或单位办公。规划和设计企业局域网时，一般是以实用、好用、够用为目标，依据用户网络功能与性能、组网环境与规模、可用资金及条件等，综合考虑设计方法、网络技术及产品等多个方面，合理规划网络物理拓扑、层次结构及有线无线一体化结构等，实现各楼层所有部门信息点的连接通信、资源共享等需求，提高工作效率和管理服务水平。

实 训 练 习

【实训 1.1】   局域网组网

一、实训目的

组建一个简单的、以交换机为中心的小型局域网,并对每一台计算机配置网络协议、子网掩码和默认网关等参数,实现局域网内的计算机互通。

局域网组网

二、实训内容

(1) 主机与交换机的连接。

(2) 配置每一台计算机的网络标识、使用的网络协议与 IP 地址等。

(3) 用 Ping 命令检验网络的连通性。

(4) 通过网上邻居实现主机间相互访问。

三、实训拓扑图

小型局域网组建拓扑图如图 1.1-1 所示。

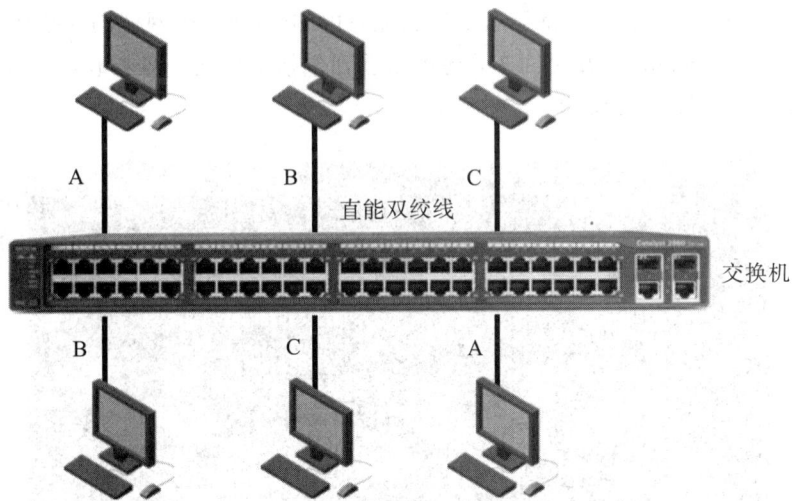

图 1.1-1   小型局域网组建拓扑图

四、实训内容及步骤

(1) 计算机与交换机的连接。

按图 1.4-1 所示,使用直通双绞线,一端接入计算机上的 RJ45 端口(俗称网口),另一端接入交换机的局域网端口。在连接时,原则上应按规定的端口号连接,若没有规定可以以任意顺序连接,一般是就近顺序连接。

（2）检查计算机上原有的 IP 地址等配置。

① 启动计算机；

② 在"开始"→"运行"命令框中输入 cmd 并回车，进入命令模式，如图 1.1 - 2 和图 1.1 - 3 所示。

图 1.1 - 2　运行窗口

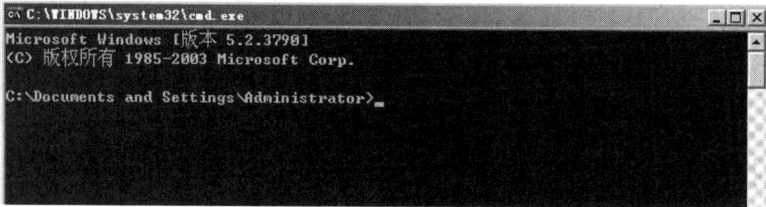

图 1.1 - 3　命令提示符窗口

③ 输入 ipconfig 并回车，将显示本机已配置的 IP 地址、子网掩码和默认网关。

④ 如果输入 ipconfig/all 并回车，还可以看到包括主机名、网卡地址和各种服务器 IP 地址等内容，如图 1.1 - 4 所示。

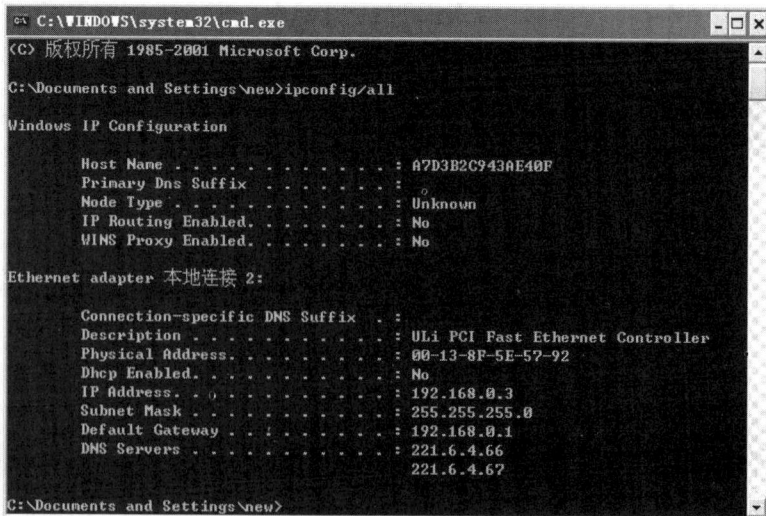

图 1.1 - 4　用 ipconfig/all 命令显示网络配置

（3）配置网络标识。

更改网络标识（计算机名）的目的，是使计算机名有一定意义并便于记忆与使用。更改步骤如下：

① 右键点击"我的电脑"，在出现的快捷菜单中选择"属性"命令。

② 在打开的"系统属性"对话框架中点击"计算机名"选项卡，如图 1.1-5 所示，再点击"更改"按钮。

③ 在打开的"计算机名称更改"对话框中，便可更改网络标识即计算机名。最后点击"确定"按钮，如图 1.1-6 所示。

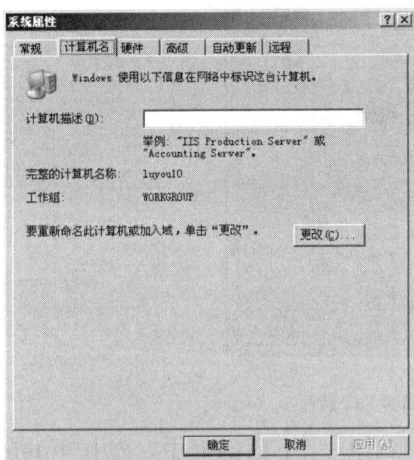

图 1.1-5　"系统属性"对话框　　　　　图 1.1-6　"计算机名称更改"对话框

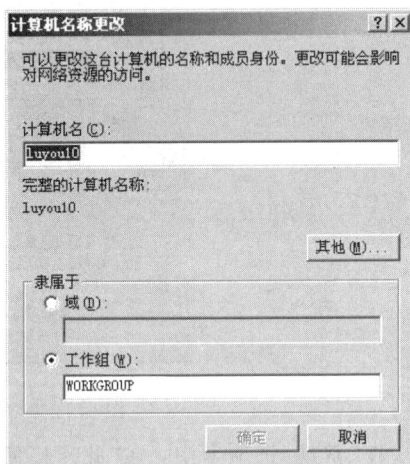

（4）配置网络协议与 IP 地址。

一般网络都是使用 TCP/IP 协议，配置 TCP/IP 协议的方法如下：

① 选择"开始"→"设置"→"控制面板"→"网络连接"命令，或者右键点击"网上邻居"，再点击"属性"按钮，打开"网络连接"对话框，如图 1.1-7 所示。不同的系统有不同的打开方式，总之，要打开"网络连接"对话框。

图 1.1-7　"网络连接"对话框

② 右键点击"本地连接"图标，在出现的下拉菜单中，选择"属性"命令，打开"本地连接属性"对话框，如图 1.1-8 所示。

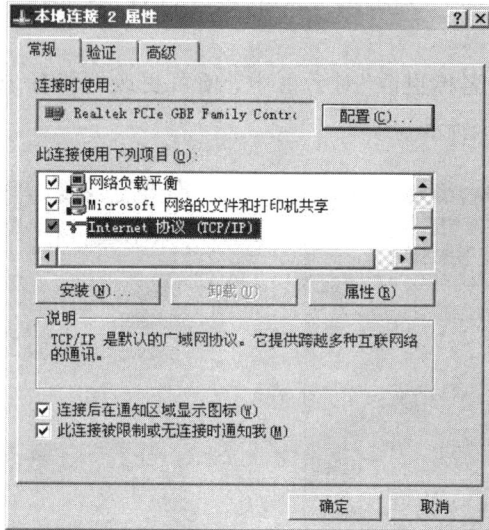

图 1.1-8 "本地连接属性"对话框

③ 在"常规"选项卡中，在"此连接使用下列项目(O)："下面的框中，选中"Internet 协议(TCP/IP)"，并在该选项前面打钩，再点击"属性"按钮，打开"Internet 协议(TCP/IP)属性"对话框，如图 1.1-9 所示。

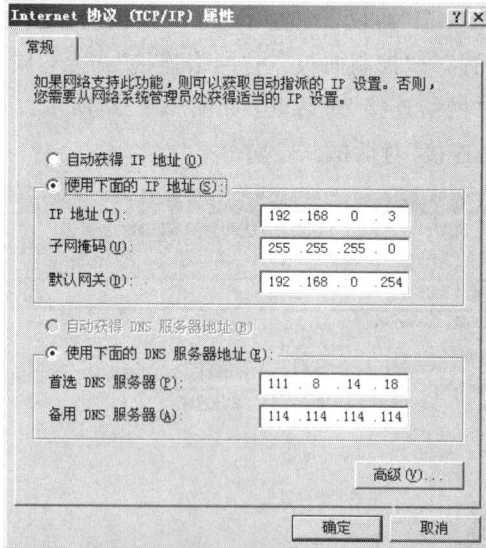

图 1.1-9 "Internet 协议(TCP/IP)属性"对话框

④ 在图 1.1-9 中，将计算机的 IP 地址分别设置成 192.168.0.1 至 192.168.0.8 中的一个，一定要保证组网中的六台计算机的 IP 地址各不相同。子网掩码和默认网关保持不变，或者根据需要设置。在实际应用中，子网掩码是根据网络号自动确定的，而默认网关

一般是指本局域网唯一网关的 IP 地址。

⑤ 设置完毕,点击"确定"按钮,即完成了协议与 IP 地址的配置。

(5) 用 Ping 命令检验网络的连通性。

① 在"开始"→"运行"命令框中输入 cmd 并回车,进入命令模式。

② 输入命令 Ping 192.168.0.＊,检查与其他计算机的连通性。命令中的"＊"代表 1、2、3、4、5、6 中的一个,对本机和其他机均可使用该命令。

③ 查看连通情况。

图 1.1－10 是输入 Ping 192.168.0.3 命令后,连接正确即 Ping 通的显示结果。

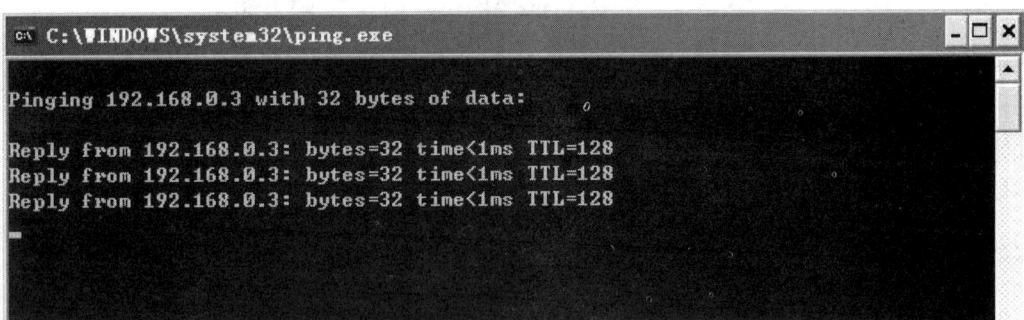

图 1.1－10　连接成功的显示结果

图 1.1－11 是输入 Ping 192.168.0.2 命令后,连接失败即 Ping 不通的显示结果。

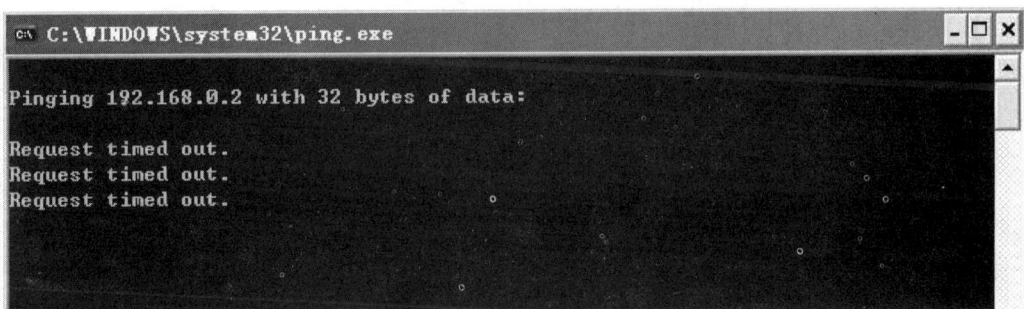

图 1.1－11　连接失败的显示结果

(6) 通过网上邻居实现主机间相互访问。

在桌面上,通过"网上邻居"图标,看是否可以找到本局域网内的计算机并实现相互访问。请注意,要想使本机的硬盘或文件夹能被其他计算机访问,必须先设置其共享属性,即将其设置成可共享。将某文件夹(如 D 盘中的 soft 文件夹)设置为共享的方法如下:

① 在 D 盘 soft 文件夹上点击右键,并选择"属性"命令,打开"soft 属性"对话框,选中"共享"选项卡,如图 1.1－12 所示。

② 在其中选中"共享此文件夹(S)"单选按钮,输入共享名、确定共享用户数、设置共享权限之后,再点击"确定"按钮即可将此文件夹共享到网络。

③ 通过"网上邻居",查找同一网络上的其他五台 PC,并查看每台机器所设置的共享文件。

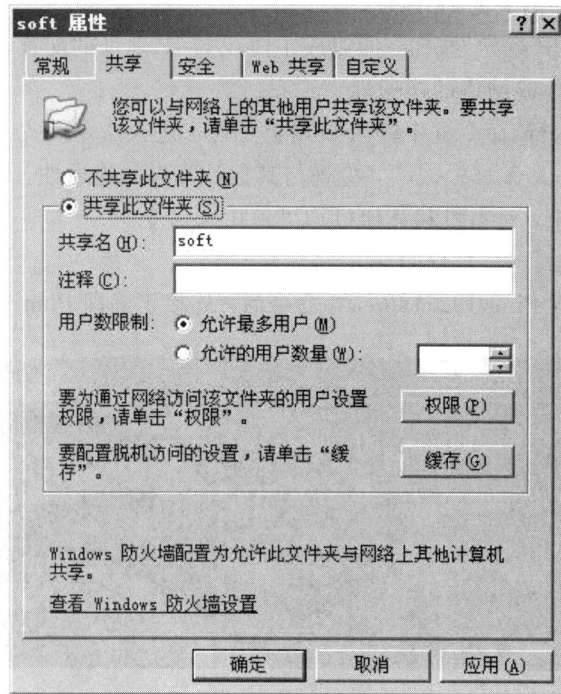

图 1.1-12 "soft 属性"对话框

（7）将三台交换机进行级联并进行联网测试。

① 三台交换机级联组网如图 1.1-13 所示。

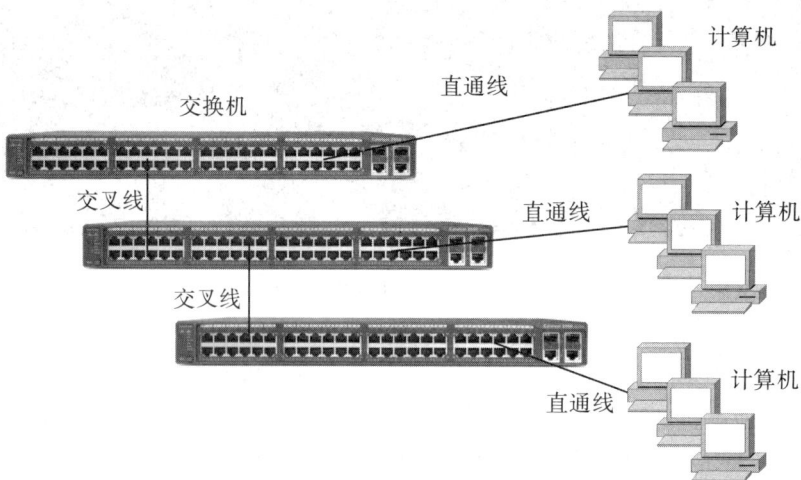

图 1.1-13 三台交换机级联组网

② 将联网的计算机的 IP 地址设置在一个网段上，如：192.168.0.1～192.168.0.18。

③ 在每台计算机上设置好共享文件夹。

④ 打开"运行"窗口，如图 1.1-14 所示，在输入框中分别输入其他计算机的 IP 地址，查看其共享资源。

图1.1-14　在运行方式下连接到共享计算机

⑤ 通过"网上邻居"查看工作组"workgroup"中所有联网的计算机，如图1.1-15所示。

图 1.1-15　查看工作组计算机

五、实训结果记录

（1）将步骤 2 中的 ipconfig/all 查看结果截屏。

（2）将步骤 5 中的 Ping 通测试结果截屏。

（3）将步骤 6 中的查找到的网上邻居计算机截屏。

（4）将步骤 7 中的打开网址及查看到的工作组计算机截屏。

六、实训思考题

（1）结合本次实训，考虑电脑上网通常要用到两个链接，分别是本地连接和宽带连接，这两个链接的区别是什么？

（2）目前家庭用户采用的上网方式有 ADSL 和光纤宽带，若想让家里三台电脑能同时上网，需要哪些设备？是用交换机还是用路由器？如果初次使用路由器，需要哪些设置？

【实训 1.2】　无线局域网组网

无线网组网 1

无线网组网 2

无线网组网 3

一、实训目的

（1）掌握无线路由器的配置。

（2）理解无线网络接入安全模式。

二、实训拓扑图

无线局域网拓扑图如图 1.2-1 所示。

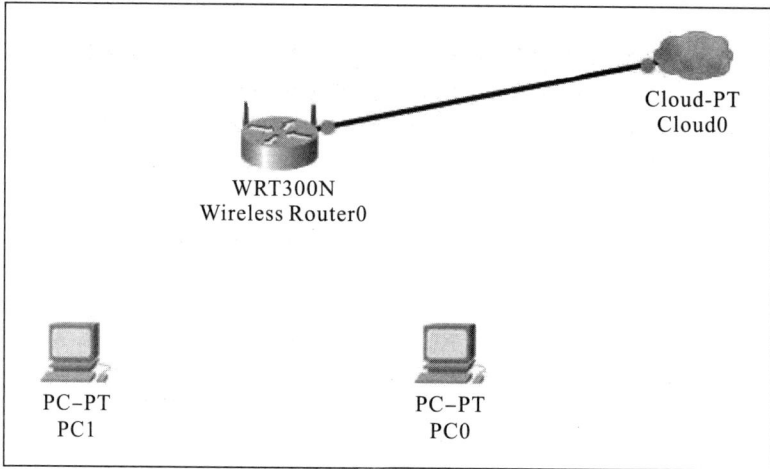

图 1.2-1 无线局域网拓扑图

三、实训内容及步骤

（1）搭建网络拓扑，将无线路由器添加到网络中。

单击设备管理器中的"Wireless Devices"（无线设备），选择"WRT300N"，如图 1.2-2 所示，将该设备添加到两 PC 之间，如图 1.2-1 所示。

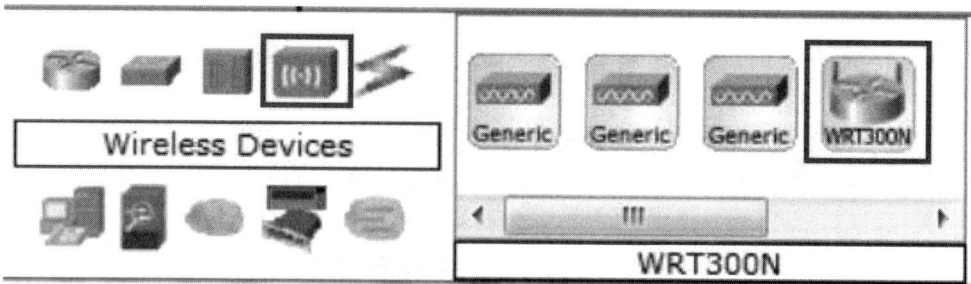

图 1.2-2 添加无线设备

（2）配置设备显示名称并连接网络。

单击"WRT300N"路由器，选择"Config"（配置）选项卡并将显示名称设置为 WRS2，连接网络如图 1.2-3 和图 1.2-4 所示。

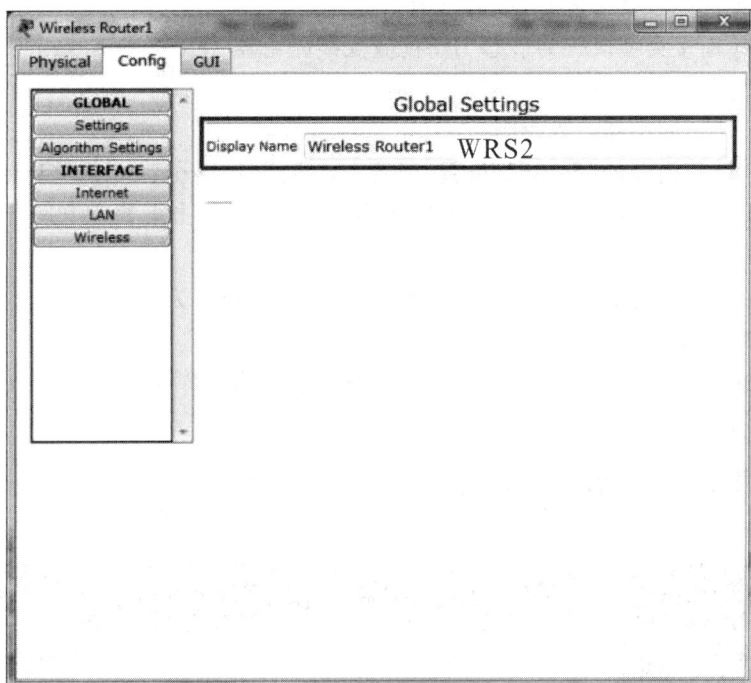

图 1.2-3　配置无线设备名称

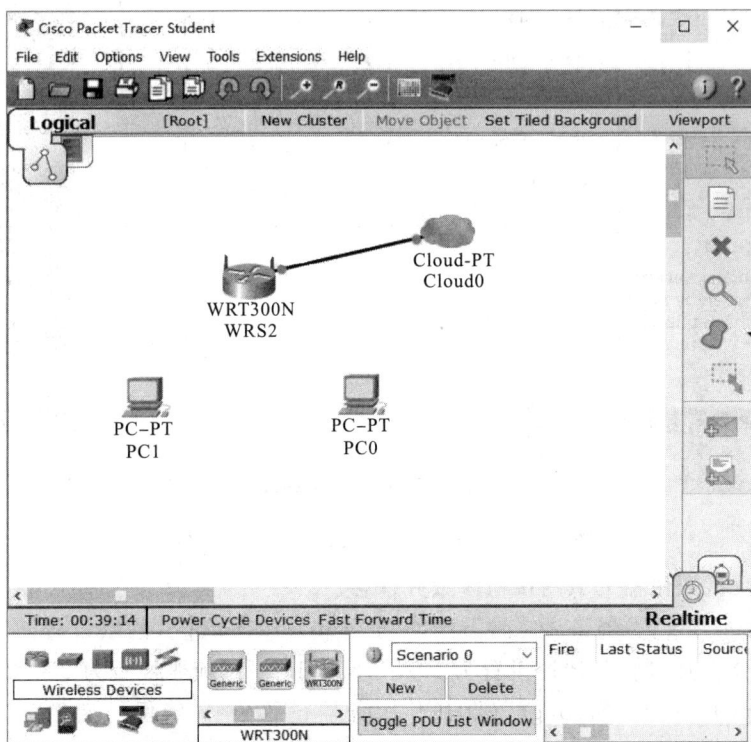

图 1.2-4　连接网络

（3）配置 Setup（设置）选项卡中的选项。

将 Internet 连接类型设置为静态 IP，配置无线路由器 WRS2 的 Internet 网络地址、子网掩码和默认网关如下：

① 单击 WRS2 路由器，然后选择"GUI"选项卡。

② 在 WRS2 路由器的"Setup"（设置）屏幕中，找到"Internet Setup"（Internet 设置）下的"Internet Connection Type"（Internet 连接类型）选项，单击下拉菜单并从列表中选择"Static IP"（静态 IP）。

③ 将 Internet IP 地址设置为 172.16.1.2、子网掩码设置为 255.255.255.0、默认网关设置为 172.16.1.1。

注意：在家庭或小型企业网络中，通常由 ISP 通过 DHCP 分配此 Internet IP 地址。配置如图 1.2-5 所示。

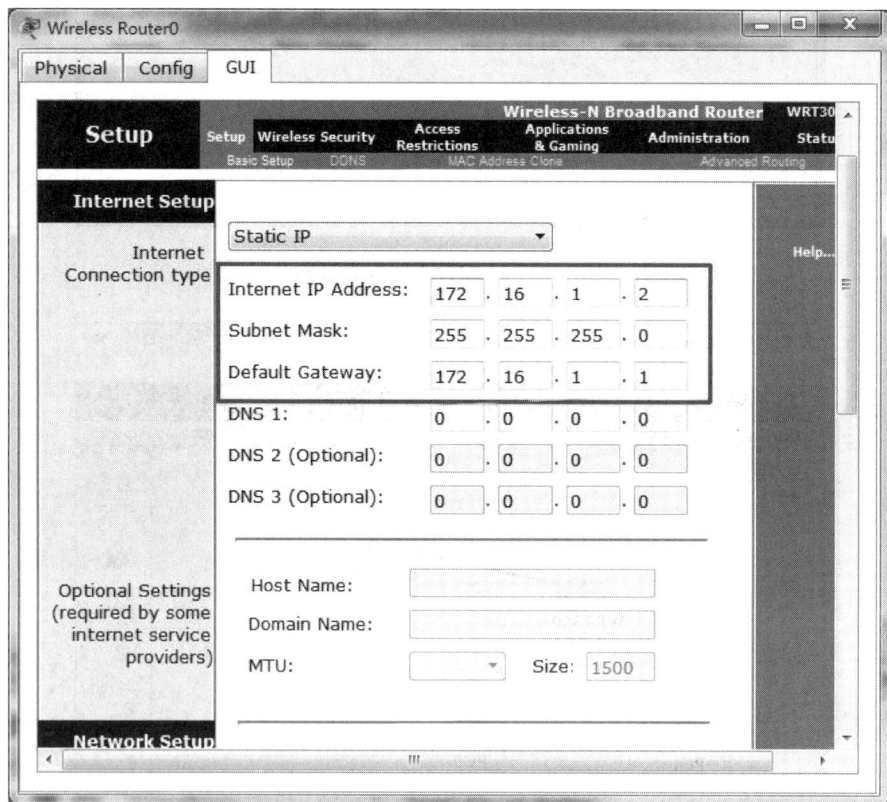

图 1.2-5 无线路由器 Internet 连接配置

（4）配置无线路由器局域网接口参数并保存。

① 在"Setup"（设置）屏幕中，向下滚动到"Network Setup"（网络设置）。对于"Router IP"（路由器 IP）选项，将 IP 地址设置为 192.168.0.1，子网掩码设置为 255.255.255.0。

② 在"DHCP Server Settings"（DHCP 服务器设置）中，确保已启用 DHCP 服务器。DHCP 服务器分配的地址空间范围为 192.168.0.100～192.168.0.149 之间，如图 1.2-6 所示。

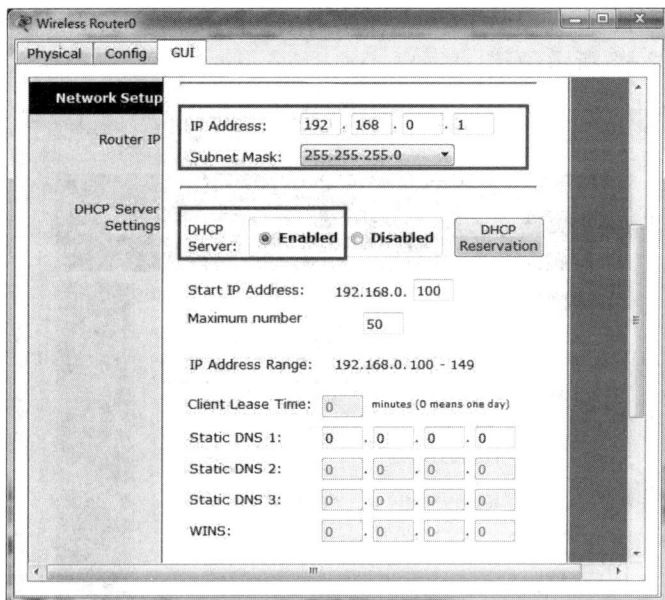

图 1.2 - 6　无线路由器局域网连接配置

③ 拖动滚动条到屏幕底部,点击"Save Settings"(保存设置)按钮对以上配置进行保存,如图 1.2 - 7 所示。

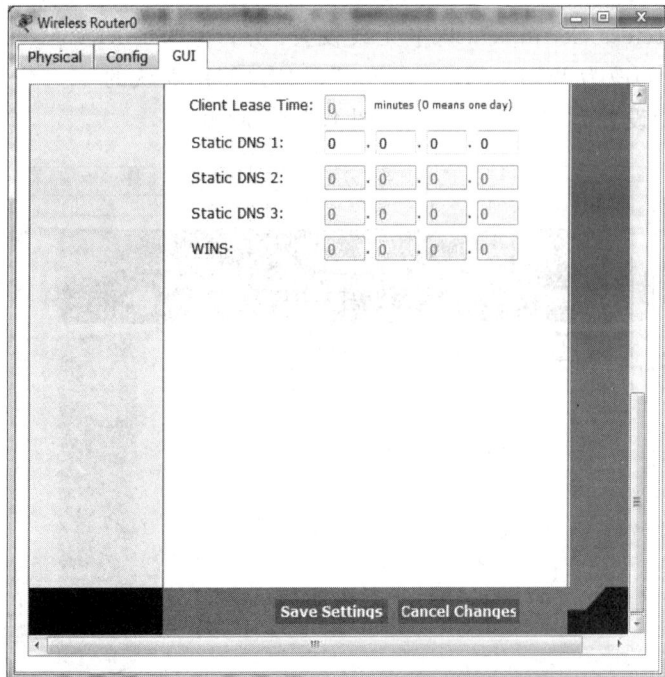

图 1.2 - 7　保存配置

(5) 配置 Wireless(无线)选项卡中的选项。

① 配置网络名称(SSID):单击"Wireless"(无线)选项卡,在"Network Name(SSID)"

［网络名称（SSID）］中，将网络从 Default 重命名为"WRS_LAN"，单击"Save Settings"（保存设置），如图 1.2-8 所示。

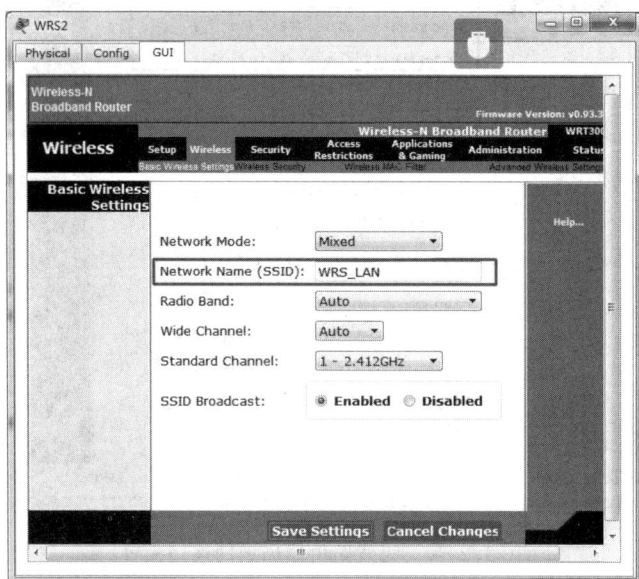

图 1.2-8　配置 SSID

② 设置安全模式：单击"Wireless Security"（无线安全），位于"Wireless"（无线）主选项卡中的"Basic Wireless Settings"（基本无线设置）旁；将"Security Mode"（安全模式）从"Disabled"（已禁用）改为 WEP，"Encryption"（加密）使用默认的 40/64-Bits（40/64 位），将"Key1"（密钥 1）设置为 0123456789，如图 1.2-9 所示。

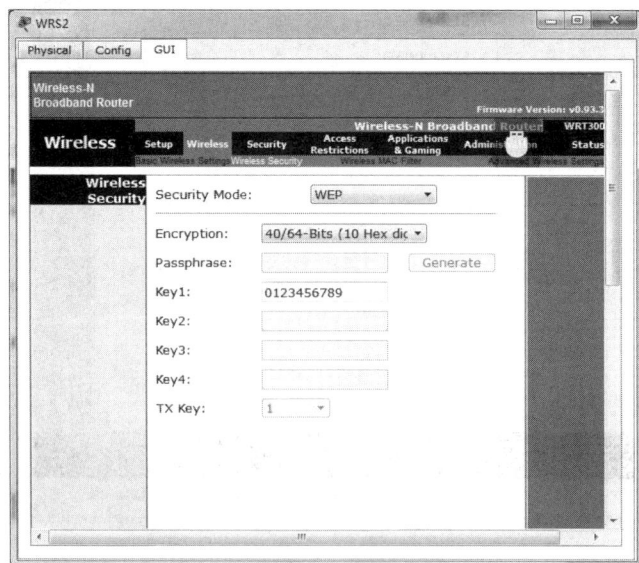

图 1.2-9　无线安全配置

注意：配置完成后都要保存才能生效。

（6）配置 Administration(管理)选项卡中的选项。

设置路由器登录口令：单击"Adminstration"(管理)选项卡。在"Router Access"(路由器访问)中，将路由器口令改为 cisco123，再次输入同一口令以确认，如图 1.2 - 10 所示。

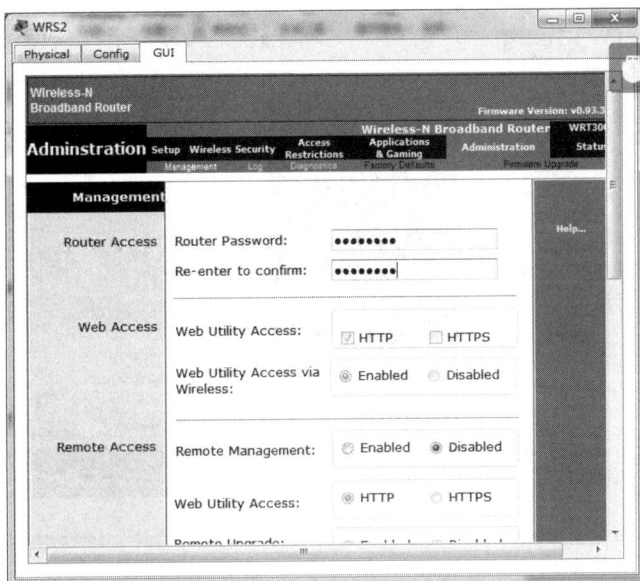

图 1.2 - 10　无线路由器登录设置

（7）PC 无线连接配置。

① 删除 PC 的快速以太网卡：单击"PC"，然后单击"Physical"(物理)选项卡，"Physical Device View"(物理设备视图)中是该 PC 的图像，单击 PC 上的电源按钮将其关闭。删除快速以太网卡，即将其拖到窗口右下角。网卡位于机器底部，如图 1.2 - 11 所示。

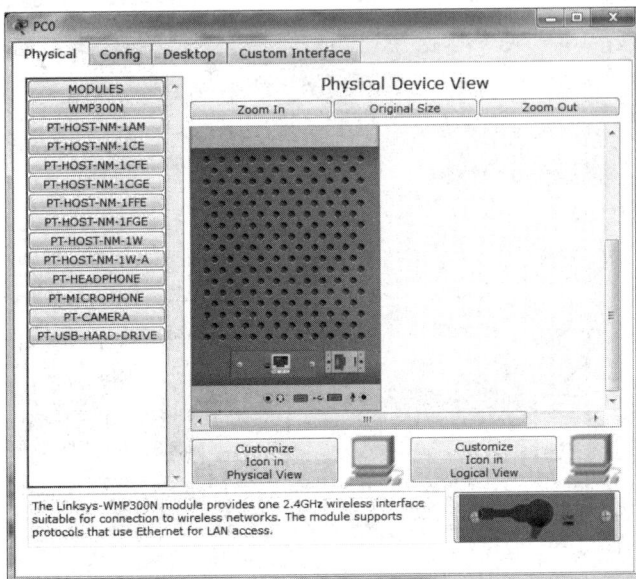

图 1.2 - 11　删除以太网卡

② 在 PC 上安装无线网卡：在"MODULES"（模块）下，找到 WMP300N 并将其拖放到快速以太网卡先前所在的位置，重新打开电源，如图 1.2－12 所示。

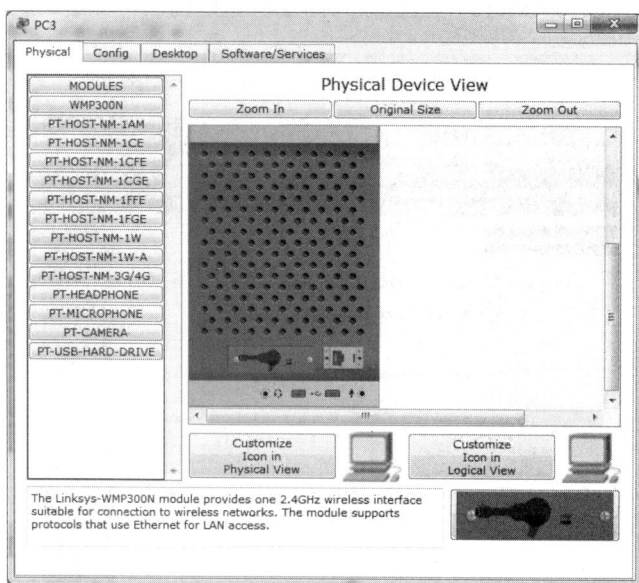

图 1.2－12　安装无线网卡

③ 使用 WEP 密钥配置 PC：单击"Desktop"（桌面）选项卡，如图 1.2－13 所示，单击"PC Wireless"（PC 无线）开始为 PC 设置 WEP 密钥，在屏幕上应显示该 PC 尚未与任何接入点关联，然后单击"Connect"（连接）选项卡，如图 1.2－14 所示，此时 WRS_LAN 应显示在可用无线网络列表中，务必选中它并单击"Connect"（连接）。

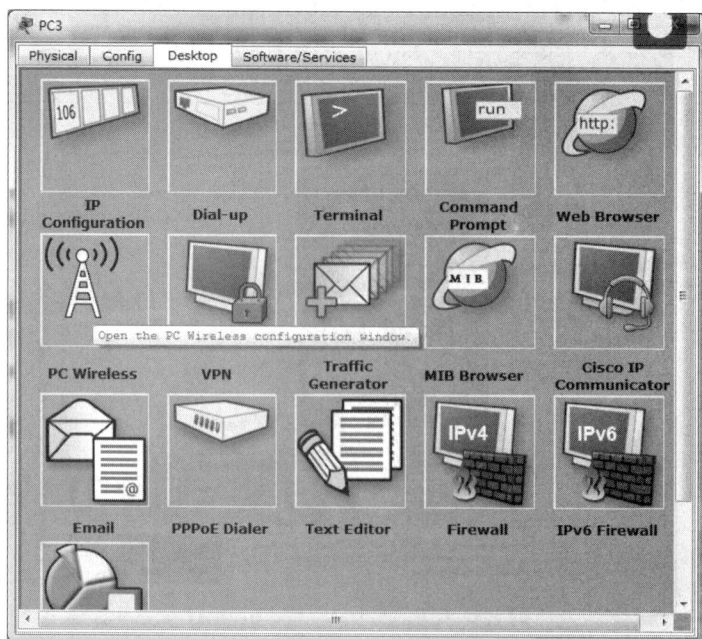

图 1.2－13　PC 无线连接配置 1

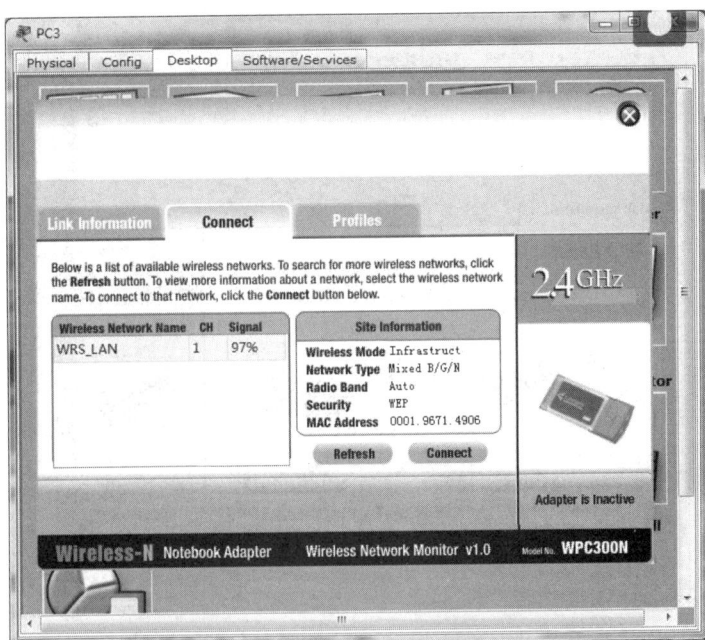

图 1.2 - 14　PC 无线连接配置 2

④ 在"WEP Key 1"（WEP 密钥 1）中键入 WEP 密钥 0123456789，然后单击"Connect"（连接），如图 1.2 - 15 所示。

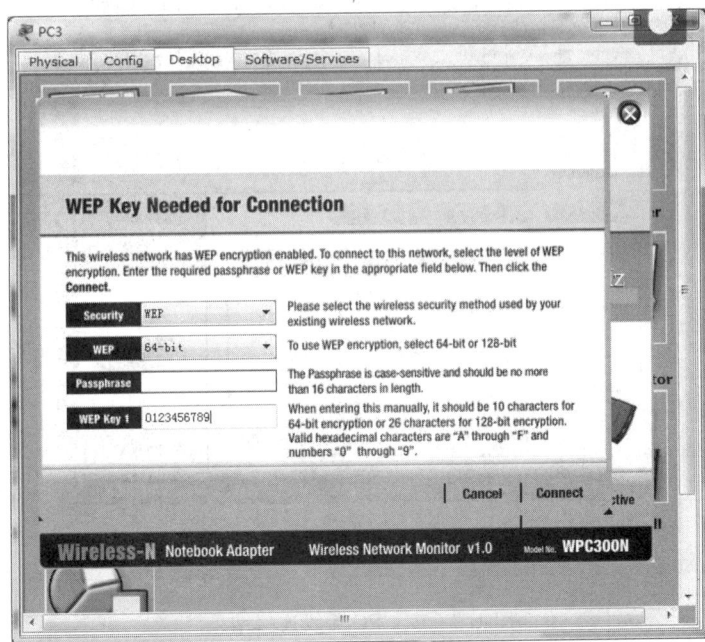

图 1.2 - 15　PC 无线连接配置 3

⑤ 切换到"Link Information"（链路信息）选项卡，"Signal Strength"（信号强度）和"Link Quality"（链路质量）指标应显示信号极强，如图 1.2 - 16 所示。

图 1.2 - 16　PC 无线连接配置 4

⑥ 单击"More Information"（详细信息）按钮查看该连接的详细信息，可以看到 PC 从 DHCP 地址池接收的 IP 地址，如图 1.2 - 17 所示。

图 1.2 - 17　PC 无线连接结果

四、实训调测和结果

（1）无线网络配置好后，查看每台 PC 获取的 IP 地址、子网掩码和默认网关并填入下表。

主机名称	IP 地址	子网掩码	默认网关
PC1			
PC2			

（2）测试 PC1 和 PC2 之间的网络连通性。

五、实训思考题

（1）如何搭建无线局域网的 Ad-hoc 结构？

（2）无线局域网如何连入有线局域网？试搭建网络图。

【实训 1.3】　为企业网络需求选择设备

思科公司校园网方案

智慧校园无线网络方案

一、实训目的

了解主流交换机产品，熟悉交换机的选购技术参数，能针对具体组网需求选择性价比较高的交换设备。

二、实训内容

某培训学校需组建一个局域网，具体信息点需求如下：

一楼：总务处（2 个信息点），教务处（2 个信息点），校工会办公室（1 个信息点），招生就业处（4 个信息点），综合教室 1（1 个信息点），综合教室 2（1 个信息点），综合教室 3（1 个信息点）。

二楼：人事处（4 个信息点），财务室（4 个信息点），院办（3 个信息点），第一会议室（1 个信息点），第二会议室（1 个信息点），宣传部（1 个信息点）。

三楼：普通机房（30 个信息点），图形图像处理机房（30 个信息点），计算机网络机房（30 个信息点），计算机软件机房（30 个信息点），计算机中心（4 个信息点）。

四楼：院长办公室（1 个信息点），副院长办公室（1 个信息点），党委书记办公室（1 个信息点），党委副书记办公室（1 个信息点），第三会议室（1 个信息点）。

各个信息点之间通过接入层交换机相连，各楼层之间通过一台核心交换机相连，办公楼通过路由器连入 Internet，主要设备放置在三楼的计算机中心。

根据以上组网需求，完成下列任务：

（1）用 Visio 制作网络逻辑结构图，图上需标明所有设备及放置位置。

（2）为所有设备选择三家知名品牌进行选型并报价。

（3）所选设备有实物图。

三、实训结果

(1) 根据局域网组网需求,绘制网络逻辑结构图。

(2) 选型及报价。

知名品牌一: _____

序号	设备名称	型号	主要技术参数(传输速率、包转发率、背板带宽、端口数量及类型等)	数量	单价	总价
合计						

知名品牌二: _____

序号	设备名称	型号	主要技术参数(传输速率、包转发率、背板带宽、端口数量及类型等)	数量	单价	总价
合计						

知名品牌三: _____

序号	设备名称	型号	主要技术参数(传输速率、包转发率、背板带宽、端口数量及类型等)	数量	单价	总价
合计						

(3) 在网上搜索主要设备实物图。

四、实训思考题

(1) 上网搜索思科、华为、H3C 厂商的交换机产品及命名规则。

(2) 列出思科交换机的生产线。

项目 1 报告 一栋楼宇中局域网的规划设计

一、项目任务

对一个企事业单位或校园中的一栋大楼进行局域网的规划设计。

二、项目描述

该局域网要求，楼中至少有一台企业级的交换机(三层或以上)可进行 1000 Mb/s 光纤接入接出;每层楼都有楼层交换机连入各个房间信息插座;大楼交换机与楼层交换机之间以 1000 Mb/s 光纤或双绞线连接，到桌面的速率为 100 Mb/s 或以上。

三、项目要求

(1) 根据局域网项目的规划设计方法，对该项目进行需求分析。

(2) 通过实地考察，确定所布置网络的网络方案，确定所需信息点数。

(3) 按照需求分析选择网络技术类型。

(4) 选择网络设备和网络连接介质(列出具体设备类型)。

(5) 使用 Visio 软件画出网络拓扑图，图上要标明各设备、各干线及到桌面的速率。

(6) 对网络设备进行选型，并列出网络设备报价清单(设备中不包含工作站电脑)。

(7) 按项目报告参考格式要求分别以电子文档和纸质文档提交项目报告。

习 题

一、填空题

1. 局域网网络协议只覆盖 OSI 的(　　　)。

    A. 传输层与网络层　　　　　　　　B. 会话层与物理层

    C. 应用层与传输层　　　　　　　　D. 数据链路层与物理层

2. 以太网帧中的(　　　)字段用于错误检测。

    A. 类型　　　　　　B. 前导码　　　　　　C. 帧校验序列　　　　　　D. 目的 MAC 地址

3. 以太网 MAC 地址有(　　　)位。

    A. 12　　　　　　B. 32　　　　　　C. 48　　　　　　D. 128

4. 在 CSMA/CD 中拥塞信号的目的是(　　　)。

    A. 允许介质恢复　　　　　　　　　B. 确保所有节点看到冲突

    C. 向其他节点通报这个节点将要发送　D. 标识帧的长度

5. 1000Base-LX 使用的传输介质是(　　　)。

    A. 光纤　　　　　　B. 微波　　　　　　C. UTP　　　　　　D. 同轴电缆

6. 在局域网拓扑结构中，所有节点都直接连接到一条公共传输媒体上，任何一个节点发送的信号都沿着这条公共传输媒体进行传播，而且能被所有其他节点接收，这种网络结构称为(　　　)。

    A. 星型拓扑　　　　B. 总线型拓扑　　　　C. 环型拓扑　　　　D. 树型拓扑

7.考虑线序的问题，主机和主机直连应该用(　　　)的双绞线连接。

    A.直连线　　　　　　B.交叉线　　　　　　C.全反线　　　　　　　D.各种线均可

8.下列不属于核心层特征的是(　　　)。

    A.提供高可靠性　　　　　　　　　B.提供冗余链路

    C.高速转发数据　　　　　　　　　D.部门或工作组级访问

9.在企业网规划时，选择使用三层交换机而不选择路由器的原因中，不正确的是(　　　)。

    A.在一定条件下，三层交换机的转发性能要远远高于路由器

    B.三层交换机的网络接口数相比路由器的接口要多很多

    C.三层交换机可以实现路由器的所有功能

    D.三层交换机组网比路由器组网更灵活

10.检查网络连通性的命令是(　　　)。

    A. ipconfig　　　　B. route　　　　　C. telnet　　　　　　D. ping

二、多选题

1.以下陈述中正确描述了 MAC 地址的是(　　　)。(选三项)

    A.动态分配　　　　　　　　　B.系统启动期间复制到 RAM 中

    C.第三层地址　　　　　　　　D.包含 3 字节十六进制数

    E.长 6 字节　　　　　　　　　F.长 32 位

2.100BASE－T 组网需要以下组件及设备中的(　　　)。(选三项)

    A.双绞线　　　　B.同轴电缆　　　　C.光纤　　　　　　D. RJ45

    E. T 型连接头　　　　　　　　　　　　　　　　F.交换机

3.下列设备中多端口并且方便连接用户计算机的是(　　　)。(选两项)

    A.中继器　　　　B.交换机　　　　C.网桥　　　　　D.集线器　　　　　E.主机

4.IEEE802.3 把以太网链路层分成两个子层，分别是(　　　)。(选两项)

    A.物理子层　　　B.IP 子层　　　C.LLC 子层　　　D.MAC 子层　　　E.TCP 子层

5.XYZ 公司正在其数据网络中安装新的电缆，下列(　　　)两种类型是目前新架设时最常用的电缆。(选两项)

    A.同轴　　　　B.4 类 UTP　　　C.5 类 UTP　　　D.6 类 UTP　　　E.STP

三、判断题

1.在 CSMA/CD 访问方法中，要发送报文的所有网络设备在发送之前必须侦听，如果设备检测到来自其他设备的信号，就会等待指定的时间后再尝试发送；如果没有检测到流量，它将发送帧。(　　　)

2.双绞线由两条相互绝缘的导线绞合而成，双绞线不受外部电磁干扰，误码率较低。(　　　)

3.铜轴电缆与光纤相比传输的距离更远。(　　　)

4.网卡是物理设备，位于 OSI 模型的物理层。(　　　)

5.千兆技术仍然是以太技术，它采用了与 10M 以太网相同的帧格式、帧结构、网络协议、全/半双工工作方式、流控模式以及布线系统。(　　　)

项目一习题答案

项目 2　小型办公局域网项目

【学习目标】

通过本项目的学习，达到以下目标：

(1) 能进行交换机的连接。

(2) 会使用终端仿真软件。

(3) 熟悉交换机的启动流程。

(4) 熟悉 IOS 的命令模式、帮助系统及文件管理。

(5) 能为交换机进行基础配置。

(6) 熟悉交换机端口二层配置、三层配置和监控维护端口。

(7) 通过实际案例能进行交换机端口安全配置。

2.1　项　目　概　述

　　某公司行政部主要负责公司相关制度的制定和执行推动、日常办公事务管理、办公物品管理、文书资料管理、会议管理、涉外事务管理等工作。办公室网络办公主机数量是20 台，三层交换机 1 台(核心交换机)、二层交换机 1 台(接入交换机)，如图 2 - 1 所示。为保证公司信息安全，需在二层交换机接口上配置端口安全；在三层交换机接口上配置流量限制。

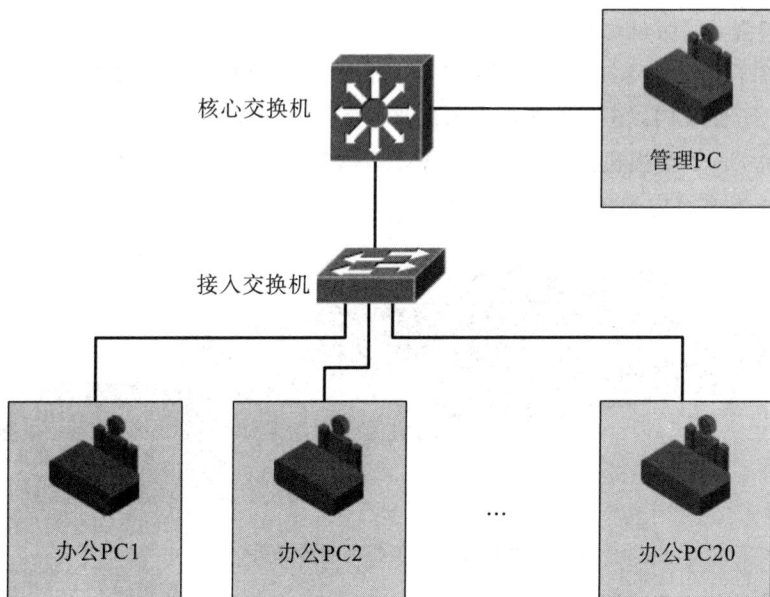

图 2 - 1　公司行政部办公网络拓扑图

2.2 需求分析

项目需求分析如下：

（1）部门 20 台主机相互之间能够通信；

（2）能通过终端远程登录管理部门交换机；

（3）在接入交换机接口上配置端口安全接入，与办公室主机 MAC 地址进行手工绑定，每个接入端口仅允许一个指定主机接入访问；

（4）在汇聚交换机接口上配置流量限制，通过 MAC 地址限制端口流量。

2.3 技术要点

项目中涉及的组网技术是交换式以太网，采用的是 100Base-T 标准，使用的网络设备是交换机。下面我们先对交换机的软硬件及技术做一个基本的了解，再对如何访问交换机、交换机的基本配置及端口安全配置进行必要的学习，在 2.6 部分再对该项目进行完整的配置。

2.3.1 交换机的组成部件

交换机实际上就是一台特殊用途的计算机，它的内部也有 CPU、内存和主板，只不过这些部件是专门为数据交换而设计的。

我们通常所说的交换机的背板带宽有点类似于电脑主板上的总线，是交换机接口处理器（或接口卡）和数据总线间所能吞吐的最大数据量。一台交换机的背板带宽越高，处理数据的能力就越强，同时价格也越高。

交换机除了和我们熟知的传统的 PC 有类似的体系结构外，它还和 PC 一样拥有相应的操作系统。下面我们以 Cisco 交换机为例来了解交换机结构。

总体来说 Cisco 交换机是由 CPU、RAM、NVRAM、Flash、ROM 和一些相应的接口通过内部总线相连而构成，如图 2-2 所示。

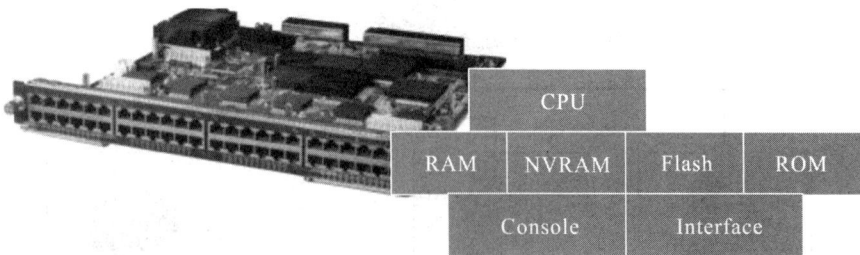

图 2-2 交换机的组成部件

1. CPU(中央处理器)

交换机的 CPU 相当于 PC 的 CPU，是交换机的大脑，负责整个系统的计算和控制。

2. ROM(只读存储器)

ROM 相当于 PC 的 BIOS(基本输入输出系统),存放引导程序和 IOS 的一个最小子集,它是只读存储器,系统掉电程序不会丢失。

3. Flash(闪存)

Flash 相当于 PC 的硬盘,它包含操作系统(IOS)和其他伪代码,是一种可擦写、可编程的存储器,系统掉电程序不会丢失。

4. NVRAM(Nonvolatile RAM,非易失性随机存取存储器)

NVRAM 相当于 PC 的第二块硬盘,专门存放交换机的配置文件,系统掉电程序不会丢失。

5. RAM/DRAM(随机存储器/动态存储器)

RAM/DRAM 相当于 PC 的内存,是交换机主要的存储部件,RAM 也叫做工作存储器,它包含动态的配置信息,系统掉电 RAM 的内容会丢失。

6. Console(控制端口)

Console 端口使用配置专用连线直接连接至计算机的串口,利用终端仿真程序(如 Windows 下的"超级终端")进行路由器本地配置。路由器的 Console 端口多为 RJ45 端口。

7. Interfaces(接口/端口)

Interface 相当于 PC 的网卡,是数据分组进出交换机的网络连接。

2.3.2　交换机的工作原理

局域网帧交换是通过数据链路层的网桥技术实现的,交换是指数据帧(Frame)转发的过程。局域网交换机任意两端口均可组成网桥,通信时执行两个基本的操作:一是交换数据帧,将从网桥一端收到的数据帧转发至网桥的另一端;二是构造和维护交换 MAC 地址表。

交换机工作原理

1. 网桥工作机制

网桥(Bridge)工作在数据链路层,根据 MAC 地址进行数据帧接收、地址过滤与数据帧转发,以实现多个网段之间的数据帧交换,如图 2-3 所示。

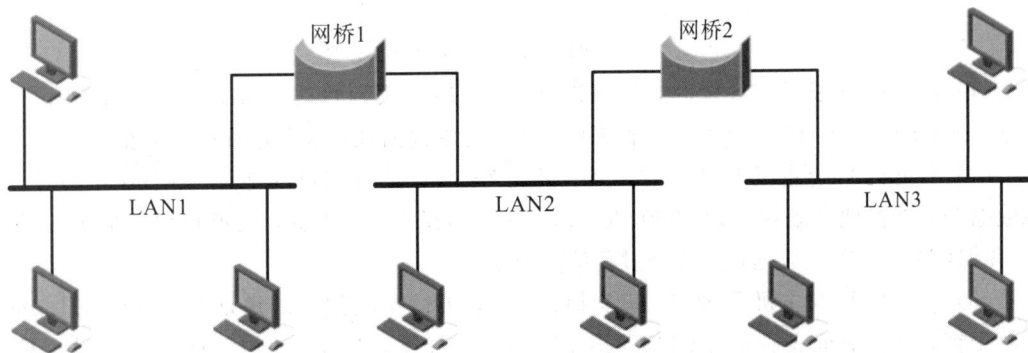

图 2-3　网桥工作示意图

网桥工作机制如下：

（1）接收。接收数据帧，对数据帧拆封，找出帧中的目的 MAC 地址。

（2）转发。如果该帧的目的 MAC 地址不在网桥的缓冲区内，则重新封装该数据帧，直接将该帧转发至网桥的另一个端口，这个过程也称为数据帧广播。因此，网桥扩大了广播域。

（3）过滤。如果该帧的目的 MAC 地址在网桥的缓冲区内，则直接将该数据帧传输到目的 MAC 地址的 PC，同时，不将该帧向网桥的另一个端口转发，这个过程称为数据帧过滤。因此，网桥缩小（或隔离）了冲突域。

2. 交换机的帧交换过程

局域网交换机通信时，任意两个端口均可组成一个网桥。如果数据帧的目的 MAC 地址是广播地址（地址位全 1 的地址），则向交换机所有端口转发；如果数据帧的目的地址是单播地址（地址位由 0、1 组成），但这个地址不在交换机的地址表中，那么也会向所有的端口转发（除数据帧来的端口），这个过程称为泛洪；如果数据帧的目的地址在交换机的地址表中，则根据地址表转发到相应的端口；如果数据帧的目的地址与数据帧的源地址在一个网段上，它就会丢弃这个数据帧，转发也就不会发生。下面以图 2-4 为例，说明数据帧转发过程。

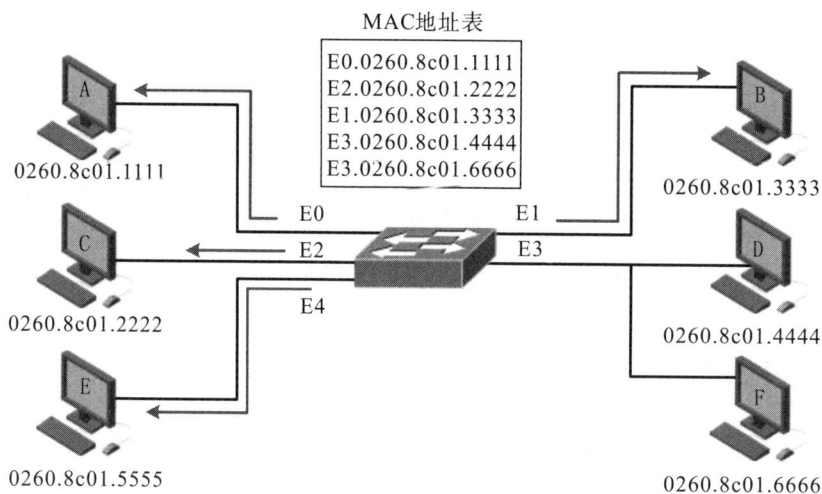

图 2-4　交换机数据帧转发过程示意图

（1）当主机 D 发送广播帧时，交换机从 E3 端口接收到目的地址为 ffff.ffff.ffff（广播地址）的数据帧，则向 E0、E1、E2 和 E4 端口转发该数据帧，这个过程即为广播。

（2）当主机 D 与主机 E 通信时，交换机从 E3 端口接收到目的地址为 0260.8c01.5555 的数据帧，查找地址表后发现 0260.8c01.5555 并不在表中，因此，交换机仍然向 E0、E1、E2 和 E4 端口转发该数据帧，这个过程称为泛洪。

（3）当主机 D 与主机 F 通信时，交换机从 E3 端口接收到目的地址为 0260.8c01.6666 的数据帧，查找地址表后发现 0260.8c01.6666 也位于 E3 端口，即与源地址处于同一网桥端口，所以交换机不会转发该数据帧，而是直接丢弃，这个过程即为过滤。

（4）当主机 D 与主机 A 通信时，交换机从 E3 端口接收到目的地址为 0260.8c01.1111 的数据帧，查找地址表后发现 0260.8c01.1111 位于 E0 端口，所以交换机将数据帧转发至 E0 端口，这样主机 A 即可收到该数据帧，这个过程即为转发。

（5）如果主机 D 与主机 A 通信的同时，主机 B 也正在向主机 C 发送数据，交换机同样会把主机 B 发送的数据帧转发到连接主机 C 的 E2 端口。这时 E1 和 E2 之间以及 E3 和 E0 之间，通过交换机内部的硬件交换电路，建立了两条链路，这两条链路上的数据帧互不影响，网络不会产生冲突。所以，主机 D 和主机 A 之间的通信独享一条链路，主机 C 和主机 B 之间也独享一条链路，而这样的链路仅在通信双方有需求时才会建立，一旦数据传输完毕，相应的链路也随之拆除，这就是交换机主要的特点。

3. 构造与维护交换地址表

交换机的交换地址表中，一条表项主要由一个主机 MAC 地址和该地址对应的交换机端口号组成。整个地址表的生成采用动态自学习方法，即当交换机收到一个数据帧以后，将数据帧的源 MAC 地址和输入端口号记录在交换地址表中。

当然，在存放交换地址表项之前，交换机首先要查找地址表中是否已经存在该源 MAC 地址的匹配项，仅当匹配项不存在时才能存储该表项。每一条地址表项都有一个时间标记，用来指示该表项存储的时间周期。地址表项每次被使用或者被查找时，表项的时间标记就会被更新。如果在一定的时间范围内地址表项仍然没有被引用，它就会从地址表中被移走。因此，交换地址表中所维护的是有效和精确的主机 MAC 地址与交换机端口对应信息。

4. 交换机的交换技术

交换机在对数据帧交换时，可选择不同的模式来满足通信需求。目前，交换机一般使用存储转发、快速转发和自由分段三种交换模式。

（1）快速转发。快速转发(Fast-forward)模式是指交换机在接收数据帧时，一旦检测到目的地址就立即进行转发操作。但是，由于数据帧在进行转发处理时并不是一个完整的帧，因此数据帧将不经过校验、纠错而直接转发，造成错误的数据帧仍然被转发到网络上，从而浪费了网络的带宽。这种模式的优势在于数据传输的低延迟，但其代价是无法对数据帧进行校验和纠错。

（2）存储转发。存储转发(Store-and-forward)模式是指交换机收完整个数据帧，并在 CRC 校验通过之后，才能进行转发操作。如果 CRC 校验失败，即数据帧有错，交换机则丢弃此帧。这种模式保证了数据帧的无差错传输，当然其代价是增加了传输延迟，而且传输延迟随数据帧的长度增加而增加。

（3）自由分段。自由分段(Fragment-free)模式是交换机接收数据帧时，一旦检测到该数据帧不是冲突碎片(collision fragment)就进行转发操作。冲突碎片是因为网络冲突而受损的数据帧碎片，其特征是长度小于 64 字节。冲突碎片并不是有效的数据帧，应该被丢弃。因此，交换机的自由分段模式实际上就是一旦数据帧已接收的部分超过 64 字节，就开始进行转发处理。这种模式的性能介于存储转发模式和快速转发模式之间。

图 2-5 是以上三种交换模式的一个示意图。在进行转发操作之前，不同的交换模式所接收数据帧的长度不同，由此决定了相应的传输延迟性能。接收数据帧的长度越短，交换机的交换延迟就越小，交换效率也就越高，但相应的错误检测也就越少。

7 bytes	1 bytes	6 bytes	7 bytes	2 bytes	Max 1500 bytes	4 bytes
前导码	帧开始	目标地址	源地址	长度	数据	帧校验

快速转发		自由分段		存储转发

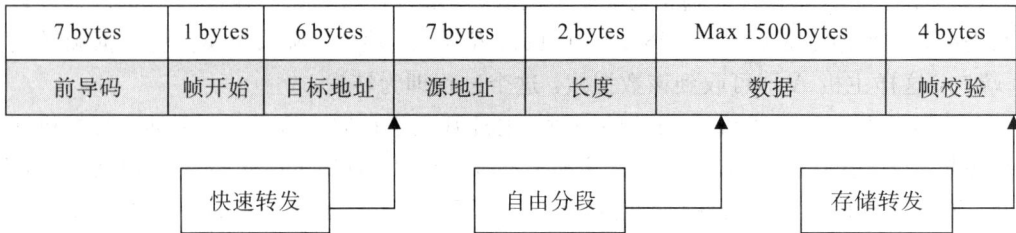

图 2-5　三种交换模式示意图

表 2-1 对交换机的三种交换模式进行了比较。

表 2-1　交换机转发帧的模式比较

模　式	优　点	缺　点
快速转发	延时小	同时转发坏帧,所有端口必须以相同的速率工作
存储转发	只转发完整的帧,坏帧丢弃	延时大
自由分段	延时固定(64 字节)	介于快速转发和存储转发之间

2.3.3　交换机的操作系统

1. 命令行模式

Cisco IOS 设备的 CLI 用户界面被分为多种不同模式,当前可用的命令可以依据当前所处的命令模式而定。通过在系统提示符下使用"?"命令,可以显示当前模式下可以使用的命令。

进入 IOS 时首先进入的是用户执行模式(User EXEC Mode,通常简称"用户模式"),在该模式下仅可以使用非常有限的命令,如显示当前配置状态的 show 命令、清除计算器和接口的 clear 命令。要记住,用户执行模式下执行的命令在交换机重启后不保存。

要使用所有命令,则必须进入特权执行模式(Privileged EXEC Mode,通常简称"特权模式"),通常需要输入一个特权模式密码(也就是前面在介绍初始设置时所提到的使能Enable 密码)才能进入。在这种模式下,可以输入任何特权模式命令,并且可以由此进入到全局配置模式(Global Configuration Mode)中。

使用配置模式(包括全局、接口和线路配置模式等),可以修改运行配置(Running Configuration Mode)。如果保存配置,在交换机重启后这些命令仍然保存。进入不同配置模式,必须从全局配置模式开始,在全局配置模式下可以进入接口配置模式(Interface Configuration Mode)和线路配置模式(Line Configuration Mode)。表 2-2 描述了主要的命令模式、进入方法、提示符、退出方法(表中示例的交换机主机名称均以默认的 switch 为例)。

表 2-2　IOS 系统 catalyst 交换机 CLI 命令模式汇总

模式	进入方法	提示符	退出方法	说明
用户执行模式 (UserEXEC)	开启交换机电源,以一种连接方式连接后即可进入	Switch>	键入 logout 或者 quit 命令	使用此模式可以进行: • 修改终端设置 • 执行基本的测试 • 显示系统信息

模式	进入方法	提示符	退出方法	说明
特权执行模式 (Privileged EXEC)	在用户执行模式下键入 enable 命令（如果设置了密码则还要键入密码）	Switch#	键入 disable 命令	使用此模式来校验你所键入的命令，并且可以用密码保护此模式的进入
全局配置模式 (Global configuration)	在特权模式下键入 configure terminal 命令	Switch(config)#	键入 exit 或者 end 命令，或者按下 Ctrl＋Z 组合键退回到特权模式	使用此模式可以配置应用到整个交换机上的参数
配置 VLAN 模式 (Config-vlan)	在全局配置模式下键入 vlan *vlan-id* 命令	Switch (config-vlan)#	键入 exit 命令退回到特权模式	使用此模式可以配置 VLAN 参数
接口配置模式 (Interface Configuration)	在全局配置模式下键入 Interface *interface* 命令	Switch(config-if)#	键入 exit 命令或 end 命令	使用此模式可以为以太网接口配置参数
线路配置 (Line Configuration) 注意，控制台配置模式 (Console Configuration) 是线路配置的一个特例	在全局配置模式下键入带指定线路的 line vty 或者 line console 命令。进入控制台配置模式的方法是在全局配置模式下键入 line console 0 命令	Switch (config-line)#	键入 exit 命令退回到全局配置模式，键入 end 命令或者按下 Ctrl＋Z 组合键退回到特权模式	使用此模式可以为终端线路配置参数。配置控制台的目的是为了配置在使用 Telnet 连接方式中交换机直接连接控制台或者虚拟终端的控制台接口

交换机的各命令状态进入和退出如图 2－6 所示。

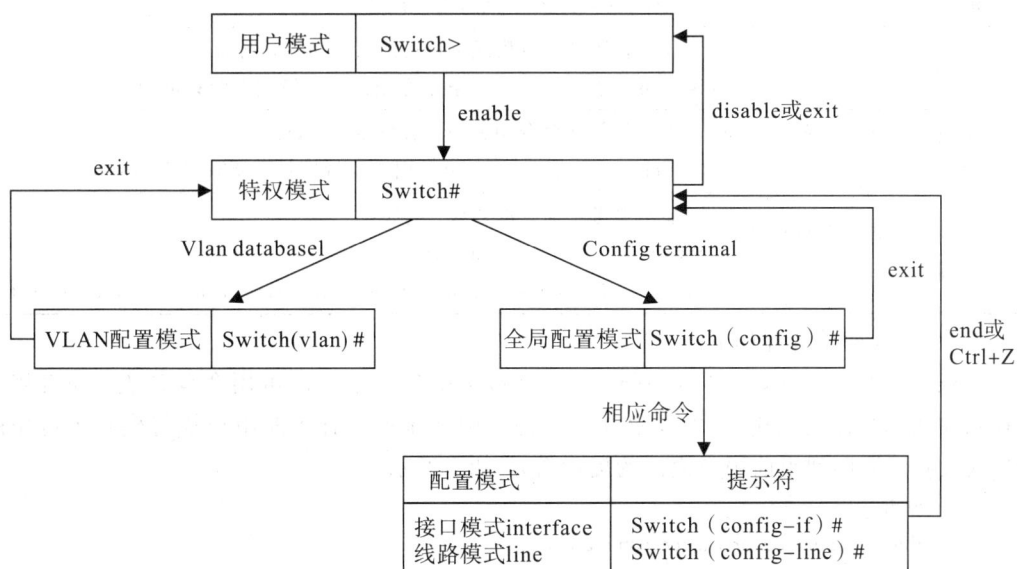

图 2－6　命令状态进入和退出示意图

实用经验：

我们平时在设备配置与管理中使用得最多的就是特权模式和全局配置模式，而在全局配置模式中使用得最多的就是接口配置模式和 VLAN 配置模式等。特权模式中可以使用的命令基本上都是用于管理的，如各种查看操作(show 命令)、复制(copy)等；而配置模式中的命令都是用于配置的；在这里又要区分全局配置和接口配置：凡是要在交换机所有接口上应用的配置都是全局配置，即在全局配置模式下直接配置；如果要使某项配置仅应用于特定的接口或者 VLAN，则要在相应接口或者 VLAN 的接口配置模式或 VLAN 配置模式下配置。掌握这一点，在配置中就不会出现不知道具体功能要在哪个模式下配置的现象了。

2. 帮助系统

可以使用 IOS 系统 CLI 的帮助系统提高我们的使用效率。帮助命令为 help，也可以用"?"命令代替。具体应用体现在以下几个方面：

(1) 查看当前模式下可使用的命令。

在系统提示符下键入"?"命令来显示每个命令模式下可使用的命令，在"?"命令前也可以加入要查看的命令关键字，具体如表 2－3 所示。

表 2－3　帮助系统汇总

命　令	用 途 说 明
help	可以在任何命令模式下使用，以获得简要的帮助系统描述
写出命令的前面部分再加上"?"	可以获得当前所有可用命令中以指定字符开头的命令列表，这在不记得完整命令时特别有用，例如： Switch#di?
写出命令的前面部分，再按 Tab 键	完整显示命令名，例如： Switch#show conf(然后按 tab 键)
?	显示在当前命令模式下可用的所有命令，例如： Switch>?　　　　//显示在用户执行模式下所有可用的命令
在命令后面的空格后再加"?"命令	列出与前面命令相关的所有命令，例如： Switch>show?　　　　//显示用户执行模式下所有可用的 show 命令
在命令关键字后面的空格后再加"?"命令	显示关键字命令的建议，例如： Switch(config)# cdp holdtime? <10－255> Length of time (in sec) that receiver must keep this packet

对表 2－3 简单解释如下。

在任一命令模式下，可以通过键入问号(?)来得到一个当前可用命令列表。如直接在交换机主机名提示符后键入"?"，按 Enter 键后则会显示所有当前用户执行模式下可用的命令(最后仍返回到当前用户模式的提示符)，如下所示：

```
Switch>?
enable    Turn on privileged commands
exit      Exit from the EXEC
logout    Exit from the EXEC
ping       Send echo messages
```

```
    telnet      Open a telnet connection
    show        Show renning system information
    traceroute  Trace route to destination
    ......
```

实用经验：

千万别小看这个"?"命令，它非常重要，是我们在实际的设备配置与管理中用得最多的命令之一。通过这个命令可以查看当前可用的命令，并查看各命令的基本功能，还可以查看具体的可用参数和选项。因为这么多设备，这么多不同的系统版本，这么多功能配置命令，想要全部记下，基本上没有人能做到。所以，对于设备配置方面，只要学会如何快速地查看所需的命令，懂得相应功能的基本配置思路就行了。

如果想要得到包括以特定字符序列开始的命令列表，则可以在这个特定字符序列后面再加上问号符(?)，注意在问号符前不要有空格。这种格式的帮助称为"单词帮助"，因为它将为你提供完整的命令单词，这在记不清某个命令的完整拼写时，特别有用。如在特权模式下键入 di?，按 Enter 键后就会显示在当前特权模式下可用的所有以 di 字符序列开始的三个命令：dir、disable、disconnect。具体如下：

```
    Switch#di?
    dir disable disconnect
```

（2）查看命令语法。

如果不知道某个命令如何使用，或者不知道有哪些子命令（或参数），则可以借助"?"这个帮助符号进行查看。在指定关键字后面加上空格后再加上问号符，即可列出指定关键字命令的可用子命令（参数）和功能简介列表，这种格式的帮助称为"命令语法帮助"。特权模式下的命令通常有多个层次，也就是在子命令下还可能有子命令，每层之间用〈cr〉符号分隔。如在特权模式下键入 configure ?，按 Enter 键后就会得到如下第一层可用子命令（参数）及功能列表：

```
    Switch#configure ?
    memory              Configure from NV memory
    network             Configure from a TFTP network host
    overwrite-network   Overwrite NV memory from TFTP network host
    terminal            Configure from the terminal
```

（3）调用最近使用的命令。

要重新显示以前键入的命令，可以按向上方向键或者 Ctrl+P 组合键，最多可以调用最近 20 个键入的命令。这样可以节省键入命令的时间，也提高了准确度，特别是在要输入长的命令行时。

（4）显示正确的命令。

如果键入的命令错误，通过问号符"?"查看可用的命令，则会显示正确的命令或者错误的语法。键入 exit 命令可返回到先前的模式。在任一模式下按 Ctrl+Z 组合键，或者键入 end 命令，则立即返回到先前的 EXEC（执行）模式。

3. 常用方式及出错信息

（1）缩写命令。

在键入命令时，通常只需键入命令开头的少数几个字母，交换机就可以识别对应的命令，这就是 Cisco 设备命令的缩写规则。通常是前面四个字母，confiure 命令可以简写成 conf，shutdown 命令可以简写成 shut。

但并不是都只能写前面的四个字母，有些可以是命令最前面的三个、两个甚至一个字母，如 address 命令可以简写成前面的三个字母——add，interface 可以简写前面的三个字母——int；enable 命令可以简写成前面的两个字母——en；而 terminal 可以简写成前面的一个字母——t。又如特权模式下的 show configureation 命令，可以简写成 show conf，对其中的 configuration 部分只取了前面的四个字母。这些主要靠平时的经验积累，很难一一列出。

（2）命令的 no 和 default 选项。

几乎每个配置命令都有 no 选项，通常用 no 选项来禁用命令的某项功能特征或者取消一个命令的设置。例如，no shutdown 接口配置命令就可以打开原来处于关闭状态的接口。其他的 no 选项命令将在本书后面各章中有具体体现。

默认情况下，是使用不带 no 关键字的命令来重新启用某项原来禁用的功能特征或者禁用该项功能特征。

配置命令也有 default（默认）选项，命令的 default 选项可以恢复相应命令的设置到默认状态下，不过，多数命令是不能使用这个 default 选项的，所以 default 与 no 选项是一样的。但是，也有一些命令是可以使用该选项的，有设置某项默认值的变量，在这种情况下，使用 default 选项可以启用相应命令，并将它们的默认值设为变量中的值。

（3）CLI 错误消息。

在使用 CLI 配置交换机时，时常会出现一些错误提示。正确理解这些错误消息提示，对于后续的正确配置非常重要，否则会不知道错在哪里。表 2 – 4 列出了在使用 CLI 命令行界面来配置交换机时可能出现的一些常见错误消息说明。

表 2 – 4　常见 CLI 错误消息说明

错误消息	含　义	如何获得错误排除帮助
% Ambiguous command.	所键入的命令不明确，通常是没有键入足够的字符，所以交换机不能识别相应命令。如示例中的 show con，后面的 con 本来应为 conf 而简写成 con，所以交换机不能识别	重新键入原来键入的命令，并空一空格后加上"？"问号符，如示例中就可以键入 show con？这样系统就可能会列出应该键入的完整正确命令
% Incomplete command.	没有键入相应命令所需的所有关键字或者所需的值，致使交换机不能识别所键入的命令	同上
% Invalid input Detected at '︿' marker.	所键入的命令不正确，并且在"︿"点错误。这主要是指命令本身或者语法格式错误	键入"？"命令显示在当前命令模式下可用的所有命令，这时，可以看到你要键入的命令关键词，重新正确键入即可

2.3.4　交换机的配置方式

1. 交换机的连接

第一次配置交换机时必须通过控制台端口（可能是 COM 串口，也可能是 RJ45 双绞线网络接口，通常在旁边标有"Console"字样）进行，只有当通过 Console 端口对交换机进行了相应的配置后，才可以通过其他的几种方式对它进行配置和管理。

交换机包装中一般都配有连接电缆、电源线等。连接电缆有 DB9 - DB9 线缆、RJ45 - DB9 转换器＋反转线缆或 DB9 - RJ45 线缆等，同一系列的交换机一般为其中一种，连接线缆实物如图 2 - 7 所示。

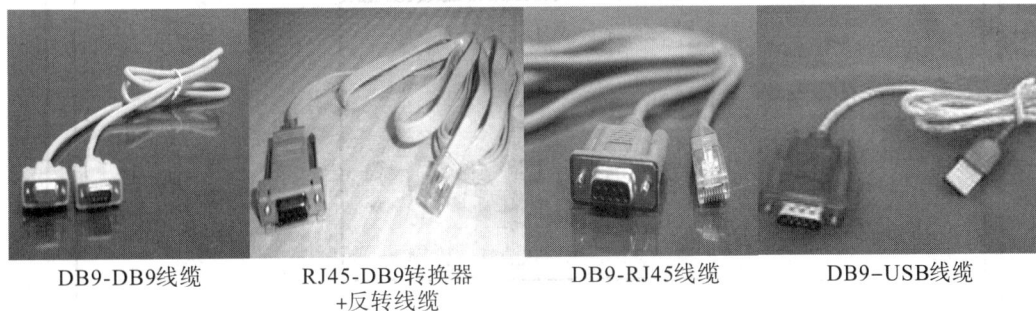

DB9-DB9线缆　　RJ45-DB9转换器　　DB9-RJ45线缆　　DB9-USB线缆
　　　　　　　　　＋反转线缆

图 2 - 7　配置用连接线缆

具体连接步骤如下：

（1）将交换机配置的电源线连接交换机，并插在电源插座上（此时不要开启交换机的电源开关）。

（2）使用交换机配置的连接电缆（图 2 - 7 中的一种，不同交换机系列，控制台端口可能不一样，可以是 RJ45、DB9 等接口类型），一端接到交换机的 Console 口上，另一端接到一台 PC 或笔记本的串口（或 RJ45 网络接口）上，连接示意如图 2 - 8 所示。

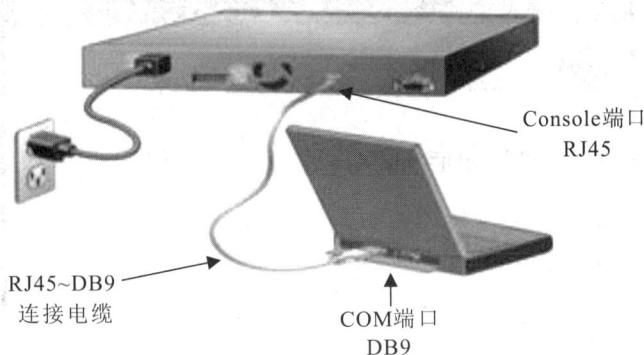

Console端口
RJ45

RJ45~DB9
连接电缆

COM端口
DB9

图 2 - 8　通过 Console 口连接交换机

2. 使用仿真终端软件配置

1）使用系统中自带的超级终端

Windows 系统中自带的超级终端（Hyperterminal）程序，可用于建立交换机与 PC 的通信。具体操作步骤如下：

（1）打开 PC 上的"超级终端"，如图 2 - 9 所示，为新建连接命名（可以随便命名），这里我们取"switch1"，然后单击"确定"按钮。

图 2-9　打开超级终端为新建连接命名通过 Console 口连接交换机

（2）将弹出"连接到"对话框，如图 2-10 所示。选择 COM1 端口，按"确定"按钮后进入"COM1 属性"对话框。

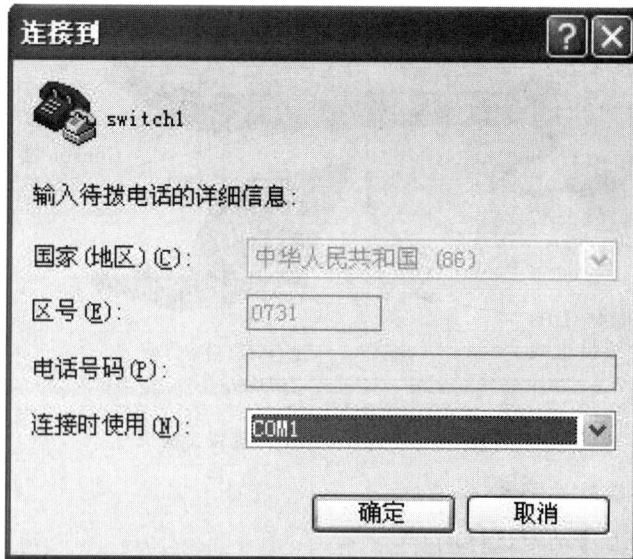

图 2-10　"连接到"对话框

（3）设置 COM1 端口属性，如图 2-11 所示。

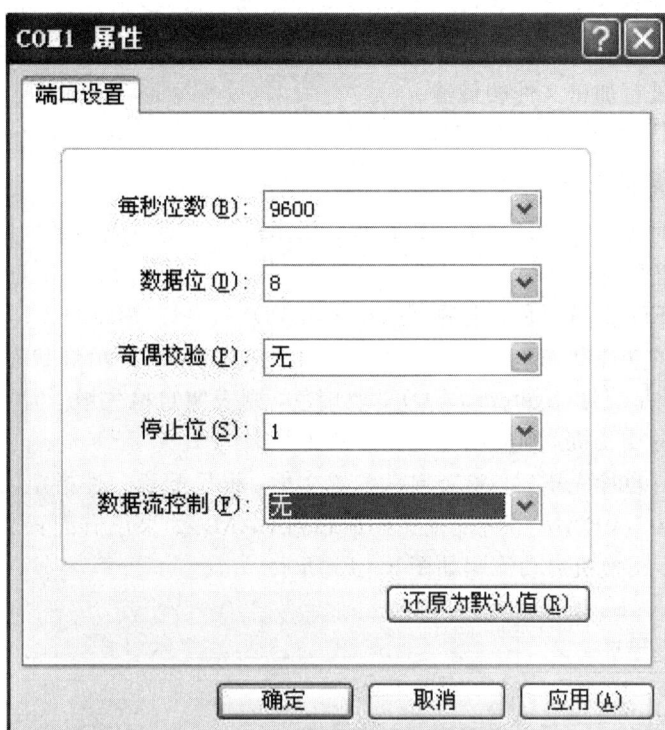

图 2 - 11　设置 COM1 端口属性

（4）配置好后开启交换机电源，即可进入交换机的 CLI 登录界面，如图 2 - 12 所示。

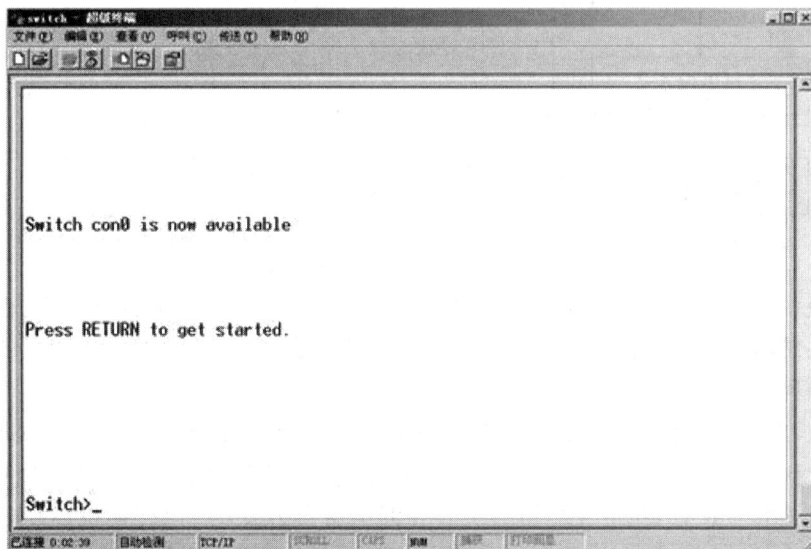

图 2 - 12　进入交换机的登录界面

2）使用 SecureCRT

SecureCRT 是最常用的终端仿真程序，是一款用于连接运行包括 Windows、UNIX 和 VMS 的工具，作为一个网络设备从业者或网络工程师，SecureCRT 也是必备的一款配置工具。

SecureCRT 支持 SSH1、SSH2(Secure Shell，安全外壳协议)，同时支持 Telnet 和 RLogin(Remote Login in Unix systems，远程登录 Unix 系统)协议，通过使用内含的 VCP 命令行程序可以进行加密文件的传输。

SecureCRT 详细使用步骤见实训 2.1。

3. 交换机的启动流程

交换机启动时先进行的是加电自检过程，交换机将自动完成一系列的自检，确保交换机的功能正常。整个自检过程大约持续 1 分钟左右。自检完成后，系统灯(System LED)和状态灯(Status LED)保持绿色，电源灯(Power LED)和主灯(Master LED)可能也是绿色，具体要依据它们的功能状态而定。当然不同型号的交换机的指示灯状态设置也可能不一样。如果自检后，系统灯(System LED)呈琥珀色，则表明自检失败，需要检查原因了。如果自检都通不过的交换机，则问题往往比较严重。

交换机的硬件自检完毕后，检查启动配置文件，根据配置文件指定的引导路径去寻找操作系统，最后从 NVRAM 中将配置文件加载到 RAM，如果没有配置文件就会进入系统的初始配置状态。交换机启动流程如图 2-13 所示。

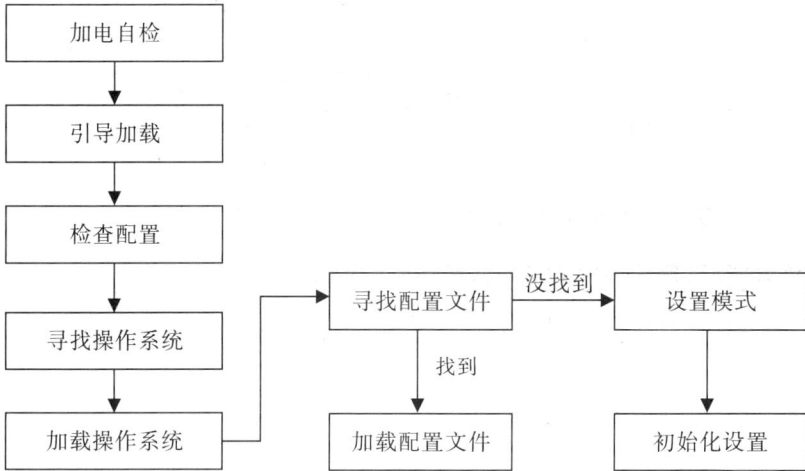

图 2-13　交换机的启动流程

交换机配置文件就好像是操作系统的注册表文件，如果注册表损坏或者配置不准确，那么操作系统将无法启动或者运行不稳定。交换机也是如此，配置文件如果出现错误，那么交换机等网络设备将无法正常工作。

交换机在启动的时候，会从 NVRAM(非易失性随机访问存储器)中读取交换机的初始配置文件，利用这个初始配置文件中所规定的内容来初始化交换机。在这个过程中需要注意的一点是：由于 RAM 内存中的配置文件在断电后会丢失，所以交换机启动之前，RAM 中是没有内容的；在启动的过程中，交换机的 RAM 从 NVRAM 中读取配置文件，在自己的 RAM 中生成一个配置文件的副本，然后利用这个副本中的内容来进行初始化。也就是说，在初始化之前，交换机会先从 NVRAM 中复制配置文件到自己的 RAM 中，而不是直接通过 NVRAM 中的配置文件来进行初始化，此时我们可以把 NVRAM 中的配置文件看做是启动配置文件，而把 RAM 中的配置文件看做是运行配置文件。

2.4   配 置 命 令

2.4.1   交换机基本配置

1. 设置设备名称和密码

交换机的默认名称一般都为"Switch"，若是网络中只有一台交换机也就不需另外再命名了，但一般局域网中都有多台交换机，故应先规划好名称后再为各台交换机设置名称，再考虑安全要求分别设置使能密码或保密密码，其设置命令见表 2－5。

交换机基本配置

表 2－5   设置主机名和密码命令

步骤	命　　　令	说　　明
1	config terminal	进入全局配置模式
2	hostname *name*	设置设备名称
3	enable password *password*	设置使能密码
或	enable secret *password*	设置保密密码

注：(1) 命令中的斜体部分为具体值，可以是字母、数字或字母数字的混合。

(2) 使能密码和保密密码设置一种即可，若两者都设了则保密密码起作用。

(3) 设置交换机的使能密码(也就是默认的特权密码)为 1～25 个字母字符。密码可以数字开头，区分大小，允许空格，但是会忽略前导空格。保密密码是加密的，输入时只需以明文(纯文本)方式输入使能密码。这样设置后，如果有用户要进入特权模式，则需要正确地输入这个密码。

(1) 设置名称和使能密码：

```
Switch♯config terminal                          //进入全局配置模式
Switch(config)♯hostname SW1                      //设置的名称为"SW1"
SW1(config)♯enable password 123                  //设置的使能密码为"123"
```

查看密码是否已设为"123"：

```
SW1(config)♯exit
SW1♯show running-config                          //查看当前运行配置
Building configuration...

Current configuration：1062 bytes
!
version 12.2
no service timestamps log datetime msec
no service timestamps debug datetime msec
no service password-encryption
!
hostname SW1                                     //主机名已设置为"SW1"
!
enable password 123                              //使能密码已设置为"123"
```

!

－－More－－

验证从用户模式进入特权模式是否要密码：

SW1>**enable**

Password：

需要密码才能进入，密码已设置成功。

（2）设置保密密码：

SW1#config terminal

SW1(config)#enable secret 456　　　　　　　//设置的保密密码为"456"

查看：

SW1(config)#exit

SW1#show running-config

Building configuration...

Current configuration：1062 bytes

!

version 12.2

no service timestamps log datetime msec

no service timestamps debug datetime msec

no service password-encryption

!

hostname SW1

!

enable secret 5　1mERr$DqFv/bNKU3CFm5jwSLasx/　　　//保密密码无法看到密码

!

－－More－－

保密密码使用的是 MD5 加密，密文查看不到，安全性能更强。

注意：若是公共使用的交换机尽量不要设置密码。

（3）去掉所设密码：

SW1#config terminal

SW1(config)#no enable password

SW1(config)#no enable secret

若要去掉所作的设置，直接在该命令行的前面加上"no"即可。

2. 设置 Console 口和 Telnet 登录参数

Console 口即控制台端口，主要用于配置和维护，可设置其登录密码。Telnet 登录主要用于远程登录修改配置或查看等，可设置其虚拟线路、登录密码等。

设置命令如下：

SW1#config terminal

SW1(config)#line con 0　　　　　　　　//进入线路设置模式

SW1(config-line)#password 123　　　　　　//设置 Console 口登录密码为"123"

SW1(config-line)#login

```
    SW1(config-line)♯line vty 0 4          //设置虚拟终端线路0～4共5条
    SW1(config-line)♯password 456          //设置 Telnet 登录密码为"456"
    SW1(config-line)♯login
    SW1(config-line)♯end
    SW1♯
```

查看命令如下:

```
    SW1♯show running-config
    ……
    !
    line con 0
     password 123
     login
    line vty 0 4
     password 456
     login
    !
    ——More——
```

3. 其他常规设置

(1) 禁止 DNS 查询:

```
    SW1(config)♯no ip domain-lookup
```

这条命令很实用。关闭掉域名解析后,即便输入错误的命令也不用等太长的时间。如果不关闭域名解析,当输入错误的命令的时候交换机就会去解析这个域名,如果解析不到就必须等到超时以后才能对交换机进行其他的配置,这样极大地耗费了设备资源。

(2) 为 log 和 debug 设置时间戳:

```
    SW1(config)♯ service timestamps debug datetime msec
    SW1(config)♯ service timestamps log datetime msec
```

使交换机对所有消息都配置使用时间戳,可在 Telnet 中看到 debug 和 log 信息。缺省时,error 和 debug 信息仅发送到 Console,Telnet 到路由器上将看不到 debug 和 log 的信息。

查看命令如下:

```
    SW1♯show running-config
    ……
    !
    service timestamps log datetime msec
    service timestamps debug datetime msec
    no service password-encryption
    !
    hostname SW1
    !
    !
    no ip domain-lookup
```

!

－－More－－

根据以上的最基本的基础配置,我们可以将其写成 .txt 文档保存起来作为一个模板,在配置任何交换机的时候,都可以将这段配置首先粘贴进交换机,然后再进行后面章节介绍的功能配置。

4. 基本配置模板

基础配置模板如下(保存为 .txt 文档):

```
config terminal
hostname SW1
enable password 123
no ip domain-lookup
service timestamps log datetime msec
service timestamps debug datetime msec
line con 0
password 123
login
line vty 0 4
password 123
login
end
```

注意:该模板内容复制到交换机的特权模式(Switch♯)下,主机名和密码根据要求先在模板中改好再粘贴。

2.4.2 交换机端口配置

1. 进入交换机端口

1)进入指定端口

在配置某个端口的参数时,我们先要进入该端口,进入该端口的命令见表 2 - 6。

表 2 - 6　进入指定端口命令

步骤	命　　令	说　　明
1	configure terminal	进入全局配置状态
2	interface *interface-id*	进入指定端口
3	no shutdown	激活端口

注:表中"interface-id"表示端口(或接口)号。10 Mb/s 端口用"ethernet 0/x(简写:e0/x)"表示;100 Mb/s 端口用"fastethernet 0/x(简写:f0/x)"表示;1000 Mb/s 端口用"gigabitethernet 0/x(简写:g0/x)"表示。

【配置举例】

```
Switch♯ configure terminal
Switch(config)♯ interface f0/1                    //指定 f0/1 端口
Switch(config-if)♯ no shutdown                    //激活端口
00:11:37: %LINK-3-UPDOWN: Interface FastEthernet0/1, changed state to up
```

00:11:38：％LINEPROTO-5-UPDOWN：Line protocol on Interface FastEthernet0/1, chang
ed state to up //此段为屏幕提示，表示端口已 up(激活)

2)进入一组端口

在配置端口参数时，我们往往需要一次对一组端口进行配置，进入该组端口的命令见
表 2-7。

表 2-7   进入一组端口命令

步骤	命　令	说　明
1	configure terminal	进入全局配置状态
2	interface range *port-range*	进入一组端口
3	no shutdown	激活端口

【配置举例 1】

Switch # configure terminal

Switch(config) # interface range f0/2 - 6   //指定 f0/2～ f0/6 连续端口

Switch(config-if) # no shutdown

【配置举例 2】

Switch # configure terminal

Switch(config) # int range f0/7 , f0/9   //指定不连接的端口

Switch(config-if) # no shutdown

2. 配置二层端口

交换机端口默认都是二层端口，在支持三层交换的交换机上，可以将每一个端口都配
置成路由端口(在进入端口配置状态下，输入"no switchport"命令)，如果一个端口已经配
置为三层端口，可以在其端口状态下，输入"switchport"命令使其恢复为交换端口。

1)配置端口速率及双工模式

可以配置快速以太口的速率为 10/100 Mb/s 及吉比特以太口的速率为 10/100/1000
Mb/s，但对于 GBIC(吉比特接口转换模块)端口则不能配置速率及双工模式。配置二层端
口速率及双工模式的命令见表 2-8。

表 2-8   配置二层端口速率及双工模式命令

步骤	命　令	说　明
1	configure terminal	进入全局配置状态
2	interface *interface-id*	进入指定端口
或 2	interface range *port-range*	进入一组端口
3	speed {10/100/1000/auto/nonegotiate}	设置端口速率 10/100/1000/自动/协商
4	duplex {auto/full/half}	设置为自动/全双工/半双工
5	end	退回
6	show interface *interface-id*	显示有关配置情况

【配置举例】

Switch # configure terminal

Switch(config) # interface f0/1   //配置端口 f0/1

```
Switch(config-if)#speed 100                    //配置速率为 100 Mb/s
Switch(config-if)#duplex full                  //配置为全双工模式
Switch(config-if)#end                          //退回到特权模式
```

查看 f0/1 口配置：

```
Switch#show interface f0/1
```

FastEthernet0/1 isup，line protocol is up

    Hardware is Fast Ethernet，address is 0015.63a7.9f03（bia 0015.63a7.9f03）

    MTU 1500 bytes，BW 100000 Kbit，DLY 100 usec，

      reliability 255/255，txload 1/255，rxload 1/255

    Encapsulation ARPA，loopback not set

    Keepalive set（10 sec）

    Full-duplex，100Mb/s，media type is 10/100BaseTX

    input flow-control is off，output flow-control is unsupported

    ARP type：ARPA，ARP Timeout 04：00：00

    Last input 00：01：50，output 00：00：01，output hang never

    Last clearing of "show interface" counters never

    Input queue：0/75/0/0（size/max/drops/flushes）；Total output drops：0

    Queueing strategy：fifo

    Output queue：0/40（size/max）

    5 minute input rate 0 bits/sec，0 packets/sec

    5 minute output rate 0 bits/sec，0 packets/sec

      894 packets input，94684 bytes，0 no buffer

      Received 624 broadcasts（269 multicasts）

      0 runts，0 giants，0 throttles

      0 input errors，0 CRC，0 frame，0 overrun，0 ignored

      0 watchdog，269 multicast，0 pause input

      0 input packets with dribble condition detected

      90 packets output，11540 bytes，0 underruns

——More——

可看到 f0/1 端口已配置为全双工，100 Mb/s。

2）配置端口描述

某个端口连接到何处，有时我们需要对其进行说明，以便以后维护。配置端口描述命令见表 2 - 9。

表 2 - 9　配置端口描述命令

步骤	命　令	说　明
1	configure terminal	进入全局配置状态
2	interface *interface-id*	进入要加入描述的端口
3	description *string*	加入描述（最多 240 个字符）
4	end	退回
5	show interface *interface-id* description	查看端口描述

【配置举例】

```
Switch # configure terminal
Switch(config) # interface f0/2                    //配置端口 f0/2
Switch(config-if) # description link to vlan 2     //该端口连接到 vlan 2
Switch(config-if) # end                            //退回到特权模式
```

查看该端口描述：

```
Switch # show interface f0/2 description
```

Interface	Status	Protocol	Description
Fa0/2	up	up	link to vlan 2

Switch #

可看到该端口是连到 vlan 2。

3. 配置三层端口

在交换机上所说的三层端口，往往指的是 VLAN 的虚拟接口或使用了"no switchport"命令后的普通物理端口。配置三层端口后可配置端口 IP 地址，配置命令见表 2 - 10。

表 2 - 10　配置三层端口命令

步骤	命　令	说　明
1	configure terminal	进入全局配置状态
2	interface {*interface-id* | vlan *vlan-id*}	进入端口配置或 VLAN 配置
3	no switchport	把物理端口变成三层端口
4	ip address *ip_address subnet_mask*	配置 IP 地址和子网掩码
5	no shutdown	激活端口
6	end	退回
7	show ip interface brief	查看端口 IP 设置等简要信息(最常用)

【配置举例 1】为 f0/3 端口配置 IP 地址。

```
Switch # configure terminal
Switch(config) # interface f0/3
Switch(config-if) # no switchport
Switch(config-if) # ip address 192.168.1.3 255.255.255.0
Switch(config-if) # no shutdown
Switch(config-if) # end
```

简要显示端口信息：

```
Switch # show ip interface brief
```

```
00:22:57：%SYS-5-CONFIG_I：Configured from console by console
00:22:59：%LINK-3-UPDOWN：Interface FastEthernet0/3，changed state to down
```

Interface	IP-Address	OK? Method	Status	Protocol
vlan 1	unassigned	YES unset	up	up
FastEthernet0/1	unassigned	YES unset	up	up
FastEthernet0/2	unassigned	YES unset	down	down

FastEthernet0/3	192.168.1.3	YES manual	up	up
FastEthernet0/4	unassigned	YES unset	up	up
FastEthernet0/5	unassigned	YES unset	down	down
FastEthernet0/6	unassigned	YES unset	down	down
FastEthernet0/7	unassigned	YES unset	down	down
FastEthernet0/8	unassigned	YES unset	down	down
FastEthernet0/9	unassigned	YES unset	down	down

－－More－－

【配置举例 2】为交换机管理配置地址。

默认情况下所有端口都在 vlan 1 下，对 vlan 1 设置一个 IP 地址以方便管理。

Switch♯configure terminal

Switch(config)♯interface vlan 1

Switch(config-if)♯ip add 192.168.2.254 255.255.255.0

Switch(config-if)♯end

简要显示端口信息：

Switch♯show ip interface brief

Interface	IP-Address	OK? Method Status		Protocol
vlan 1	192.168.2.254	YES manual	up	up
FastEthernet0/1	unassigned	YES unset	up	up
FastEthernet0/2	unassigned	YES unset	down	down
FastEthernet0/3	192.168.1.3	YES manual	up	up
FastEthernet0/4	unassigned	YES unset	up	up
FastEthernet0/5	unassigned	YES unset	down	down
FastEthernet0/6	unassigned	YES unset	down	down
FastEthernet0/7	unassigned	YES unset	down	down
FastEthernet0/8	unassigned	YES unset	down	down

4. 监控及维护端口

1）监控端口和控制器状态

监控端口主要是通过 Show 命令显示，见表 2-11。

表 2-11 监控端口和控制器状态命令

步骤	命 令	说 明
1	show interface *interface-id*	显示所有端口或某一端口的状态和配置
2	show interface *interface-id* status	显示所有端口或某一端口的状态
3	show interface *interface-id* switchport	显示二层端口的状态，从中可知该端口是二层端口还是配置为三层端口
4	show interface *interface-id* description	显示端口描述
5	show ip interface *interface-id*	显示所有端口或某一端口的 IP 可用性状态
6	show ip interface *interface-id* brief	显示所有端口或某一端口的 IP 简要信息
7	show running-config interface *interface-id*	显示当前配置中的端口配置情况

【配置举例 1】

Switch＃show interface status　　　　　　　　　　　　//显示所有端口状态

屏幕显示如下：

Switch＃

Switch＃show interface status

Port	Name	Status	vlan	Duplex	Speed	Type
Fa0/1		connected	trunk	full	100	10/100BaseTX
Fa0/2	link to vlan 2	notconnect	1	auto	auto	10/100BaseTX
Fa0/3		notconnect	routed	auto	auto	10/100BaseTX
Fa0/4		connected	trunk	a-full	a-100	10/100BaseTX
Fa0/5		notconnect	1	auto	auto	10/100BaseTX

－－More－－

【配置举例 2】查看 f0/2 端口状态。

Switch＃show interfacef0/2 switchport

Name：Fa0/2

Switchport：Enabled　　　　　　//是交换端口(二层端口)

Administrative Mode：dynamic auto

Operational Mode：down

－－More－－

【配置举例 3】查看 f0/3 端口状态。

Switch＃show run interface f0/3

Building configuration...

Current configuration : 86 bytes

!

interface FastEthernet0/3

no switchport　　　　　　　//不是交换端口(三层端口)

ip address 192.168.1.3 255.255.255.0

end

Switch＃

2）关闭和打开端口

关闭和打开端口命令见表 2－12。

表 2－12　关闭和打开端口命令

步骤	命　令	说　明
1	configure terminal	进入全局配置状态
2	interface *interface-id*	进入要操作的端口
3	shutdown	关闭端口
或 3	no shutdown	打开端口
4	end	退回
5	show running-config	验证

【配置举例 1】

```
Switch # configure terminal
Switch(config) # interface f0/5
Switch(config-if) # shutdown                      //关闭端口
```

【配置举例 2】

```
Switch # configure terminal
Switch(config) # interface f0/5
Switch(config-if) # no shutdown                   //打开端口
```

2.4.3 交换机端口安全配置

1. 端口安全类型

端口安全是一种基于 MAC 地址对网络接入进行控制的安全机制，交换机端口安全功能是指检测通过交换机端口的数据帧中的 MAC 地址，进行安全属性的配置，从而控制用户的安全接入。

交换机端口安全配置

交换机端口安全包括以下两类：

（1）端口与接入终端 MAC 地址进行绑定，保障端口不转发除安全源 MAC 地址外的其他任何数据帧。

（2）对交换机端口进行合理的端口流量控制。

交换机端口的地址绑定，可以实现对用户进行严格的控制，保证用户的安全接入和防止常见的内网的网络攻击。

限制交换机端口的最大连接数可以控制交换机端口的流量，并防止用户进行恶意 ARP 欺骗。

2. 配置安全端口

端口安全配置命令见表 2-13。

表 2-13   端口安全配置命令

步骤	命　令	说　明
1	configure terminal	进入全局配置状态
2	interface *interface-id*	进入要操作的端口
3	switchport mode access|trunk	设置端口模式（必须先设置端口模式，才能进行端口安全配置）
4	switchport port-security	设置端口安全
5	switchport port-security maximum *number*	设置端口的最大连接数（1～128，默认为 128）
5	switchport port-security mac-address *mac-address*	设置端口接入的 MAC 地址（与第 6 条命令二选一）
6	switchport port-security mac-add sticky	设置 MAC 地址的黏性，交换机会自动学习该端口接入的网络设备 MAC 地址，并把它记录到当前的配置文件中（与第 5 条命令二选一）

步骤	命　　令	说　　明
7	switch port-security violation { protect | shut-down | restrict }	设置交换机端口收到非法数据帧时的处理方法
8	end	退回
9	show port-security *interface-id*	查看端口安全配置信息

步骤 7 中命令参数说明：

- protect(保护)：所有源 MAC 地址未知的单播和组播数据包都会被丢弃，不会有任何通告发送出来。
- shutdown(关闭端口)：当新的计算机接入时，如果该接口收到的数据帧没有合法的 MAC 地址或超过该端口所能识别的 MAC 的最大数量，则该接口将会被关闭，这个新的计算机和原有的计算机都无法接入，需要管理员使用"no shutdown"命令重新打开。
- restrict(限制)：当新的计算机接入时，如果该接口收到的数据帧没有合法的 MAC 地址或 MAC 条目超过最大数量，所有源 MAC 地址未知的单播和组播数据包都会被丢弃，然后交换机会发送警告信息给新的接入计算机。

注意：交换机默认处理方式为 shutdown。

【配置举例 1】

限制某台交换机的 F0/6 口，最大连接数为 1，连接主机的 MAC 地址是 00 - 66 - 30 - 8e - 3a - 55。

```
Switch# configure terminal
Switch(config)# interface f0/6
Switch(config-if)# switchport mode access
Switch(config-if)# switchport port-security
Switch(config-if)# switchport port-security maximum 1
Switch(config-if)# switchport port-security mac-address 00-66-30-8e-3a-55
Switch(config-if)# end
```

查看 f0/6 端口的安全配置：

```
Switch# show port-security interface f0/6
```

```
00:35:15:%SYS-5-CONFIG_I:Configured from console by console
Port Security                  :Enabled            //安全端口已允许
Port Status                    :Secure-down
Violation Mode                 :Shutdown
Aging Time                     :0 mins
Aging Type                     :Absolute
SecureStatic Address Aging     :Disabled
Maximum MAC Addresses          :1                  //此端口允许通过的 MAC 地址数为 1
Total MAC Addresses            :1
Configured MAC Addresses       :1
Sticky MAC Addresses           :0
Last Source Address:vlan       :0000.0000.0000:0
```

Security Violation Count   : 0

Switch#

【配置举例 2】

某公司接入层交换机设备接入端口仅允许一个用户接入，需要将接入该端口的用户 MAC 地址与端口进行手工绑定。当发现接入主机的 MAC 地址与交换机上该接口指定的 MAC 地址不同时，交换机将此端口阻塞。

汇聚层交换机通过 MAC 地址来限制端口流量，只允许一个接口最多接入两台网络设备，将学习到的用户 MAC 地址添加为安全 MAC 地址，当接口所学 MAC 地址超过两个时，交换机继续工作，来自新的主机的数据帧将丢失。网络拓扑结构如图 2-14 所示。

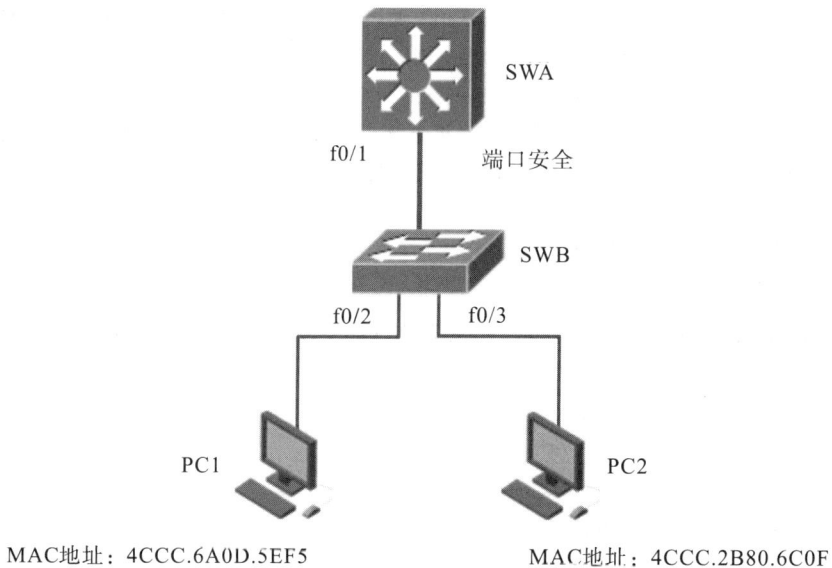

图 2-14　端口安全配置举例拓扑图

（1）配置二层交换机：

SWB(config)#inteface f0/2

SWB(config-if)#switchport mode access

SWB(config-if)#switchport port-security

SWB(config-if)#switchport port-security violation shutdown

//注意：恢复被端口安全关闭的端口，需要先用"shutdown"命令手动关闭该端口，再用"no shutdown"命令开启端口

SWB(config-if)#switchport port-security maximum 1

SWB(config-if)#switchport port-security mac-address 4CCC.6A0D.5EF5

SWB(config)#inteface f0/3

SWB(config-if)#switchport mode access

SWB(config-if)#switchport port-security

SWB(config-if)#switchport port-security maximum 1

SWB(config-if)#switchport port-security mac-address 4CCC.2B80.6C0F

SWB(config-if)#switchport port-security violation shutdown

（2）配置三层交换机：

SWA♯conf t

SWA(config)♯inteface f0/1

SWA(config-if)♯switchport mode trunk

SWA(config-if)♯switchport port-security

SWA(config-if)♯switchport port-security mac-address sticky

//设置端口自动学习接入的主机 MAC 地址

SWA(config-if)♯switchport port-security maximum 3

//注意：允许接入的主机数为 2 时，要允许通过 3 个 MAC 地址，包括接入交换机的 MAC 地址

SWA(config-if)♯switchport port-security violation protect

2.4.4   交换机文件管理

在交换机管理过程中，IOS 文件系统、配置文件和映像的管理是管理员经常要完成的主要任务之一，这些管理主要包括它们的复制、上传和下载，用于配置文件和映像的更新或者恢复。

IOS 既然是一个操作系统，也就有相应的文件系统。IOS 操作系统是以软件映像形式存在的，并保存在交换机的 NVRAM(非易失性随机访问存储器，是一种在断电后仍能保持数据的 RAM)中，所以 IOS 中的文件系统也称为"闪存文件系统"，对应的设备名称为Flash，另外，在 NVRAM 中也保存着设备的配置文件。

文件管理中最常用的是复制(copy)文件，其命令见表 2-14。

表 2-14   IOS 文件管理命令(copy)

命　　令	说　　明
copy running-config startup-config	复制当前运行的配置文件到 NVRAM
copy startup-config running-config	将配置文件从 NVRAM 调入内存
copy running-config tftp	复制当前运行的配置文件到 TFTP 服务器
copy tftp running-config	将配置文件从 TFTP 服务器调入内存
copy startup-config tftp	复制 NVRAM 的配置文件到 TFTP 服务器
copy tftp startup-config	将配置文件从 TFTP 服务器复制到 NVRAM
copy tftp flash	将配置文件或操作系统软件(IOS)从 TFTP 服务器复制到 Flash 中
copy flash tftp	将配置文件或操作系统软件(IOS)从 Flash 复制到 TFTP 服务器中
erase start	删除配置文件

文件复制命令的操作示意如图 2-15 所示。

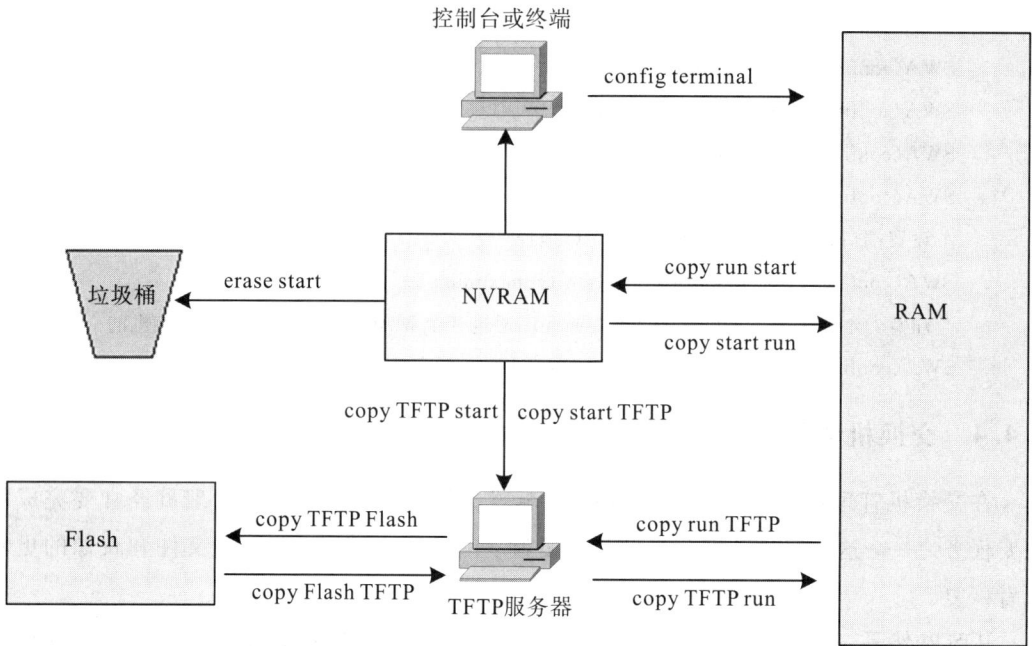

图 2 - 15　IOS 文件管理（copy）命令操作

2.5　项目案例配置

　　根据本章开始的项目需求分析，作出配置逻辑图如图 2 - 16 所示，并进行任务分解和配置。

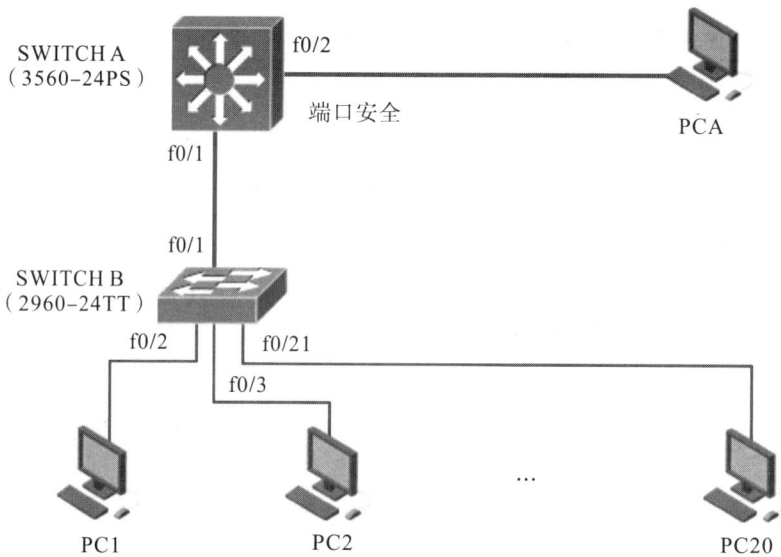

图 2 - 16　项目案例配置逻辑图

公司网络 IP 地址分配如表 2 - 15 所示。

表 2 - 15   IP 地址规划表

(1) 主机地址		
PC	IP 地址	子网掩码
PC1	192.168.1.10	255.255.255.0
PC2	192.168.1.11	255.255.255.0
PC20	192.168.1.30	255.255.255.0
PCA	192.168.1.31	255.255.255.0
(2) 设备管理地址		
设备名称	IP 地址	子网掩码
交换机 A	192.168.1.1	255.255.255.0

2.5.1   任务分解

任务一：网络设备选型与互连。

(1) 选择合适的连接线缆进行设备互连。

(2) 根据需要，把网线连接到各网络设备接口上。注意：交换机 A、B 之间使用 F0/1 接口相连，PC1～PC20 分别和交换机 B 的 F0/2～F0/21 接口相连，PCA 和交换机 A 的 F0/2 号接口相连。

任务二：交换机基本配置。

(1) 交换机 A 配置主机名为 SWITCHA，交换机 B 配置主机名为 SWITCHB。

(2) 为交换机 A 配置管理地址。

(3) 在交换机 A 上配置 Telnet 服务，登录密码为 cisco，通过终端能远程登录管理交换机 A；在交换机 B 上配置 Console 口安全登录，登录密码为 admin，进入特权模式口令为 test。

任务三：端口安全配置。

(1) 在交换机 B 的 F0/2～F0/21 接口上配置端口安全：将 PC 的 MAC 地址分别与交换机相连的接口进行绑定；同时规定所有接口所连的最大 MAC 地址值为 1；当发现服务器的 MAC 地址与交换机上指定的 MAC 地址不同时，交换机将此端口阻塞。

(2) 在交换机 A 的 F0/1 接口上配置流量限制：自动学习接入的端口 MAC 地址，同时规定该接口所连的最大 MAC 地址值为 21；当超过 21 个 MAC 地址时，交换机继续工作，来自新的主机的数据帧将丢失。

任务四：网络测试。

(1) 交换机 A 远程登录测试：在任一 PC 上登录交换机 SWITCHA。

(2) 端口安全测试：修改 PC1～PC20 中任一 PC 的 MAC 地址，并测试到 PCA 的连通性，查看所接交换机的接口情况。

任务五：提交配置文档。

将各交换机的配置保存，并将配置代码写入各自的"设备名.txt"文档中。提交的文件夹中包含各设备的配置代码和配置逻辑图文件。

2.5.2 配置实现

1. 网络设备选型与互连

选择一台 3560 交换机和一台 2960 交换机，使用交叉线互连；选择四台 PC 按图 2-16 所示连入交换机相应端口，PC 连入交换机使用直通线。

2. 交换机基本配置

(1) 命名：

```
Switch(config)#hostname SWITCHA
Switch(config)#hostname SWITCHB
```

(2) 在交换机 A 上配置管理地址：

```
SWITCHA(config)#int vlan 1
SWITCHA(config-if)#ip add 192.168.1.1 255.255.255.0
SWITCHA(config-if)#no shut
```

(3) 配置 Telnet 登录密码：

```
SWITCHA(config)#line vty 0 4
SWITCHA(config-line)#password cisco
SWITCHA(config-line)#login
```

配置 Console 安全登录密码：

```
SWITCHB(config)#line con 0
SWITCHB(config-line)#password admin
SWITCHB(config-line)#login
```

配置 Enable 密码：

```
SWITCHB(config)#enable password tcst
```

3. 配置端口安全

(1) 绑定端口 MAC 地址：

```
SWITCHB(config)#int f0/2
SWITCHB(config-if)#switchport mode access
SWITCHB(config-if)#switchport port-security
SWITCHB(config-if)#switchport port-security maximum 1
SWITCHB(config-if)#switchport port-security mac 000B.BE01.DDDB
    //MAC 地址写所连主机 PC1 的 MAC 地址
SWITCHB(config-if)#switchport port-security violation shutdown
    //其他 PC 接入接口参照上述命令进行配置
```

(2) 在交换机 A 上限制流量：

```
SWITCHA(config)#int f0/1
SWITCHA(config-if)#switchport mode trunk
SWITCHA(config-if)#switchport port-security
SWITCHA(config-if)#switchport port-security maximum 21
SWITCHA(config-if)#switchport port-security mac sticky
SWITCHA(config-if)#switchport port-security violation protect
```

4. 网络测试

（1）交换机 A 远程登录测试。

在 PC1 上登录交换机 SWITCHA，输入口令后应能进入 SWITCHA 的用户模式 SWITCHA＞，再输入 enable 密码后可进入特权模式（SWITCHA♯），命令如下：

```
PC1>telnet 192.168.1.1
Trying 192.168.1.1 ... Open
User Access Verification
Password：
SWITCHA>enable
Password：
SWITCHA♯
```

（2）端口安全测试。

将一台新的 PC 替换 PC1，并测试到 PCA 的连通性。

5. 提交配置文档

将各交换机的配置保存（使用命令 write，如：SWITCHA♯write），并将配置代码写入各自的"设备名.txt"文档中。提交的文件夹中包含各设备的配置代码和配置逻辑图文件。

案例配置源文件

2.6　项目拓展

2.6.1　网络设备访问权限

Cisco IOS 实际上有 16 种不同的权限等级，当在 Cisco IOS 中进入不同的权限等级时，权限等级越高，在路由器中能进行的操作就越多，但是 Cisco 设备的多数用户只熟悉两个权限等级：

网络设备访问权限

- 用户 EXEC 模式——权限等级 1
- 特权 EXEC 模式——权限等级 15

在缺省配置下登录到 Cisco 设备就进入用户 EXEC 模式（等级 1），即"switch＞"。在这个模式中，可以查看网络设备的某些信息，例如接口状态、路由表中的路由等，但不能做任何修改或查看运行的配置文件。

输入 enable 会退出用户 EXEC 模式。在默认情况下，输入 enable 会进入等级 15，也就是特权 EXEC 模式，即"Switch(config)♯"。在 Cisco IOS 当中，这个等级相当于在 Windows 中拥有 administrator 权限，可以对设备进行全面控制，也是最高访问权限。

在某些情况下，我们需要创建用户对交换机进行管理，但是不需要赋予用户完全控制权，为了解决这种问题，Cisco IOS 为用户设置了 16 种不同的权限等级，其中权限等级 1 和 15 是默认配置好的，就像 Window 中的"administrator 和 guest"用户，而权限等级2~14 可以由用户进行自定义。

配置用户权限的基本命令如表 2-16 所示。

表 2－16　用户权限配置命令

步骤	命　令	说　明
1	configure terminal	进入全局配置状态
2	username *usename* password *password* privilege [1~15] 例如：Switch(config)♯ username test password test privilege 3	配置用户名和密码，同时赋予用户在登录的时候所有权限
3	enable secret level [1~15]　password *password* 例如：Switch(config)♯ enable secret level 5 password test	设置使用 enable 密码管理网络设备的权限等级。默认情况下，enable 创建一个进入特权模式 15 的口令
4	showprivilege	查看当前权限等级

2.6.2　用户名＋密码安全登录方式

为了保证访问的安全性，可以通过输入用户密码的方式进行登录，除了这种方式，还可以通过输入用户名＋密码的方式来保证 Console 口和 Telnet 登录的安全性，配置命令如表 2－17 所示。

表 2－17　用户名＋密码登录配置命令

步骤	命　令	说　明
1	switch(config)♯ username *usename* password *password*	配置登录用户名和密码
2	switch(config)♯ line console 0 switch(config-line)♯ login local	配置使用用户名＋密码的方式通过 Console 口登录网络设备
3	switch(config)♯ line vty 0 4 switch(config-line)♯ login local	配置使用用户名＋密码的方式通过 Telnet 口登录网络设

【配置举例】

配置使用用户名＋密码的方式通过 Telnet 登录交换机，网络拓扑如图 2－17 所示。

图 2－17　网络拓扑图

配置命令：

```
Switch(config)♯ username cisco password 123456   //创建登录用户名和密码
Switch(config)♯ line vty 0 4
Switch(config-line)♯ login local       //配置使用本地数据库"用户名＋密码"方式登录
Switch(config-line)♯ exit
```

配置完成后，在 PC 的命令提示符下输入"telnet 192.168.1.1"，如图 2－18 所示，要求输入用户名和密码才可以进入交换机：

图 2-18 配置结果

2.6.3 SSH 安全登录方式

因为 Telnet 登录在数据传输过程中使用的是明文传送方式,也就是说数据没有被加密,所以很容易被窃听,因此,为了保证远程登录的安全性,可以使用 SSH 登录方式。

SSH 安全登录方式

SSH 为 Secure Shell 的缩写,由 IETF 的网络工作小组(Network Working Group)所制定,是建立在应用层和传输层基础上的安全协议。SSH 是目前较可靠、专为远程登录会话和其他网络服务提供安全性的协议。利用 SSH 协议可以有效地防止远程管理过程中的信息泄露问题。

SSH 登录配置命令如表 2-18 所示。

表 2-18 SSH 登录配置命令

步骤	命　　令	说　　明
1	switch(config) # hostname *name*	配置网络设备名
2	switch(config) # username *usename* password *password*	配置登录用户名和密码
3	switch(config) # aaa new-model	开启认证授权模式
4	switch(config) # aaa authentication login {*word*|*default*} { local enable| group | none}|	配置 SSH 认证方式(本地认证、enable 密码认证、认证服务器进行认证和不需要认证)
5	switch(config) # line vty 0 4 switch(config-line) # transport input ssh switch(config-line) # transport output ssh	配置通过 SSH 登录网络设备,默认情况下是 all,即允许所有登录
6	switch(config-line) # login authentication ssh	配置 SSH 登录认证方式
7	switch(config) # ip domain-name *name*	创建域名
8	switch(config) # crypto key generate rsa	生成 RSA 密钥

注意:为什么 SSH 配置需要一个域名呢?因为在配置 SSH 登录时,要生成 RSA key,key 的名字是以路由器的名字与 DNS 域名相结合构成的。

【配置举例】

配置通过 SSH 方式登录路由器 R1，网络拓扑如图 2－19 所示。

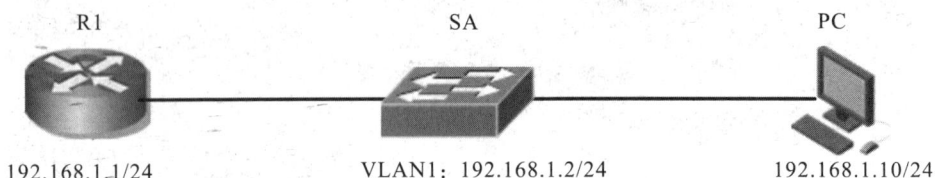

R1   SA   PC

192.168.1.1/24   VLAN1: 192.168.1.2/24   192.168.1.10/24

图 2－19　网络拓扑图

配置命令如下：

R1(config)#hostname R1

R1(config)#interface FastEthernet0/0

R1(config-if)#ip address 192.168.1.1 255.255.255.0

R1(config)#username cisco password 123

R1(config)#aaa new-model　　　　　　　　//开启 AAA 认证

R1(config)#aaa authentication login ssh local

R1(config)#line vty 0 4

R1(config-line)#login authentication ssh　　　//配置认证方式

R1(config-line)#transport input ssh

R1(config-line)#transport output ssh　　　　//配置通过 SSH 登录

R1(config-line)#exit

R1(config)#ip domain-name R1.com

R1(config)#crypto key generate rsa

The name for the keys will be: R1.R1.com

Choose the size of the key modulus in the range of 360 to 2048 for your

   General Purpose Keys. Choosing a key modulus greater than 512 may take

   a few minutes.

How many bits in the modulus [512]: 1024　　　//输入生成密钥的长度

%Generating 1024 bit RSA keys, keys will be non-exportable...[OK]

配置完成后，在 PC 的 DOS 下输入"ssh－l cisco 192.168.1.1"（－l 为要求输入 SSH 登录用户名），配置结果如图 2－20 所示，输入口令后就可以进入路由器了。

```
Command Prompt                                          X

Packet Tracer PC Command Line 1.0
PC>ssh -l cisco 192.168.1.1
Open
Password:
R1>
```

图 2－20　配置结果

2.7　项目小结

　　局域网交换机在使用前通常需要对其进行一些基本配置，配置交换机首先要获取对交换机的访问权，方式有多种。交换机加电启动时会进行一系列的自检过程，通过指示灯判断自检成功与否。交换机先启动配置文件，根据配置文件指定的引导路径去寻找操作系统，然后从 NVRAM 中将配置文件加载到 RAM 中；如果没有配置文件，就会进入系统的初始配置状态，可以在交换机 IOS 的 CLI 界面中输入 Setup 命令手动启动，为交换机配置 IP 地址和其他配置信息，交换机的 CLI 用户界面有多种不同的模式，包括用户执行模式、特权执行模式、全局配置模式、接口配置模式和线路配置模式等。为方便管理，需要为每台交换机规划配置好名称、密码、二层端口、三层端口以及端口安全等。

实训练习

【实训 2.1】　获得对交换机的访问权

交换机访问权

一、实训目的

　　掌握从 PC 登录到交换机的基本方法，熟悉交换机的命令行操作方式及各种命令状态，能查看交换机的各项配置信息。

二、实训环境及逻辑图

　　在进行基本的交换路由设备实训之前，首先必须清楚了解实训室中网络物理拓扑结构与逻辑拓扑结构。出于对资源的有效利用以及对网络设备的保护，在实训室的设计中采用 PC—普通交换机—终端服务器—网络设备（交换机、路由器）的模式，如图 2.1-1 实训环境 1 所示，图 2.1-2 实训环境 2 为 PT 模拟器环境。

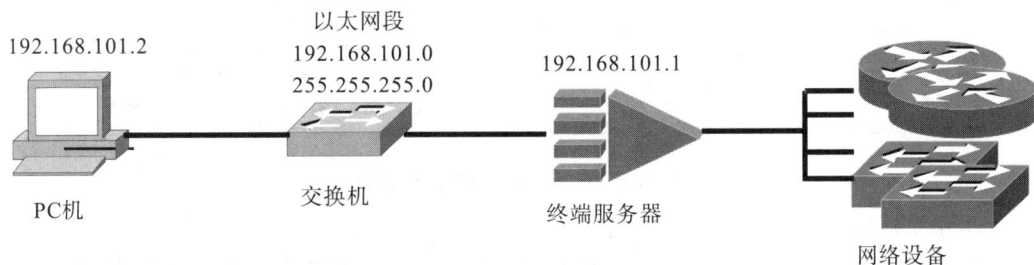

图 2.1-1　实训环境 1（路由交换设备机房）

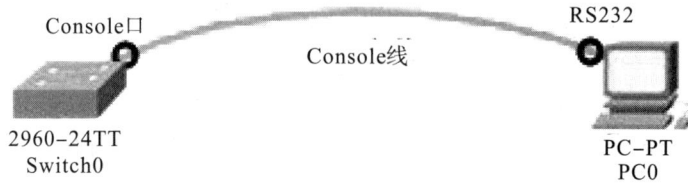

图 2.1-2　实训环境 2(PT 模拟器)

三、实训内容及步骤

本实训将通过网络远程配置(Telnet)交换机。

按实训逻辑图 2.1-1 将 PC 连接到终端服务器(Terminal Servers)所在网络。一般都使用路由器作为终端服务器,如所连的终端服务器的 IP 地址为 192.168.101.1/24,PC 的 IP 地址也需配置在与之相同的 192.168.101.0 网段(不同的组位于不同的网段)。

(1) 使用 SecureCRT 终端仿真软件登录到终端服务器。

① 启动 SecureCRT 软件。

在安装好 SecureCRT 软件后,桌面上有 SecureCRT 图标。若没有可以下载一个绿色版,不需要安装直接解压之后就可以使用,双击后进入如图 2.1-3 所示窗口。

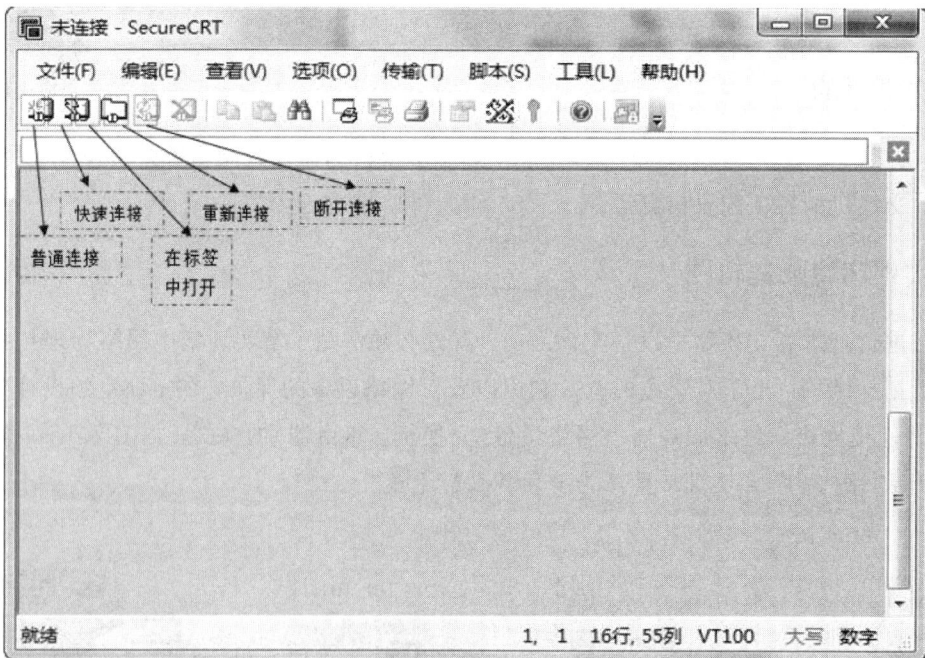

图 2.1-3　SecureCRT 操作窗口

② 建立连接。

点击普通连接将出现如图 2.1-4 所示连接窗口,可以在之前已建立连接的列表中直接点击要连接的服务器。

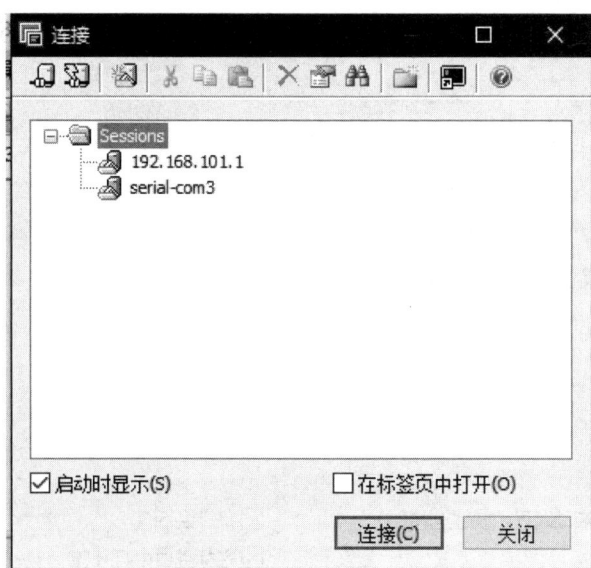

图 2.1-4　连接窗口

如果在列表中没有要登录的设备信息，需要建立一个快速连接，点击快速连接进入"快速连接"窗口，如图 2.1-5 所示。

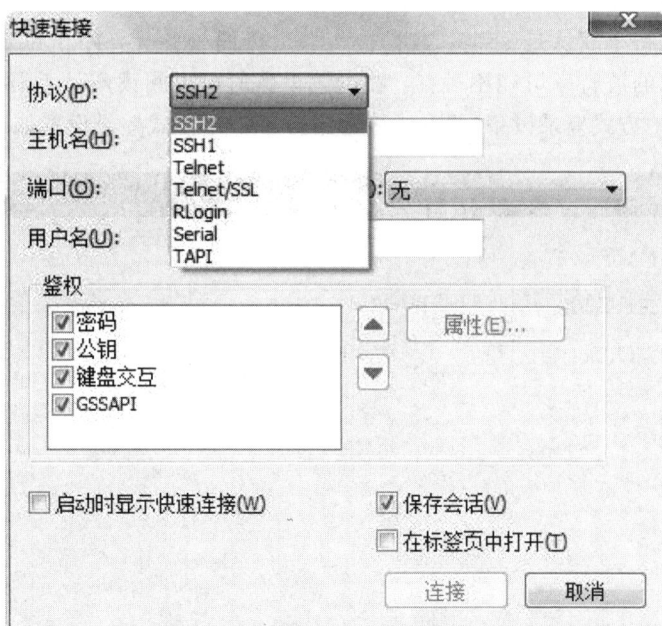

图 2.1-5　快速连接窗口

③ 使用串口 Serial 登录设备。

如果设备是第一次进行配置的话，需要采用 Serial 串口线与设备的 Console 口连接，选择登录设备的协议。SecureCRT 支持多种登录协议，如 SSH、Telnet、串口 Serial 等。选择 Serial 协议，进入图 2.1-6 所示界面。

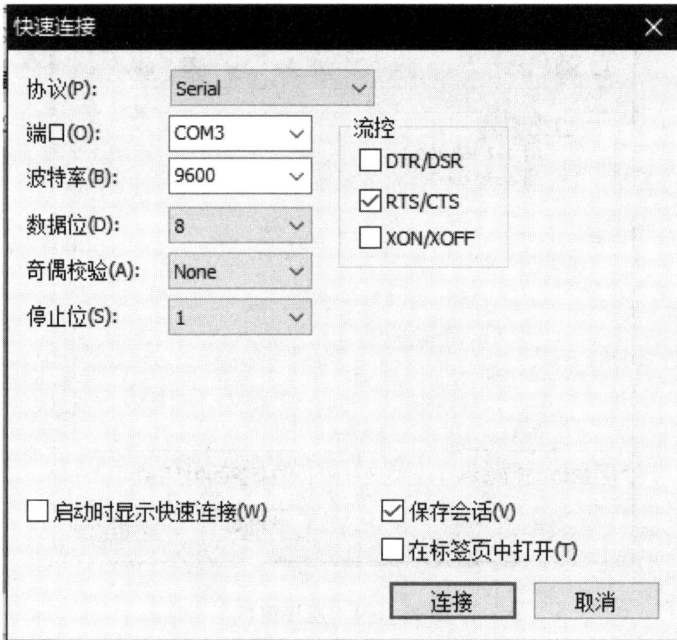

图 2.1 - 6　Serial 协议设置界面

　　选择 COM 口，由于笔记本电脑大部分没有 COM 口，需要自备一根 USB 转 COM 线缆；思科设备的波特率默认是 9600，数据位 8 位，奇偶校验无，停止位 1，流控不需要选择；有些设备厂商的波特率可能不一样，在配置设备时可以阅读产品手册。

　　④ 使用 Telnet 方式登录设备(此方式最常用)，Telnet 方式登录设置如图 2.1 - 7 所示。

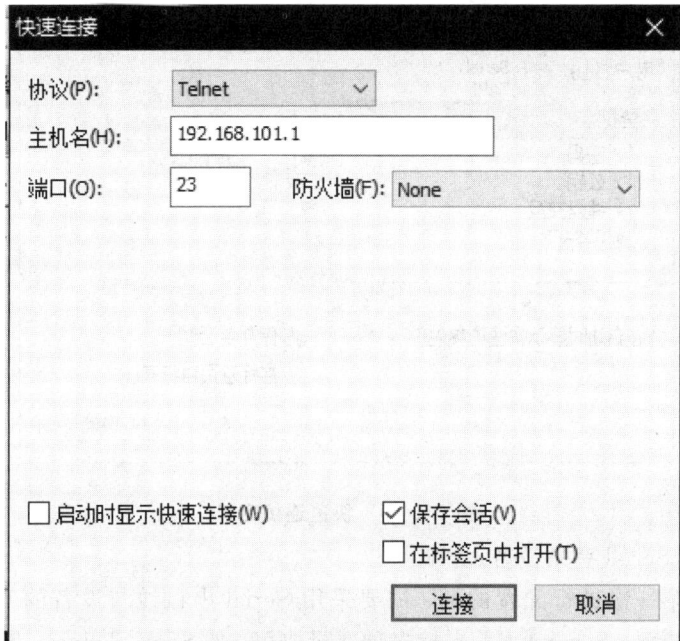

图 2.1 - 7　Telnet 方式登录设置界面

使用 Telnet 的方式登录设备进行配置需要满足以下几个条件：

- 获得登录设备的 IP 地址；
- 需要配置的设备是否已有管理 IP 地址可以与本机通信，可通过 Ping 命令测试是否连通；
- 需要为设备设置登录用户名、密码以及系统模式的 enable 密码配置。

⑤ 使用 SSH 方式登录设备。

通过 Telnet 登录的方式采用明文形式，存在安全隐患，企业网安全等目前均要求采用加密的方式如 SSH 进行设备登录。SSH 方式登录设置如图 2.1-8 所示。

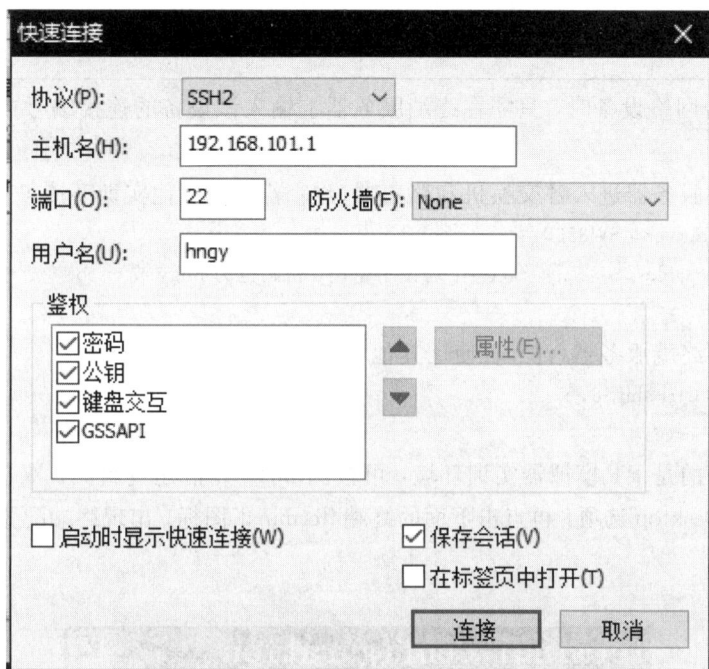

图 2.1-8　SSH 协议设置界面

采用 SSH 登录也需要在登录设备上进行配置，配置为 SSH 的服务端，同样先做好配置 IP 地址、SSH 的用户名及密码、SSH 服务开启产生密钥等；SSH 登录过程中采用密文进行数据加密传递，是网络信息安全的基本要求。

最后点击连接即可连接到需登录的设备。

(2) 查看终端服务器的配置状况(注：若使用其他实训环境可不做此步)。

① 查看终端服务器的线路状态。

```
TerminalServer＞enable 7        (注："7"为已设置的安全级别)
Password：                      (注：密码为 hngy 或 cisco)
TerminalServer＃show line       (注：查看线路)
```

记录共有几条线路，若要查看某条线路的详细情况，可运行：

```
TerminalServer＃show line x     (注："x"为要查看的线路号)
```

请记录该显示的 Status。

② 清除线路状态。

在查看线路状态时，前面加"＊"号表示该线路为活跃状态，若要使用该线路，可先清除，清除线路命令为：

    TerminalServer♯clear line x　　（注："x"为要清除的线路号）

③ 查看每台网络设备的名字 Host 与端口号 Port，并记录于下表。

    TerminalServer♯show host

路由器	Host	Port	交换机	Host	Port

要配置某台网络设备时，只需在终端服务器上输入该设备的连接编号或名字即可访问该台设备。

（3）从终端服务器进入各交换机和路由器（注：若使用其他实训环境可不做此步）。

    TerminalServer♯SW3560

    Switch＞enable　　　　　　（注：若设了密码，密码也为 hngy 或 cisco）

    Switch ♯

（4）返回到终端服务器（注：若使用其他实训环境可不做此步）。

    Switch ♯Ctrl-shift-6，x

    TerminalServer♯

（5）若使用的是 PT 模拟器实训环境，可按图 2.1－2 搭建逻辑图。双击 PC0，在弹出的窗口中选取 Desktop 选项，再点击下面的终端 Terminal 图标，出现终端配置框如图 2.1－9 所示。

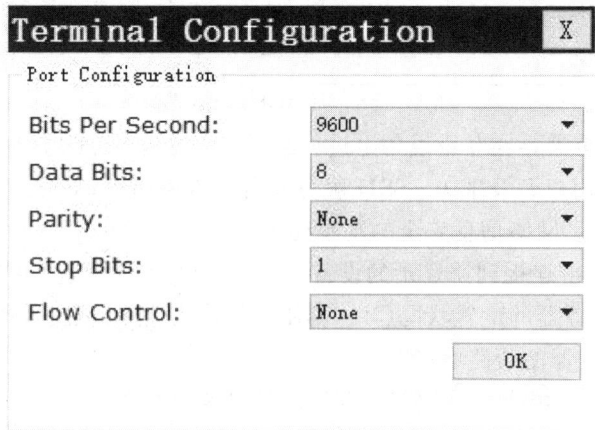

图 2.1－9　PT 上的终端配置框

按默认配置点击"OK"按钮即可进入终端配置命令行界面进行命令配置了，如图 2.1－10 所示。

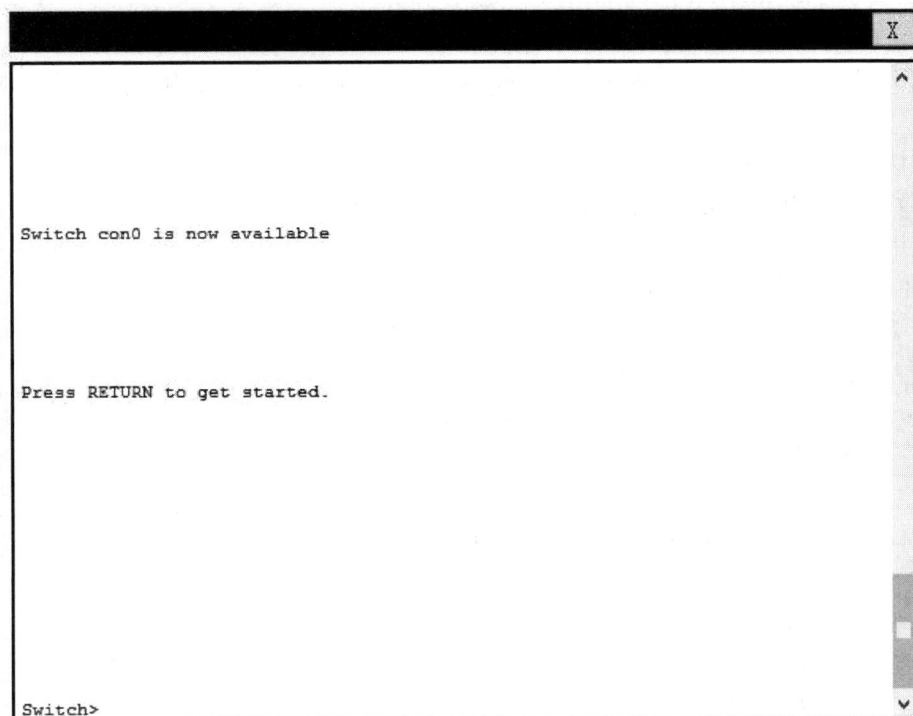

图 2.1-10　PT 上的终端命令行配置界面

四、实训调测及结果

（1）使用帮助命令。

登录进入一台交换机，使用帮助命令获取信息。

  Switch＞enable

  Switch＃?

显示结果：_____。

  Switch＃show　ip　?

显示结果：_____。

（2）获取交换机基本信息。

查看交换机的版本信息

使用命令：

（注：命令前都要写上当前模式）

IOS 全名：_____；

IOS 版本号：_____；

  System image file is _____；

  Configuration register is _____。

（3）查看交换机当前运行配置

使用命令：_____；

查看到的交换机的"hostname"为_____；

该交换机的 interface fastethernet 是 _____ 端口，端口号有 _____ 个，编号范围_____；

该交换机的 interface gigabitethernet 是 _____ 端口，端口号有 _____ 个，编号范围_____；

默认的 VLAN 为：_____。

（4）查看交换机的接口（端口）配置。

使用命令：_____；

（注：具体查看某一端口）

该端口当前状态：fastethernet _____（端口号）is _____；

line protocol is _____；

（注："up"表示处于活动状态，"down"表示未激活状态）

第一层（物理层）：Hardware is _____；

第二层（数据链路层）：Address is _____；

接口的最大传输单元（MTU）及带宽：MTU _____，BW _____；

双工设置：Duplex setting _____；

速率设置：Speed setting _____；

封装类型：Encapsulation _____。

（5）查看交换机的 VLAN 信息。

使用命令：_____；

在没有划分 VLAN 之前时，所有端口属于：_____。

（6）查看交换机的其他信息并记录结果。

使用命令：_____；

使用命令：_____；

使用命令：_____；

使用命令：_____。

五、实训思考题

在 PC 上可否直接使用命令 Telnet 登录访问某台设备如终端服务器？试一试，并将登录命令及界面截图显示。

【实训 2.2】　Cisco IOS 文件管理

一、实训目的

熟悉 Cisco IOS 文件系统的管理方式，能使用 TFTP 服务器管理设备的配置文件。

Cisco IOS 文件管理

二、实训逻辑图

实训逻辑图见图 2.2－1。

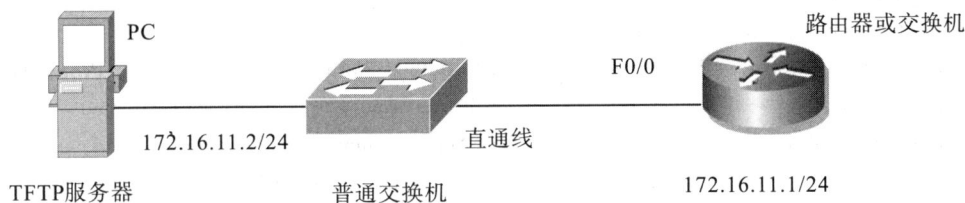

图 2.2-1　实训逻辑图

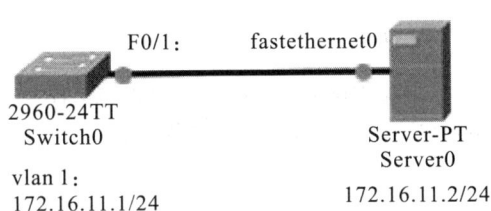

图 2.2-2a　PT 中交换机连接 TFTP 服务器

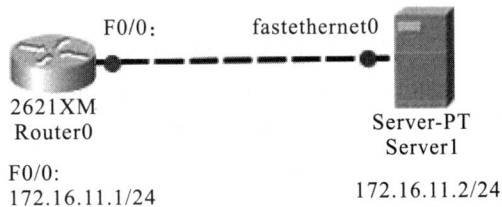

图 2.2-2b　PT 中路由器连接 TFTP 服务器

三、实训内容及步骤

在一个 Cisco 路由器或交换机中,活动配置存放在 RAM 中。路由器或交换机中启动配置的默认位置是 NVRAM。因为配置有可能丢失,所以应当备份启动配置,为了安全,管理员要把路由器的配置文件和 IOS 文件备份到 TFTP 服务器。

(1) 按实训逻辑图进行物理连接。

逻辑图 2.2-1 中 TFTP 服务器是一个软件,可将该软件装到 PC 上,即可充当 TFTP 服务器。

(2) 给 TFTP 服务器配置 IP 地址。

由于 TFTP 服务器就装在 PC 上,配置 TFTP 服务器的 IP 地址就是配置该 PC 的 IP 地址。这里将 PC 的 IP 配置为 172.16.11.2,子网掩码为 255.255.255.0。

(3) 在 PC 中安装或运行 TFTP 服务器。

在 PC 中安装 TFTP 服务器软件,若已安装就启动 TFTP 服务器。

(4) 启动 PC 上的"超级终端",登录进路由器,配置以太网接口的 IP 地址,命令如下。

```
Router>enable                           //进入特权模式
Router# config terminal                 //进入全局模式
Router(config)# interface FastEthernet 0/0   //进入端口配置模式
Router(config-if)# no shutdown          //激活该端口
Router(config-if)# ip address 172.16.11.1 255.255.255.0//配置该端口 IP 和子网掩码
```

注意:路由器的网络地址必须和上面配置的 TFTP 服务器的 IP 地址在同一网段,

若是对交换机进行文件管理,需配置 vlan 1 的管理地址:

```
Switch(config)# interface vlan 1
Switch(config-if)# ip address 172.16.11.1 255.255.255.0
Router(config-if)# end                  //退回到特权模式
Router# show ip interface brief         //显示端口配置的简要信息
```

该端口显示结果为：

```
Router # show ip interface brief
Interface          IP-Address      OK? Method Status                      Protocol
FastEthernet0/0    172.16.11.1     YES manual  up                         up
FastEthernet0/1    unassigned      YES unset   administratively down      down
vlan 1             unassigned      YES unset   administratively down      down
```

（5）在 PC 上打开命令窗口，Ping 路由器的以太网接口的 IP 地址，确保 TFTP 服务器与路由器的连通性。

如：C:\＞ping 172.16.11.1

（6）将启动配置文件备份到 TFTP 服务器中。

```
Router # copy running-config startup-config          //将正在运行的文件备份为配置文件
Destination filename [startup-config]? startup-config //输入保存的配置文件名称
Building configuration...
[OK]
```

注意：路由器第一次启动时，是不存在配置文件的，必须将当前运行的文件保存为配置文件，否则运行第二步时会报错。

```
Router # copy startup-config tftp                    //备份配置文件到 TFTP 服务器
Address or name of remote host []? 172.16.11.2       //输入 TFTP 服务器的 IP 地址
Destination filename [Router-confg]? startup-config  //输入指派给配置文件的名称或者接受默认名称
Writing startup-config....!!                         //装载配置文件成功
[OK-463 bytes]
463 bytes copied in 3.39 secs (0 bytes/sec)
```

（注：屏幕显示!!! 表示成功，显示 。。。表示失败）

这时，查看 TFTP 服务器的存放目录，会看到一个名为"startup-config"的配置文件。

（7）从 TFTP 服务器备份的配置文件来恢复路由器配置。

```
Router # copy tftp startup-config
Address or name of remote host []? 172.16.11.2       //输入 TFTP 服务器的 IP 地址
Source filename []? startup-config                   //输入 TFTP 服务器中源配置文件名称
Destination filename [startup-config]?               //输入配置目标文件的名称或者接受默认名称
Accessing tftp://172.16.11.2/startup-config...       //恢复配置文件
Loading startup-config from 172.16.11.2：!            //装载成功
[OK-463 bytes]
463 bytes copied in 0.063 secs (7349 bytes/sec)
```

（注：屏幕显示!!! 表示成功，显示 。。。表示失败）

（8）将路由器中的映像文件备份到 TFTP 服务器。

```
Router # show flash                                  //显示路由器的映像文件
System flash directory：
File   Length     Name/status
   3   50938004   c2800nm-advipservicesk9-mz.124-15.T1.bin
//Flash 中存放的 IOS 文件名称和大小
   2   28282      sigdef-category.xml
   1   227537     sigdef-default.xml
```

［51193823 bytes used，12822561 available，64016384 total］

63488K bytes of processor board System flash (Read/Write)

Router # copy flash tftp   //将路由器中的映像文件备份到 TFTP 服务器

Source filename []? c2800nm-advipservicesk9-mz. 124-15. T1. bin   //输入要备份的源文件名称

Address or name of remote host []? 172. 16. 11. 2   //输入 TFTP 服务器的 IP 地址

Destination filename [c2800nm-advipservicesk9-mz. 124-15. T1. bin]?

//输入目标文件的名称或者接受默认名称

Writing c2800nm-advipservicesk9-mz. 124-15. T1. bin…!!!!!!!!!!!!!!!!!!!!!!!!!!!!!!!!

!!   //将映像文件写入 TFTP 服务器

(注：屏幕显示!!! 表示成功，显示…表示失败)

四、实训调测及结果

（1）记录 TFTP 服务器的文件存放目录和服务器的 IP 地址。

存放目录：_____；

TFTP 服务器的 IP 地址：_____。

（2）在路由器上输入 Router # show ip interface brief 命令，记录显示结果。

显示结果为_____。

（3）TFTP 服务器能否 Ping 通路由器？（通）或（不通）

（4）在备份配置文件到 TFTP 服务器时，启动 TFTP 服务器，将 TFTP 服务器屏幕结果复制如下：_____；

装载是否成功：_____。

（5）从 TFTP 服务器备份的配置文件来恢复路由器配置，将路由器屏幕显示的结果复制如下：_____；

装载是否成功：_____。

【实训 2.3】   交换机基本配置及端口安全

一、实训目的

掌握交换机的基础配置命令，熟悉交换机端口配置，能根据要求进行交换机的端口安全配置。

交换机基本配置及端口安全

二、实训逻辑图

实训逻辑图见图 2.3-1。

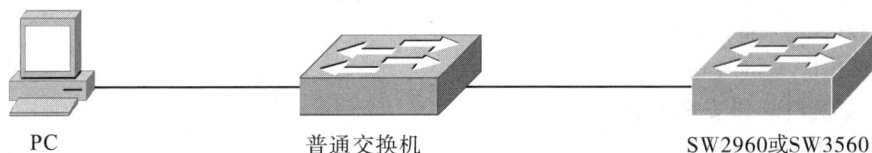

图 2.3-1   实训逻辑图

三、实训内容及步骤

（1）交换机基础配置。

① 配置交换机主机名。

    Switch♯ configure terminal

    SwitchA(config)♯ hostname SwitchA

注：在工程中名称一般命名为交换机所处建筑物的位置和型号等。

② 配置特权模式密码。

    SwitchA(config)♯ enable password 123

或设置为加密密码：

    SwitchA(config)♯ enable secret 456

③ 禁止 DNS 查询。

    SwitchA(config)♯ no ip domain-lookup

④ 配置线路控制口 Console 登录密码并使密码生效。

    SwitchA(config)♯ line console 0

    SwitchA(config-line)♯ password 789

    SwitchA(config-line)♯ login

    SwitchA(config-line)♯ exit

⑤ 配置虚拟终端线路 VTY(Telnet)登录密码并使密码生效。

    SwitchA(config)♯ line vty 0 4

    SwitchA(config-line)♯ password 987

    SwitchA(config-line)♯ login

    SwitchA(config-line)♯ exit

（2）配置交换机端口速率及双工模式。

命令如下：

    SwitchA(config)♯ int f0/1

    SwitchA(config-if)♯ speed 100

    SwitchA(config-if)♯ duplex full　　　　　//设置为全双工接口

    SwitchA(config-if)♯ exit

    SwitchA(config)♯ int range f0/2-5

    SwitchA(config-if)♯ speed 10

    SwitchA(config-if)♯ duplex half　　　　　//设置为半双工接口

    SwitchA(config-if)♯ exit

    SwitchA(config)♯ int range f0/6, f0/9

    SwitchA(config-if)♯ speed 100

    SwitchA(config-if)♯ duplex auto　　　　　//设置为自适应接口

    SwitchA(config-if)♯ end

    SwitchA♯ show running-config

（3）交换机端口安全配置。

命令如下：

    SwitchA(config)♯ int f0/10

SwitchA(config-if)♯switchport mode access　　　　　//设置接口为访问模式

SwitchA(config-if)♯switchport port-security　　　　　//开启端口安全

SwitchA(config-if)♯switchport port-security mac-address MAC 地址　//绑定 MAC 地址

SwitchA(config-if)♯end

查看结果：

SwitchA♯show running-config

（4）保存所做的配置到启动配置文件。

命令如下：

SwitchA♯copy running-config startup-config

或

SwitchA♯write

Building configuration...//屏幕提示，出现[OK]表示保存成功

[OK]

查看结果：

SwitchA♯show startup-config

四、实训调测及结果

（1）进入交换机后，查看其当前配置。

SwitchA>enable

SwitchA♯show running-config

显示结果为：

（2）进行实训中的配置步骤后查看交换机当前运行配置。

SwitchA♯show running-config

显示结果为：（与前面显示不同处设置为蓝色）

（3）查看启动配置文件。

SwitchA♯show startup-config

启动配置文件与配置前（第 1 步显示结果）相同还是与配置后（第 2 步显示结果）相同？

（4）保存所做的配置到启动配置文件。

SwitchA♯copy running-config startup-config

SwitchA♯show startup-config

与前面的配置哪一步相同？

（5）配置交换机端口速率及双工模式。

SwitchA♯show running-confit

将显示结果中 f0/1、f0/2、f0/3、f0/4、f0/5、f0/6、f0/9 端口的显示行复制：

（6）交换机端口安全配置。

```
SwitchA(config) int f0/10
SwitchA(config-if)♯switchport mode access
SwitchA(config-if)♯switchport port-security
SwitchA(config-if)♯switchport port-security mac-address MAC 地址
SwitchA(config-if)♯end
SwitchA♯show running-config
```

将显示结果中 f0/10 端口的显示行复制：

五、实训思考题

作为一个网络管理员，常常是将交换机的基础配置先写在一个文本文件中（.txt 文件），配置时再将该文件中的内容粘贴到交换机中，运行后再将运行配置拷贝到启动配置文件。试将内容中第二步的配置写入一个文本文件，并将其粘贴到交换机，完成网络管理员的这个工作。

【实训 2.4】　Cisco 交换机密码恢复

一、实训目的

掌握 Cisco IOS 文件系统的操作，熟悉 Cisco 交换机密码恢复方法。

二、实训逻辑图

实训逻辑图见图 2.4-1。

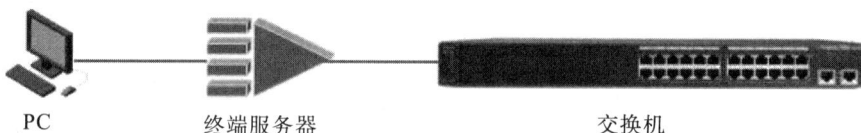

Cisco 密码恢复

PC　　　　　终端服务器　　　　　交换机

图 2.4-1　实训逻辑图

三、实训内容及步骤

（1）交换机密码设置。

命令如下：

```
Switch>enable
Switch♯ configure terminal
Switch(config)♯ enable password jfsjfklsjgljggkajg      //为交换机设置密码为一串难于记忆的代码
Switch(config)♯ exit
Switch♯copy running-config startup-config            //保存当前配置文件
```

Switch＃reload　　　　　　　　　　　　//重新进入交换机，需要密码才能进入

（2）交换机密码恢复。

关闭要恢复交换机的电源，隔几秒钟后再启动交换机，并且在启动过程中按下前面板上的"MODE"按键，具体时间自己把握，大概 10 秒钟左右。

在 PC 上开启"超级终端"，正常情况下进入"switch："模式。

加载 flash_init，命令如下：

Switch：flash_init

当管理窗口中出现下面的结果时即可。

Boot Sector Filesystem（bs）installed，fsid：3

Setting console baud rate to 9600...

输入 load_helper 后回车从而启动交换机管理助手，命令如下：

Switch：load_helper

查看当前交换机的 Flash 信息，命令如下：

Switch：dir flash：

你会看到当前交换机的所有 Flash 文件，默认都会有一个名为 config.text 的文件。

我们通过修改文件命令将其重新命名，可以改为 config.old。命令如下：

Switch：rename flash：config.text flash：config.old

当我们把 config.text 修改为 config.old 后就可以实现密码恢复工作了，因为原来的密码信息都保存在 config.text 文件中，当交换机启动时没有找到 config.text 文件就无法加载初始密码信息，从而我们可以通过空密码来登录交换机进行管理操作。

修改完成后重新启动交换机，让 IOS 信息重新加载。执行命令如下：

Switch：boot

启动后就可以看到类似于第一次开启交换机显示的信息，会提示你设置一些基本信息，执行多项简单设置后就可以轻松地进入交换机的管理界面了。最后还要将之前修改名字的 config.old 文件还原成 config.text，执行命令如下：

Switch＃rename flash：config.old flash：config.text

将新修改的 config.text 信息进行加载，执行命令如下：

Switch＃copy flash：config.text system：running-config

还原之前的设置后还有一个最关键的步骤，那就是将密码进行修改，把之前忘记的密码更改成自己记得住的密码，或设置为无密码。

Switch＃configure terminal

Switch（config）＃no enable password　　　　//设置为无密码

这样我们的密码破解工作就全部完成了，最后通过命令进行保存即可：

Switch＃ copy running-config startup-config

我们之前进行的设置修改将全部记录。

四、实训调测及结果

（1）进入"switch："模式，加载 flash_init，记录交换机屏幕显示结果。

显示结果为：

（2）将交换机密码恢复的步骤归纳总结为能记得住的五步，以利于以后进行交换机维护时应用。

五、实训思考题

假设交换机的 IOS 文件被损坏了，应该怎么恢复？试上网查找结果并和同学进行讨论。

项目 2 报告　基于端口的安全配置方案

一、项目任务

为项目 1 报告中设计的楼宇中的网络进行基于端口的安全配置。

二、项目描述

楼宇内的网络一般都为二层架构。

三、项目要求

（1）利用仿真环境搭建项目拓扑图。

（2）为交换机进行基本配置，包括主机名、特权模式密码等，并在核心交换机上配置 Telnet 服务及登录密码，各接入层交换机上配置 Console 口安全登录及登录密码。

（3）在核心交换机上配置管理地址。

（4）端口安全配置。

① 在核心层交换机上配置一个端口的端口安全，以供服务器使用；

② 在核心交换机与其中一台接入层交换机上配置流量限制。

（5）网络测试。

① 远程登录测试。

② 端口安全测试。

（6）提交配置文档。

习　　题

一、单选题

1. 下列哪一种转发方法延迟较小？（　　）

    A. 存储-转发　　　　　　B. 直通法　　　　　　C. 无碎片法　　　　　　D. 都一样

2. 交换机如何学习连接到其端口的网络设备的地址？（　　）

    A. 交换机从路由器上得到相应的表　　　　　　B. 交换机读取从端口流入的帧源 MAC

    C. 交换机之间交换地址表　　　　　　D. 交换机使用 ARP 地址表

3. IOS 映像文件通常保存在哪里？（　　）

    A. RAM　　　　　　B. NVRAM　　　　　　C. Shared　　　　　　D. Flash

4.在一个 24 端口交换机上,当所有端口均启用全双工支持时,在不产生冲突的情况下最多可以同时通过多少个帧?(　　　)

  A. 1　　　　　　　　　B. 8　　　　　　　　　C. 16　　　　　　　　　D. 24

5.为将当前运行的配置复制到启动配置文件,需要下列哪个命令?(　　　)

  A. copy running-config flash　　　　　　　B. copy running-config tftp

  C. copy running-config startup-config　　　D. copy startup-config running-config

6.交换机中有三种模式,应是下列哪一项?(　　　)

  A. 用户、特权、接口　　　　　　　　　B. 用户、配置、接口

  C. 接口、配置、特权　　　　　　　　　D. 用户、特权、配置

7.下列关于 enable secret 命令的说法中哪一项是正确的?(　　　)

  A. 它在特权执行模式下配置

  B. 它只会加密线路模式口令

  C. 一旦输入 enable secret 命令,之前设置的明文口令会被加密口令替代

  D. 若要以明文查看通过 enable secret 命令加密的口令,可发出 no enable secret 命令

8.当运行一条命令屏幕出现"% Incomplete command."时,说明的是(　　　)。

  A. 该命令已经完成

  B. 没有输入相应命令所需的所有关键字或值,致使交换机不能识别所输入的命令

  C. 命令所进入的模式不正确

  D. 该命令不能缩写

9.用(　　　)命令可以从 TFTP 服务器上下载新的 IOS 到交换机中。

  A. copy tftp flash　　　　　　　　　B. copy flash tftp

  C. copy config flash　　　　　　　　D. copy flash config

10.将某端口设置为半双工模式的配置命令为(　　　)。

  A. switch(config-if)♯ duplex full　　　　　B. switch(config-if)♯ duplex auto

  C. switch(config-if)♯ duplex half　　　　　D. switch(config-if)♯ duplex nonegotiate

二、多选题

1.交换机的硬件组成中,属于存储部件的有(　　　)。(选四项)

  A. CPU　　　　　　　　　B. ROM　　　　　　　　　C. Flash

  D. NVRAM　　　　　　　E. RAM　　　　　　　　　F. Interfaces

2.交换机的基本原理是(　　　)。(选两项)

  A. 交换数据帧　　　　　B. 广播数据帧　　　　　C. 维护交换地址表

  D. 泛洪数据帧　　　　　E. 去掉老化帧　　　　　F. 接收广播帧

3.下列网络设备中的(　　　)能够隔离冲突域。(选两项)

  A. 集线器　　　　　B. 中继器　　　　　C. 路由器　　　　　D. 交换机

4.需要配置下列哪三项才能允许用户通过 Telnet 命令访问交换机?(　　　)(选三项)

  A. 默认网关　　　　　　　　　　　B. VTY 线路口令

  C. 控制台线路口令　　　　　　　　D. HTTP 服务器接口身份验证

  E. 交换机上管理 VLAN 的 IP 地址

F. 用于连接的以太网端口的双工和速度设置

5. 若要将某交换机的 F0/10 端口速率配置为 100 Mb/s、全双工模式，应选择下列哪些命令？（　　　）（选三项）

A. Switch(config)♯interface f0/10　　　　B. Switch(config-if)♯speed 100

C. Switch(config-if)♯duplex half　　　　D. Switch(config-if)♯duplex full

三、判断题

1. 一台交换机的背板带宽越高，所能处理数据的能力就越强。（　　　）

2. 交换机中的 Flash 相当于 PC 的硬盘，它包含操作系统(IOS)和其他伪代码，它是一种可擦写、可编程的存储器，系统掉电程序不会丢失。（　　　）

3. 核心层交换机一般是可直接接入到 Internet。（　　　）

4. 交换机的密码被保存在 Flash 的"config.text"文件中。（　　　）

5. 交换机的运行配置文件 running-config 自动产生，掉电也不会丢失。（　　　）

项目二习题答案

项目 3　中型企业局域网项目

【学习目标】

通过本项目的学习，达到以下目标：

(1) 熟悉虚拟局域网(VLAN)基本概念。

(2) 熟悉 VLAN 的划分。

(3) 熟悉 VLAN 的配置方法。

(4) 熟悉 Trunk 的意义及配置。

(5) 熟悉 VTP 的配置方法。

(6) 熟悉 VLAN 间路由配置方法。

3.1　项 目 概 述

公司下设市场部、开发部、行政部、财务部等四个部门。在平时工作中，既要防止病毒在公司办公网络大范围的传播，又要做到部门网络隔离，特别是对于财务部、行政部等信息敏感部门，其网络上的资源不允许用户随便访问，网络拓扑连接示意如图 3-1 所示。

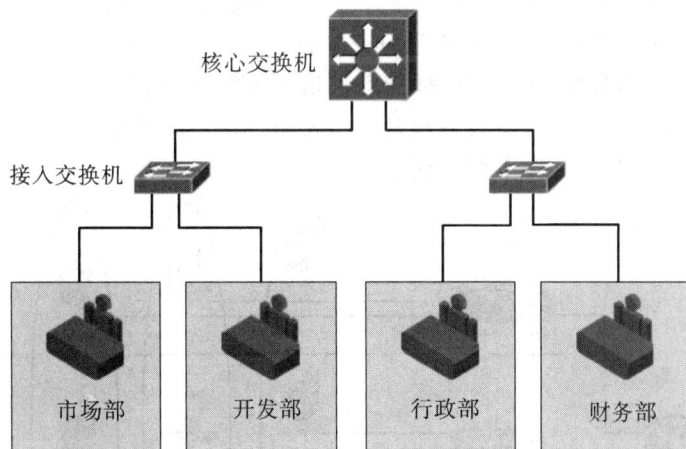

图 3-1　拓扑结构图

3.2　需 求 分 析

项目需求分析如下：

(1) 在接入交换机对应端口划分市场部、开发部、行政部和财务部等四个 VLAN 组，通过 VLAN 实现本部门能够互通共享，各部门之间网络隔离。

（2）在核心交换机上配置 VTP，实现 VLAN 的统一配置和管理。

（3）在核心交换机上实现路由功能。

（4）在核心交换机上启用 DHCP 服务为各个部门动态分配 IP。

3.3　技术要点

项目中主要涉及 VLAN 技术、Trunk 技术和 VTP 技术，使用的网络设备是交换机。下面我们先对交换机的 VLAN、Trunk 和 VTP 基本配置进行学习与训练。

3.3.1　VLAN 技术及配置

1. VLAN 的作用

VLAN 技术标准 IEEE802.1Q 于 1999 年 6 月由 IEEE 委员会正式颁布实施。VLAN 的出现打破了传统网络的许多固有观念，使网络结构变得

VLAN 技术

灵活、方便、随心所欲。一方面，VLAN 建立在局域网交换机的基础之上；另一方面，VLAN 是局域交换网的灵魂，这是因为通过 VLAN 用户能方便地在网络中移动和快捷地组建宽带网络，而无需改变任何硬件和通信线路。

VLAN 与普通局域网从原理上讲没有什么不同，但从用户使用和网络管理的角度来看，VLAN 与普通局域网最基本的差异体现在：VLAN 并不局限于某一网络或物理范围，VLAN 中的用户可以位于一个园区的任意位置，甚至位于不同的国家。

VLAN 是一种逻辑上的局域网，如图 3-2 所示。它可以不考虑用户的物理位置而根据功能、应用等因素将用户从逻辑上划分为一个个功能相对独立的虚拟网络，每个用户主机都连接在一个支持 VLAN 的交换机端口上并属于一个 VLAN。同一个 VLAN 中的成员都共享广播，而不同 VLAN 之间的广播信息是相互隔离的，这样就将整个网络分割成多个不同的广播域。每一个 VLAN 均可看成是一个逻辑网络，发往另一个 VLAN 的数据包必须由路由器或具有路由功能的交换机转发。

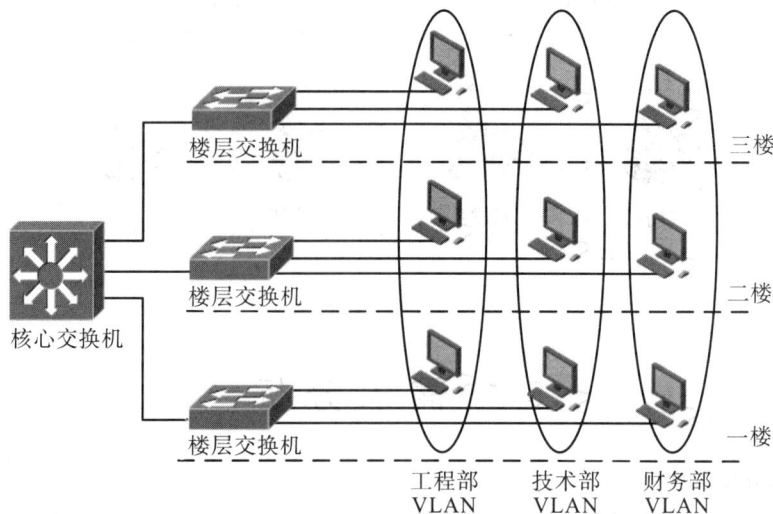

图 3-2　VLAN 示意图

1) VLAN 的优点

（1）控制网络的广播风暴。采用 VLAN 技术，可将某个交换端口划到某个 VLAN 中，一个 VLAN 就是一个广播域，一个 VLAN 的广播风暴不会影响其他 VLAN 的性能。

（2）确保网络安全。共享式局域网之所以很难保证网络的安全性，是因为只要用户插入一个活动端口，就能访问网络。而 VLAN 能限制个别用户的访问，控制广播组的大小和位置，甚至能锁定某台设备的 MAC 地址，因此 VLAN 能确保网络的安全性。

一个 VLAN 对应一个 IP 子网段，VLAN 内部的单播、组播、广播数据只在 VLAN 内部传输，实现 VLAN 间通信必须借助于路由器(或具有三层交换功能的交换机)。

（3）简化网络管理。网络管理员能借助于 VLAN 技术轻松管理整个网络，例如需要为完成某个项目建立一个工作组网络，其成员可能遍及全国或全世界，此时，网络管理员只需设置几条命令，就能在几分钟内建立该项目的 VLAN 网络，其成员使用 VLAN 网络，就像在本地使用局域网一样。

2) VLAN 的局限性

随着网络的迅速发展，用户对于网络数据通信的安全性提出了更高的要求，诸如防范黑客攻击、控制病毒传播等，都要求保证网络用户通信的相对安全性；传统的解决方法是给每个客户分配一个 VLAN 和相关的 IP 子网，通过使用 VLAN，每个客户被从第二层隔离开，可以防止任何恶意的行为和 Ethernet 的信息探听。然而，这种分配每个客户单一 VLAN 和 IP 子网的模型造成了巨大的可扩展方面的局限。这些局限主要有下述几方面：

（1）VLAN 的限制：交换机固有的 VLAN 数目的限制；

（2）IP 地址的紧缺：IP 子网的划分势必造成一些 IP 地址的浪费；

（3）路由的限制：每个子网都需要相应的默认网关的配置。

2. VLAN 的划分方法

VLAN 在交换机上的实现方法，可以大致划分为五类，下面分别说明。

（1）基于端口划分 VLAN。

基于端口划分是最常应用的一种 VLAN 划分方法，应用也最为广泛、有效，目前绝大多数 VLAN 协议的交换机都提供这种 VLAN 配置方法。这种划分 VLAN 的方法是根据以太网交换机的交换端口来划分的，它是将交换机上的物理端口分成若干个组，每个组构成一个虚拟网，即一个独立的 VLAN。基于端口划分 VLAN 如图 3-3 所示。

对于不同部门需要互访时，可通过路由器转发并配合基于 MAC 地址的端口过滤。对某站点的访问，可在路径上最靠近该站点的交换机、路由交换机或路由器的相应端口上设定可通过的 MAC 地址集，这样就可以防止非法入侵者从内部盗用 IP 地址从其他可接入点入侵的可能。

可以看出：这种划分方法的优点是定义 VLAN 成员时非常简单，只要将所有的端口都定义为相应的 VLAN 组即可，适合于任何大小的网络；它的缺点是如果某用户离开了原来的端口，连接到了一个新的端口，则必须重新定义 VLAN。

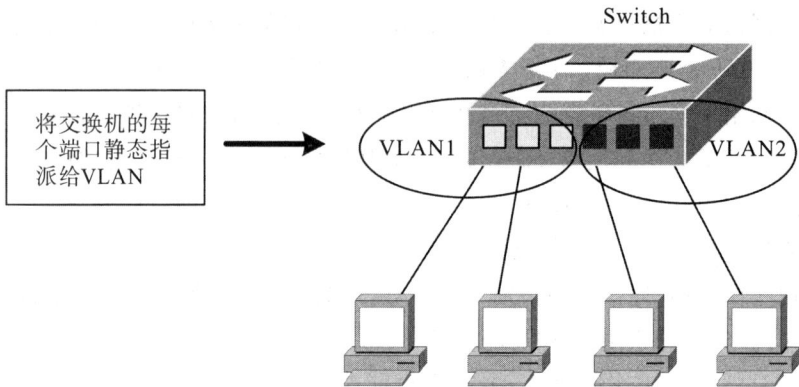

将交换机的每个端口静态指派给VLAN

图 3 - 3　基于端口划分 VLAN 示意图

（2）基于 MAC 地址划分 VLAN。

基于 MAC 地址划分 VLAN 的方法是根据每个主机的 MAC 地址来划分，即对每个 MAC 地址的主机都配置属于哪个组，它实现的机制就是每一块网卡都对应唯一的 MAC 地址，VLAN 交换机跟踪属于 VLAN MAC 的地址。基于 MAC 地址划分 VLAN 如图 3 - 4 所示。

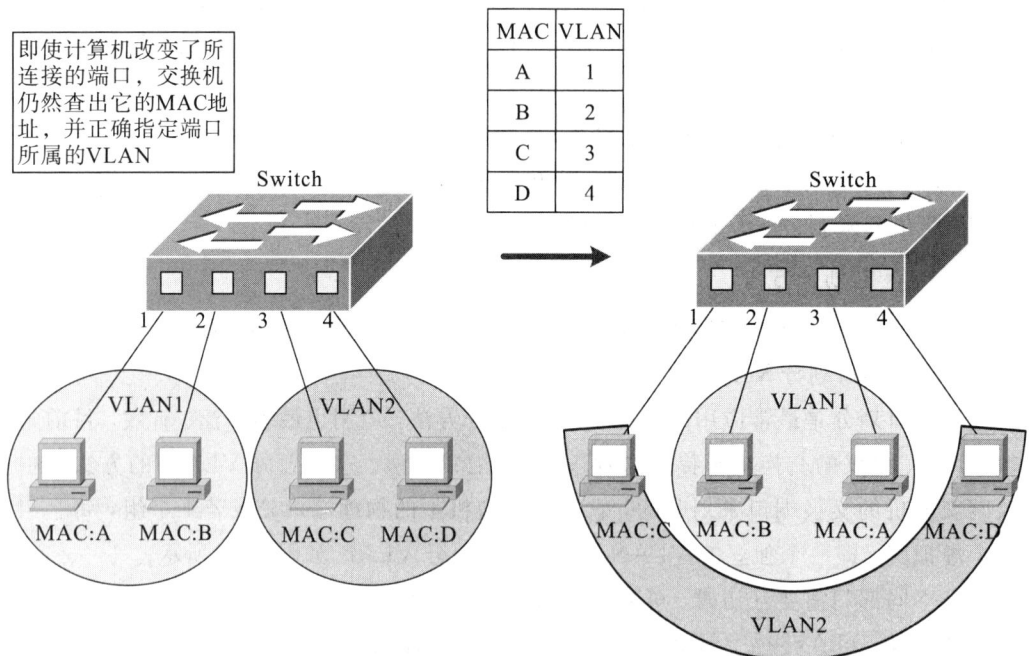

图 3 - 4　基于 MAC 地址划分 VLAN 示意图

这种方式的 VLAN 允许网络用户从一个物理位置移动到另一个物理位置时自动保留其所属 VLAN 的成员身份。

由这种划分的机制可以看出：这种 VLAN 的划分方法的最大优点就是当用户物理位

置移动时，即从一个交换机换到其他的交换机时，VLAN 不用重新配置，因为它是基于用户而不是基于交换机的端口；这种方法的缺点是初始化时，所有的用户都必须进行配置，如果有几百个甚至上千个用户，则配置是非常麻烦的，所以这种划分方法通常适用于小型局域网。

另外，这种划分方法也导致了交换机执行效率的降低，因为在每一个交换机的端口都可能存在很多个 VLAN 组的成员，保存了许多用户的 MAC 地址，查询起来相当不容易。尤其对于使用笔记本电脑的用户来说，他们的网卡可能经常更换，那么 VLAN 就必须经常配置。

（3）基于网络层 IP 地址划分 VLAN。

按网络层 IP 地址来划分的 VLAN 可使广播域跨越多个 VLAN 交换机。这对于希望针对具体应用和服务来组织用户的网络管理员来说是非常具有吸引力的，并且，用户可以在网络内部自由移动，而其 VLAN 成员身份仍然保留不变。基于网络层 IP 地址划分 VLAN 如图 3-5 所示。

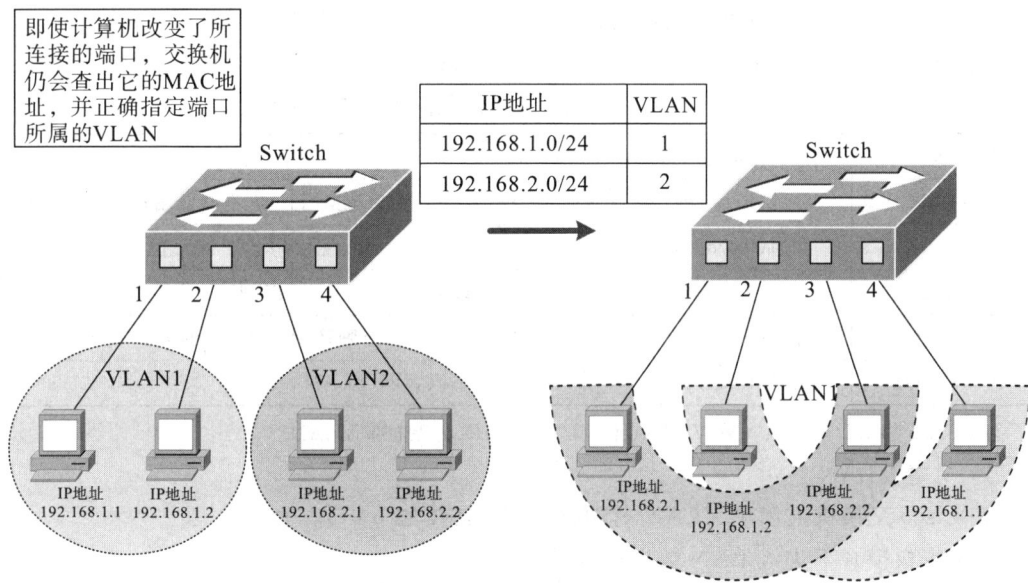

图 3-5　基于网络层 IP 地址划分 VLAN 示意图

这种方法的优点是用户的物理位置改变了，不需要重新配置所属的 VLAN，而且可以根据协议类型来划分 VLAN，这对网络管理者来说很重要。

这种方法不需要附加的帧标签来识别 VLAN，这样可以减少网络的通信量。

这种方法的缺点是效率低，因为检查每一个数据包的网络层地址是需要消耗处理时间的（相对于前面两种方法），一般的交换机芯片都可以自动检查网络上数据包的以太网帧头，但要让芯片能检查 IP 帧头，则需要更高的技术，同时也更费时。当然，这与各个厂商的实现方法有关。

（4）根据 IP 组播划分 VLAN。

IP 组播实际上也是一种 VLAN 的定义，即认为一个 IP 组播组就是一个 VLAN。这种划分方法将 VLAN 扩大到了广域网，因此具有更大的灵活性，而且也很容易通过路由器进行扩展，主要适合于不在同一地理范围的局域网用户组成一个 VLAN，但不适合局域网，主要是效率不高。

（5）按策略划分 VLAN。

基于策略组成的 VLAN 能实现多种分配方法，包括 VLAN 交换机端口、MAC 地址、IP 地址、网络层协议等。网络管理人员可根据自己的管理模式和本单位的需求来决定选择哪种类型的 VLAN。

对于 Cisco 交换机，VLAN 的实现通常是基于端口的，即基于端口来划分 VLAN，与节点相连的端口将确定它所驻留的 VLAN。

3. VLAN 配置

依据 IEEE802.1Q 标准可以支持 VLAN 的范围为 4096 个，这些 VLAN 被分为三个范围：保留（Reserved）、标准（或者常规/普通，Normal）和扩展（Extended）。

这些 VLAN 中，标准范围 VLAN 可以通过 VTP（VLAN Trunking Protocol，VLAN 中继协议）被自动传播到网络中的其他交换机中，大大减轻了 VLAN 配置的工作量。扩展范围 VLAN 不能被自动传播，所以必须手动在每个网络设备配置扩展范围 VLAN。

这 4096 个 VLAN 的划分以及对传播的支持如表 3-1 所示。

表 3-1   VLAN 范围划分及对传播的支持

VLAN ID	范围类型	用 途
0 和 4095	保留（Reserved）	仅用于系统，不能看到，也不能使用这两个 VLAN
1	普通（Normal）	默认 VLAN，可以看到该 VLAN，但不能删除它
2～1001	普通（Normal）	用于以太网 VLAN，可以创建、删除这些 VLAN
1002～1005	普通（Normal）	用于 FDDI 和令牌环网络，不能删除这些 VLAN
1006～4094	扩展（Extended）	仅用于以太网 VLAN

注：Cisco 的 ISL 封装只支持 VLAN 到 1005；802.1Q 支持全部 VLAN。

1）创建 VLAN

在 Cisco 交换机上创建 VLAN 有两种方法，具体如下：

（1）特权模式下进入 LAN 数据库方式。

VLAN 数据库模式下创建 VLAN 命令见表 3-2。

表 3-2   VLAN 数据库模式下创建 VLAN 命令

步骤	命 令	说 明
1	vlan database	在特权模式下进入 VLAN 数据库
2	vlan vlan-id name vlan-name	创建 VLAN 号和名称
3	exit	退出
4	show vlan	查看 VLAN 是否已创建

【配置举例】

在一台交换机上创建一个 VLAN，其名称为"cwb"，VLAN 号为 2，命令如下：

    Switch # vlan database

    Switch(vlan) # vlan 2 name cwb

屏幕显示如下：

Switch♯show vlan

vlan	Name	Status	Ports
1	default	activ	Fa0/1，Fa0/2，Fa0/3，Fa0/4
			Fa0/5，Fa0/6，Fa0/7，Fa0/8
			Fa0/9，Fa0/10，Fa0/11，Fa0/12
			Fa0/13，Fa0/14，Fa0/15，Fa0/16
			Fa0/17，Fa0/18，Fa0/19，Fa0/20
			Fa0/21，Fa0/22，Fa0/23，Fa0/24
			Gig1/1，Gig1/2
2	cwb	active	
1002	fddi-default	act/unsup	
1003	token-ring-default	act/unsup	
1004	fddinet-default	act/unsup	
1005	trnet-default	act/unsup	

——More——

可以看出 VLAN 号为 2、名称为"cwb"的 VLAN 已经建立。

（2）全局模式配置 VLAN。

全局模式下创建 VLAN 命令见表 3－3。

表 3－3　全局模式下创建 VLAN 命令

步骤	命　　令	说　　明
1	config terminal	进入全局模式
2	vlan vlan-id	创建 VLAN 号
3	name vlan-name	创建 VLAN 名称
4	exit	退出
5	show vlan	查看 VLAN 是否已创建

【配置举例】

在一台交换机上创建 vlan 3，其名称为"jsb"；创建 vlan 4，其名称为"v4"。命令如下：

Switch♯config terminal

Switch(config)♯vlan 3

Switch(config-vlan)♯name jsb

Switch(config)♯vlan 4

Switch(config-vlan)♯namev 4

Switch(config-vlan)♯exit

屏幕显示如下：

Switch♯show vlan

vlan	Name	Status	Ports

1	default	active	Fa0/1，Fa0/2，Fa0/3，Fa0/4
			Fa0/5，Fa0/6，Fa0/7，Fa0/8
			Fa0/9，Fa0/10，Fa0/11，Fa0/12
			Fa0/13，Fa0/14，Fa0/15，Fa0/16
			Fa0/17，Fa0/18，Fa0/19，Fa0/20
			Fa0/21，Fa0/22，Fa0/23，Fa0/24
			Gi0/1，Gi0/2
2	cwb	active	
3	jsb	active	
4	v4	active	
1002	fddi-default	act/unsup	
1003	token-ring-default	act/unsup	

－－More－－

2）删除 VLAN

VLAN 删除也有两种模式，具体如下：

（1）VLAN 数据库方式。

VLAN 数据库模式下删除 VLAN 命令见表 3 - 4。

表 3 - 4　VLAN 数据库模式下删除 VLAN 命令

步骤	命　令	说　明
1	vlan database	在特权模式下进入 VLAN 数据库
2	no vlan *vlan-id*	删除 VLAN 号
3	exit	退出
4	show vlan	查看 VLAN 是否已删除

【配置举例】

在已建立的 vlan 2、vlan 3 和 vlan 4 的交换机上，删除 vlan 2，命令如下：

```
Switch♯ vlan database
Switch(vlan)♯ no vlan 2
Switch(vlan)♯ exit
```

屏幕显示如下：

```
Switch♯ show vlan
```

vlan	Name	Status	Ports
1	default	active	Fa0/1，Fa0/2，Fa0/3，Fa0/4
			Fa0/5，Fa0/6，Fa0/7，Fa0/8
			Fa0/9，Fa0/10，Fa0/11，Fa0/12
			Fa0/13，Fa0/14，Fa0/15，Fa0/16
			Fa0/17，Fa0/18，Fa0/19，Fa0/20
			Fa0/21，Fa0/22，Fa0/23，Fa0/24
			Gi0/1，Gi0/2
3	jsb	active	
4	v4	active	
1002	fddi-default	act/unsup	

1003　token-ring-default　　act/unsup

——More——

从屏幕显示中看到，vlan 2 已被删除。

（2）全局模式。

全局模式下删除 VLAN 命令见表 3-5。

表 3-5　全局模式下删除 VLAN 命令

步骤	命 令	说 明
1	config terminal	进入全局模式
2	no vlan *vlan-id*	删除 VLAN 号
3	exit	退出
4	show vlan	查看 VLAN 是否已删除

【配置举例】

在已建立 vlan 3 的交换机上，删除 vlan 3，命令如下：

Switch # conf terminal

Switch(config) # no vlan 3

Switch(config) # exit

屏幕显示如下：

Switch # show vlan

vlan	Name	Status	Ports
1	default	active	Fa0/1，Fa0/2，Fa0/3，Fa0/4
			Fa0/5，Fa0/6，Fa0/7，Fa0/8
			Fa0/9，Fa0/10，Fa0/11，Fa0/12
			Fa0/13，Fa0/14，Fa0/15，Fa0/16
			Fa0/17，Fa0/18，Fa0/19，Fa0/20
			Fa0/21，Fa0/22，Fa0/23，Fa0/24
			Gi0/1，Gi0/2
4	v4	active	
1002	fddi-default	act/unsup	

——More——

从屏幕显示中看到，vlan 3 已被删除。

注意：即便执行了 no vlan 1，vlan 1 也不会删除，因为 vlan 1 是缺省 VLAN，通常用于设备管理，用户只可使用这个 VLAN，不能删除它。在清空一台交换机配置的时候，也需要注意 vlan.dat，这个文件会保存 VLAN 信息，如果需要将一台交换机恢复到默认状态，除了在重启前清除 startup-config 文件以外，还要删除 vlan.dat 文件。

3）将端口绑定到 VLAN

将端口绑定到一个 VLAN，首先需要将端口设置为访问（或称接入）端口，然后使用命令将端口绑定到一个 VLAN（若没有将端口绑定 VLAN，则端口默认都在 vlan 1 下）。

将端口绑定到 VLAN 命令见表 3-6。

表 3 - 6　将端口绑定到 VLAN 命令

步骤	命　令	说　明
1	config terminal	进入全局模式
2	interface *interface-id*	进入某端口
3	switchport mode access	设置端口模式为访问
4	switchport access vlan *vlan-id*	端口访问某 VLAN
5	end	退出
6	show vlan	查看该 VLAN 是否已绑定该端口

【配置举例】

在一台交换机上将其 f0/1 口绑定到 vlan 4，命令如下：

```
Switch # conf terminal
Switch(config) # interfacef0/1
Switch(config-if) # switchport mode access
Switch(config-if) # switchport access vlan 4
Switch(config-if) # end
```

屏幕显示如下：

```
Switch # show vlan

vlan   Name            Status          Ports
1      default         active          Fa0/2，Fa0/3，Fa0/4，Fa0/5
                                       Fa0/6，Fa0/7，Fa0/8，Fa0/9
                                       Fa0/10，Fa0/11，Fa0/12，Fa0/13
                                       Fa0/14，Fa0/15，Fa0/16，Fa0/17
                                       Fa0/18，Fa0/19，Fa0/20，Fa0/21
                                       Fa0/22，Fa0/23，Fa0/24
                                       Gi0/1，Gi0/2

4      v4              active          Fa0/1
1002   fddi-default    act/unsup
－－More－－
```

当一个 VLAN 没有被创建的时候，设置一个端口加入这个未定义的 VLAN，系统将会自动创建。

```
Switch(config-if) # interface fa0/2
Switch(config-if) # switchport mode access
Switch(config-if) # switchport access vlan 5
```

通过 show vlan 命令可查看到 vlan 5 已被创建。显示结果如下：

```
Switch # show vlan

vlan   Name            Status          Ports
1      default         active          Fa0/2，Fa0/3，Fa0/4，Fa0/5
                                       Fa0/6，Fa0/7，Fa0/8，Fa0/9
                                       Fa0/10，Fa0/11，Fa0/12，Fa0/13
                                       Fa0/14，Fa0/15，Fa0/16，Fa0/17
```

			Fa0/18，Fa0/19，Fa0/20，Fa0/21
			Fa0/22，Fa0/23，Fa0/24
			Gi0/1，Gi0/2
4	v4	active	Fa0/1
5	vlan 0005	active	Fa0/2
1002	fddi-default	act/unsup	

－－More－－

创建的 vlan 5 系统自动命名为 vlan 0005。

需要同时操作多个端口时，可以使用 interface range 命令如下：

```
Switch(config)#interface range f0/1 - 5，f0/10 - 15
Switch(config-if-range)#switch mode access
Switch(config-if-range)#switchport access vlan 8
```

屏幕显示如下：

```
Switch#show vlan
```

vlan	Name	Status	Ports
1	default	active	Fa0/11，Fa0/12，Fa0/13，Fa0/14
			Fa0/15，Fa0/16，Fa0/17，Fa0/18
			Fa0/19，Fa0/20，Fa0/21，Fa0/22
			Fa0/23，Fa0/24，Gig1/1，Gig1/2
4	v4	active	
5	vlan 0005	active	
8	vlan 0008	active	Fa0/1，Fa0/2,Fa0/3，Fa0/4，
			Fa0/5，Fa0/10，Fa0/11，Fa0/12
			Fa0/13，Fa0/14，Fa0/15
100	vlan 0100	active	
1002	fddi-default	act/unsup	
1003	token-ring-default	act/unsup	

－－More－－

从结果显示中可以看到 vlan 8 已经被建立，并且已经绑定了端口 f0/1～f0/5 和 f0/10～f0/15，而原来端口 f0/1 和 f0/2 分别是绑定到的 vlan 4 和 vlan 5，也就是说端口绑定归属于最后一次的绑定命令。

若将一个端口从某个 VLAN 中移出，也只需要使用如下命令：

```
Switch(config)#int f0/5
Switch(config-if)#no switchport access vlan 8
```

3.3.2　VLAN 中继技术及配置

1. Trunk 的作用

VLAN 和 VLAN 中继(Trunk)在网络实际工作中都很重要。Trunk 允许 VLAN 跨越多个交换机，多个 VLAN 的流量可以通过相同的以太网

VLAN 中继

链路，像 TCP/IP 一样，VLAN 和 Trunk 是当今大多数企业局域网环境中不可缺少的一部分。

交换机的端口可以分为以下两种链接方式：

1）访问链接（Access Link）

访问链接指的是只属于一个 VLAN 且仅向该 VLAN 转发数据帧的端口。在大多数情况下，访问链接所连的是客户机。

2）中继链接（Trunk Link）

中继链接指的是能够转发多个不同 VLAN 的通信的端口，如图 3-6 所示。

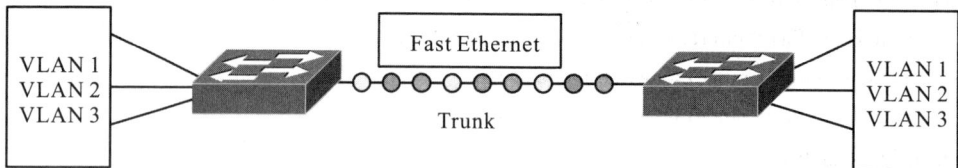

图 3-6　Trunk Link 示意图

注：

（1）Trunk 独立于 VLAN，能够连接不同的 VLAN，能够跨越多个交换机的相同 VLAN。

（2）网络设备间的级联采用 Trunk 方式，级联端口不属于任何设备，即该端口所建立的网络设备间的级联链路是所有 VLAN 进行通信的公用通道。

当在由多个交换机互连的网络中使用 VLAN 时，需要在交换机之间使用 VLAN 中继。使用 VLAN 中继时，交换机标记发往中继线的每个帧，以便接收帧的交换机知道帧属于哪个 VLAN。图 3-7 为 VLAN 中继示意图。

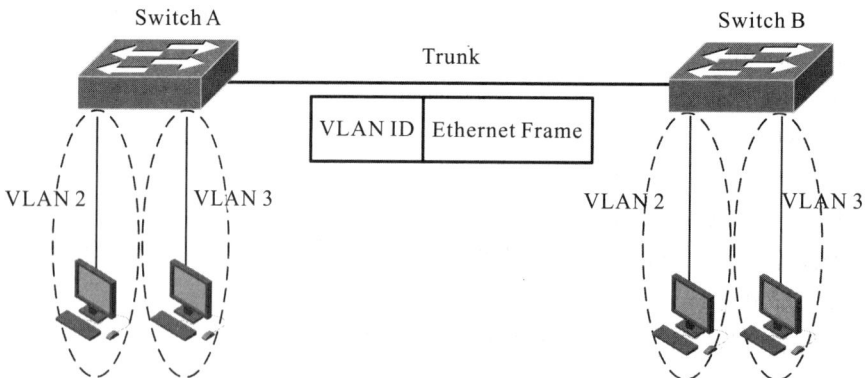

图 3-7　两个交换机之间的 VLAN 中继

通过使用中继，就可以在多个交换机上支持多个 VLAN，每个交换机都可以有属于各个 VLAN 的端口。例如，当 Switch A 从 VLAN 2 中的设备上收到一个广播帧，并需要将广播帧发送到 Switch B 上时，在发送帧前，Switch A 在原始以太网帧上添加另外的头部信息，新加的头部含有 VLAN 号码；当 Switch B 收到帧后，就会明白帧来自 VLAN 2，因此 Switch B 知道它应该将广播帧发送到其上属于 VLAN 2 的端口。

另外，中继链路上流通着多个 VLAN 的数据，自然负载较重，因此，在设定中继链接时，有一个前提就是必须支持 100 Mb/s 以上的传输速度。

中继是联网技术中的重要组成部分，Cisco 交换机支持两种不同的中继协议——ISL 和 IEEE802.1Q。下面将详细讨论。

在交换机的汇聚链接上，可以通过对数据帧附加 VLAN 信息，构建跨越多台交换机的 VLAN。附加 VLAN 信息的方法中最具有代表性的有 IEEE802.1Q 和 ISL（Cisco 特有），其帧标记和封装方法见表 3-7。

表 3-7　帧标记和封装方法

表示方法	封装	标记	介质	帧长度
ISL	是	否	以太网	1518/1548
802.1Q	否	是	以太网	1518/1522

2. Trunk 协议

1）IEE802.1Q 中继协议

IEEE802.1Q 俗称"Dot One Q"，是经过 IEEE 认证的对数据帧附加 VLAN 识别信息的协议。IEEE802.1Q 所附加的 VLAN 识别信息，位于数据帧中发送源 MAC 地址与类型（Type）之间的 Tag 标记，Tag 标记具体内容为 2B 的 TPID 和 2B 的 TCI，共计 4B，如图 3-8 所示。

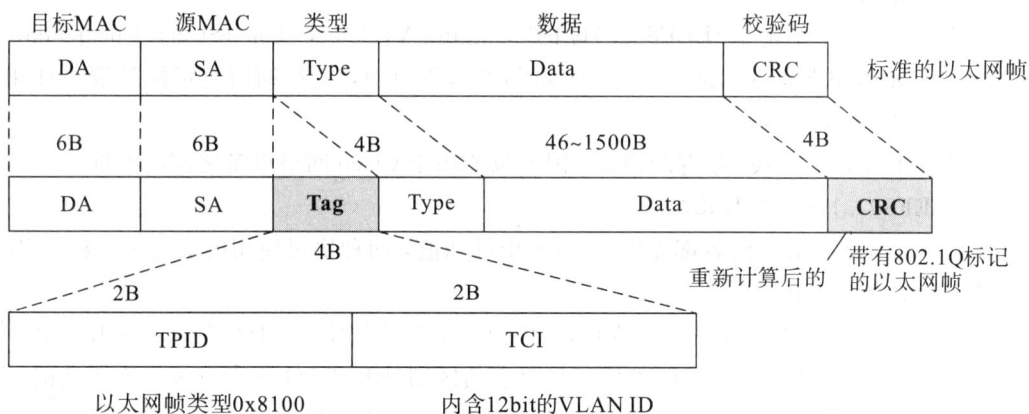

图 3-8　IEEE802.1Q 标记格式

在数据帧中添加了 4B 的内容，IEEE802.1Q 将重新计算 CRC，这时数据帧上的 CRC 是插入 Tag 标记后整个数据帧重新计算后所得的值。

而当数据帧离开汇聚链路时，Tag 会被去除，这时还会进行一次 CRC 的重新计算。

TPID 表示以太网的帧类型，固定为 0x8100。交换机通过 TPID，来确定数据帧内附加了基于 IEEE802.1Q 的 VLAN 信息；而实质上的 VLAN ID 是 TCI 中的 12 位标识，由于总共有 12 位，因此最多可供识别 4096 个 VLAN。

基于 IEEE802.1Q 附加的 VLAN 信息，就像在传递物品时附加的标签，因此，它也被称作"标签型 VLAN（Tagging VLAN）"。

2）ISL 中继协议

ISL(Inter Switch Link)是 Cisco 产品支持的一种与 IEEE802.1Q 类似的、用于在汇聚链路上附加 VLAN 信息的协议。

使用 ISL 后，每个数据帧头部都会被附加 26B 的 ISL 包头(ISL Header)，并且在帧尾带上通过对包括 ISL 包头在内的整个数据帧进行计算后得到的 4B CRC 值。换而言之，就是总共增加了 30B 的信息，如图 3-9 所示。

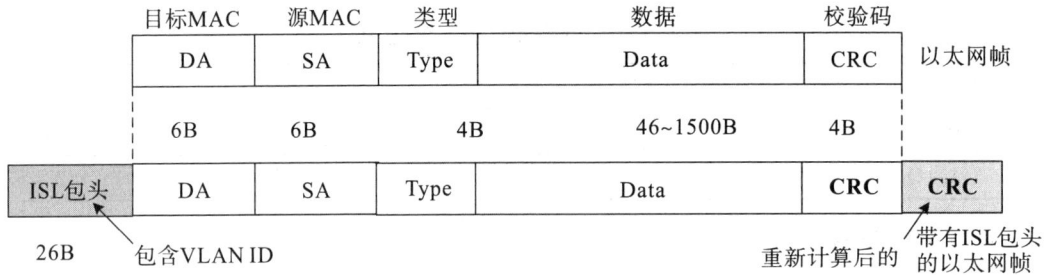

图 3-9　使用 ISL 协议

在使用 ISL 的环境下，当数据帧离开汇聚链路时，只要简单地去除 ISL 包头和新 CRC 就可以了。由于原先的数据帧及其 CRC 都被完整保留，因此无需重新计算 CRC。

ISL 有如用 ISL 包头和新 CRC 将原数据帧整个包裹起来，因此也被称为"封装型 VLAN(Encapsulated VLAN)"。

需要注意的是，不论是 IEEE802.1Q 的"Tagging VLAN"，还是 ISL 的"Encapsulated VLAN"，都不是很严密的称谓。不同的书籍与参考资料中，上述词语有可能被混合使用，因此需要大家在学习时格外注意。

此外由于 ISL 是 Cisco 独有的协议，因此只能用于 Cisco 网络设备之间的互联。

3）IEEE802.1Q 和 ISL 比较

IEEE802.1Q 和 ISL 两者都提供 VLAN 中继功能，两种协议使用的头部不一样，实际上只有 ISL 封装原始帧。

IEEE802.1Q 和 ISL 都支持每个 VLAN 单独一个生成树实例。ISL 在这方面比 802.1Q 实现起来更容易，因此，多年来两种协议最显著的区别是 802.1Q 不支持多生成树实例。

ISL 使用叫做按 VLAN 的生成树(PVST＋)来支持多个生成树。802.1Q 原则上并不支持多生成树实例，但它可以使用一些其他协议来达到此目的，IEEE 开发了 802.1S 的新标准，支持多个生成树实例。

IEEE802.1Q 和 ISL 的关键区别在于叫做本征 VLAN(native VLAN)的特性。802.1Q 在每个中继上定义一个本征 VLAN，默认是 VLAN 1。根据定义，当沿着中继线发送帧时，802.1Q 不会对本征 VLAN 内的帧打标签；当中继线对端交换机收到本征 VLAN 中的帧时，会注意到帧不含标签信息，因此知道该帧属于基本 VLAN。而 ISL 不使用本征 VLAN 概念，所有 VLAN 内的帧都需要使用 ISL 头部封装才能穿越 ISL 中继。

3. Trunk 配置

Trunk 的配置命令见表 3-8。

表 3 - 8　**Trunk 配置命令**

步骤	命　令	说　明
1	interface interface-id	进入要设置为 Trunk 的端口
2	switchport mode trunk	将端口模式设置为 Trunk
3	switchport trunk encapsulation {isl	dot1q	negotiate} 注：Cisco 的 1900 只支持 ISL，2950 只支持 802.1q，2970 及以上两种都支持。Negotiate 为自动协商	封装端口的中继协议 注：Trunk 两端链接的交换机必须封装一致的协议
4	show int trunk	显示端口的 Trunk 状态

（1）两交换机间无限制放通 VLAN 配置。

配置示意图如图 3 - 10 所示。

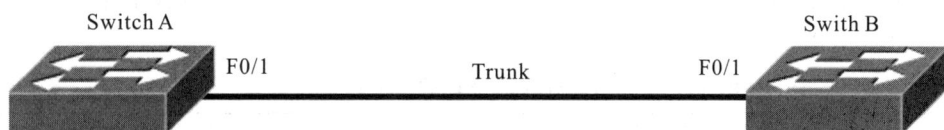

图 3 - 10　Trunk 配置示意图

【配置举例 1】图 3 - 10 中 Switch A 和 Switch B 都为 Cisco Catalyst 2960 的配置。

Switch A 配置：

  SwitchA#configure terminal

  SwitchA(config)#interface f0/1

  SwitchA(config-if)#switchport mode trunk

  SwitchA(config-if)#end

  SwitchA#show int trunk

Switch B 配置：

  SwitchB#configure terminal

  SwitchB(config)#interface f0/1

  SwitchB(config-if)#switchport mode trunk

  SwitchB(config-if)#end

  SwitchB#show int trunk

屏幕显示如下：

```
SwitchB#show int trunk
Port        Mode          Encapsulation     Status        Native vlan
Fa0/1       on            802.1q            trunking      1

Port        vlans allowed on trunk
Fa0/1       1-4094
Port        vlans allowed and active in management domain
Fa0/1       1-8
Port        vlans in spanning tree forwarding state and not pruned
```

　　　Fa0/1　　　1-8

【配置举例 2】图 3－10 中 Switch A 为 Catalyst 2960、Switch B 为 Catalyst 3560 的配置。

Switch A 配置：

　　　SwitchA(config)# interface f0/1

　　　SwitchA(config-if)# switchport mode trunk

SwitchB 配置：

　　　SwitchB(config)# interface f0/1

　　　SwitchB(config-if)# switchport mode trunk

　　　SwitchB(config-if)# switchport trunk encapsulation dot1q

　　注：Catalyst 3560 可以封装 ISL 或 802.1Q，但 Catalyst 2960 只能封装 802.1Q，而 Trunk 线应保持两边封装的协议一致，因此在这里都封装 802.1Q。

　　（2）两交换机间有限制放通 VLAN 配置。

　　默认情况下 Trunk 允许所有的 VLAN 通过，若要有限制地放通 VLAN 可通过表 3－9 中的命令进行设置。

表 3－9　有限制放通 VLAN 的 Trunk 配置

步骤	命　令	说　明
1	interface *interface-id*	进入要设置的端口
2	switchport trunk allowed vlan {vlan-list ｜ all }	列出允许通过的 VLAN
3	switchport trunk allowed vlan {add ｜ except ｜ remove} vlan-list	列出要追加/除开/移走的 VLAN

　　VLAN 的允许通过通常用在一些特殊的情况。

　　例如，在图 3－11 中，交换机间有两条链路，要做基于 VLAN 通过限制的负载均衡，在一条链路上承载 VLAN 2-3 的流量，另一条链路上承载 VLAN 4-5 的流量。

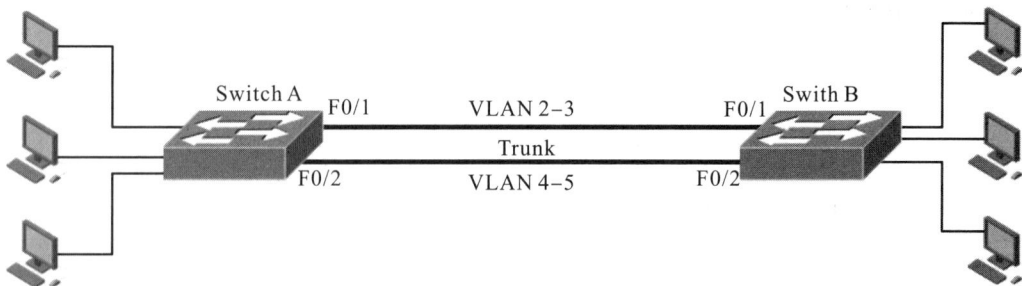

图 3－11　有限制的 Trunk 配置示意图

各交换机配置如下：

　　　Switch(config)# int fa0/1

　　　Switch(config-if)# switchport trunk allowed vlan 2-3

　　　Switch(config-if)# switchport trunk allowed except vlan 4

　　　Switch(config-if)# switchport trunk allowed except vlan 5

　　　Switch(config)# int fa0/2

Switch(config-if)♯switchport trunk allowed vlan 4-5

Switch(config-if)♯switchport trunk allowed except vlan 2

Switch(config-if)♯switchport trunk allowed except vlan 3

3.3.3 VTP 技术及配置

VTP 技术

1. VTP 作用

VTP 能够减少在配置改变时引起配置不一致问题的可能性。这种不一致可能会引起安全问题，因为 VLAN 重名会引起交叉连接问题，如果由一种 LAN 类型映射到另一种 LAN，比如 ATM 或者 FDDI，则 VLAN 内部可能根本无法连通。VTP 提供一种映射机制，支持部署在混合介质的网络中进行无缝的中继链路。

VTP 的优点是：VLAN 配置在整个网络中不变；在混合介质的网络中允许一个 VLAN 被中继的映射机制；对 VLAN 的精确跟踪和监控；支持添加新 VLAN 的即插即用配置等。

在交换机上创建可以被 VTP 传播出去的 VLAN 之前，先要建立 VTP 域，网络的一个 VTP 域是由一组 VTP 域名相同的通过 Trunk 链接的交换机组成，并且在同一个域中所有交换机共享 VLAN 信息。

VTP 的实质是同步域中各交换机的 vlan.dat 文件。

2. VTP 模式

VTP 有以下三种模式：

(1) Server 服务器模式。服务器模式可建立、修改和删除 VLAN，向同一域中的交换机通告它的 VLAN 配置，并接受从 Trunk 链路上收到的通告与其他交换机进行 VLAN 配置的同步。VTP 服务器还可以确定其他参数，例如 VTP 版本号和整个 VTP 域中的 VTP 裁剪，VTP 信息放置在 NVRAM 中。

(2) Client(客户端)模式。客户端模式不能建立、改变或删除 VLAN，但能倾听 VLAN 信息，使得自己的 VLAN 配置信息保持与 VTP 服务器同步；也可以把 VLAN 信息转发给其他交换机。

(3) Transparent(透明)模式。透明模式不参与 VTP。在 VTP v2 中，配置为透明模式的交换机将在 Trunk 端口上转发 VTP 信息以保证其他交换机接收到更新信息，但这些交换机将不修改自己的数据库，也不发送指示 VLAN 状态发生变化的更新信息。VTP v1 中，透明模式的交换机也不转发 VTP 信息到其他交换机。

需要注意的是，透明模式下的交换机可以在本地创建 VLAN，但这些 VLAN 的变化信息不会扩散到其他交换机。

VTP 的三种模式的主要特性见表 3-10。

表 3-10 VTP 的三种模式特性

模 式	发布 VTP 消息	倾听 VTP 消息	创建 VLAN	删除 VLAN
Server	Yes	Yes	Yes	Yes
Client	Yes	Yes	No	No
Transparent	No	No	Yes	Yes

VTP 在管理域内还可以设置安全模式，默认情况下为非安全模式，相互交换 VTP 信息不需要口令验证，但可以添加口令，此后 VTP 域自动变成安全模式。

使用 VTP，必须给每个交换机指定一个 VTP 域名，VTP 域名是大小写敏感的。

3. VTP 配置

VTP 配置时要注意以下同步原则：

（1）VTP 域名不能为空；

（2）VTP 域名必须一致；

（3）配置修订号高的同步配置修订号低的；

（4）只同步 VLAN 信息，不同步 VLAN 与接口绑定信息；

（5）只在 Trunk 传输 VTP 信息。

VTP 的模式、域名、密码等配置命令见表 3-11。

表 3-11　VTP 基本配置命令

步骤	命　令	说　明
1	config terminal	进入全局模式
2	vtp mode ｛ server ｜ client ｜ transparent ｝	配置 VTP 工作模式
3	vtp domain *name*	配置 VTP 域名
4	vtp password *password*	配置 VTP 密码
5	show vtp status	验证 VTP 配置

注：VTP 工作模式默认为 Server 模式。

【配置举例 1】

将 VTP 配置为服务器模式，域名为 cisco，密码为 123：

    Switch＃config terminal
    Switch(config)＃vtp mode server
    Switch(config)＃vtp domain cisco
    Switch(config)＃vtp password 123
    Switch(config)＃exit
    Switch＃show vtp status

屏幕显示如下：

    Switch＃show vtp status
    VTP Version   : 2
    Configuration Revision   : 0
    Maximum vlans supported locally   : 1005
    Number of existing vlans   : 6
    VTP Operating Mode   : Server
    VTP Domain Name   : cisco
    VTP Pruning Mode   : Disabled
    VTP V2 Mode   : Disabled
    VTP Traps Generation   : Disabled
    MD5 digest   : 0xC8 0x42 0x57 0x8F 0xDF 0x30 0x48 0xF8

Configuration last modified by 0.0.0.0 at 3-1-93 00 :11:44

Local updater ID is 0.0.0.0 (no valid interface found)

Switch#

【配置举例 2】

将 VTP 配置为客户机模式：

Switch#config terminal

Switch(config)#vtp mode client

Switch(config)#vtp domain cisco

Switch(config)#exit

Switch#show vtp status

4. VTP 修剪

VTP 修剪通过限制泛洪的广播和未知目标单播流量来增加可用带宽，VTP 修剪是使用 VTP 最重要的两个原因之一，另一个原因是使 VLAN 配置更容易、更灵活。

默认时，中继线链接可以承载所有的 VLAN 流量，然而，在大多数网络中，交换机不会在所有的 VLAN 中都有接口，因此，将广播发送到没有接口存在该 VLAN 的交换机只会消耗带宽。

VTP 修剪允许交换机阻止广播和未知目标单播流向在 VLAN 中没有任何端口的交换机。图 3-12 给出了 VTP 修剪的一个例子。

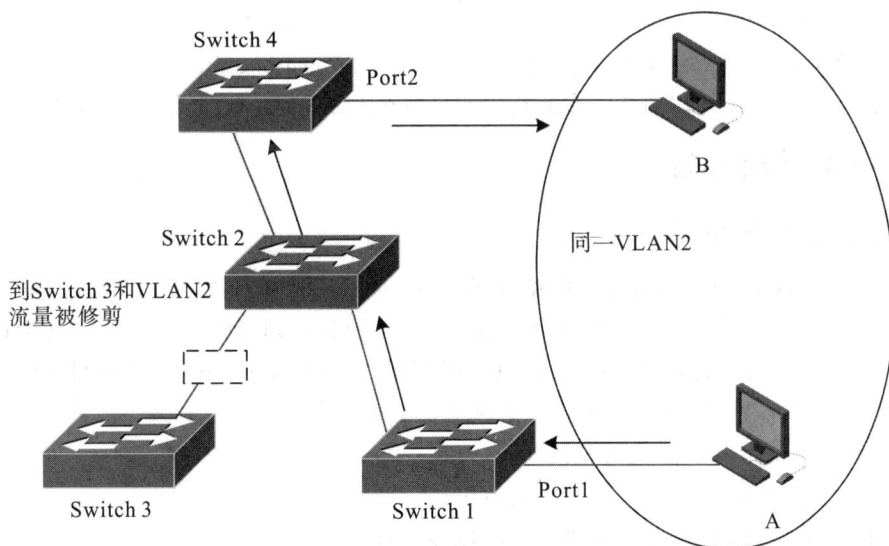

图 3-12　VTP 修剪

在图 3-12 中，只有交换机 1 和交换机 4 在 VLAN 2 中存在端口，启用 VTP 修剪后，当工作站 A 发送广播时，广播只会泛洪到在 VLAN 2 中有端口的交换机。结果，来自工作站 A 的广播流量不会转发到交换机 3 上，因为 VLAN 2 的流量已经在交换机 2 和交换机 4 的特定链路上被 VTP 修剪了。

配置 VTP 修剪命令见表 3-12。

表 3-12　配置 VTP 修剪命令

步骤	命　令	说　明
1	config terminal	进入全局模式
2	vtp pruning	配置 VTP 修剪
3	debug sw-vlan vtp pruning	查看 VTP 修剪状态

注：vtp pruning 只能工作在 VTP server mode。

【配置举例】

　　Switch＃config terminal

　　Switch(config)＃vtp pruning

　　Switch(config)＃exit

　　Switch＃debug sw-vlan vtp pruning

屏幕显示如下：

　　Switch＃debug sw-vlan vtp pruning

　　vtp pruning debugging is on

　　Switch(config)＃vlan 4

　　Switch(config-vlan)＃exit

　　VTP PRUNING DEBUG：start to add vlan 4 at domain cisco

　　VTP PRUNING DEBUG：end of add vlan0 (cisco) (no pruning)

　　00：14：53：%SYS-5-CONFIG_I：Configured from console by console

　　...

注：若要终止 debug 命令的运行，可使用命令 no debug all 或 undebug all。

通过以上输出显示可以看出，在运行 vtp pruning 命令后，VTP 修剪自动进行。

3.3.4　VLAN 间路由及配置

1. VLAN 间路由的作用

在一个交换的 VLAN 环境下，数据包只在相同的"广播域"中的两个端口之间才进行交换。VLAN 在第二层执行网络分区和通信量分离，所以，如果没有具有路由功能的第三层设备，VLAN 间就不能通信，因为网络层(第三层)设备负责在多个广播域间通信。

因此，要在 VLAN 间提供路由选择必须具有三个条件：

(1) 一个具有 VLAN 能力的交换机；

(2) 一个路由器或具有路由功能的交换机；

(3) 在交换机和路由器之间配置特定的连接方式。

早期的 VLAN 间路由是将每个 VLAN 都接到路由器的端口上，通过路由器进行转发。

2. 单臂路由

用路由器实现路由时，各个网络都需要一个接口；同样，实现 VLAN 之间的路由时，每个 VLAN 上都要一个接口和路由器以太网口相连。采用这种方法，如果要实现 N 个 VLAN 间的通信，则路由器需要 N 个以太网接口，同时也要占用 N 个交换机上的以太网接口。

单臂路由

　　单臂路由提供的解决方案是：路由器只需要一个以太网接口和交换机连接，交换机的这个接口设置为 Trunk 接口；在路由器上创建多个子接口和不同的 VLAN 连接，子接口是路由器物理接口上的逻辑接口。

　　单臂路由的工作原理如图 3-13 所示。当交换机收到 VLAN 1 的计算机发送的数据帧后，从它的 Trunk 接口发送数据给路由器，由于该链路是 Trunk 链路，帧中带有 VLAN 1 的标签，帧到了路由器后，如果数据要转发到 VLAN 2 上，路由器将把数据帧的 VLAN 1 标签去掉，重新用 VLAN 2 的标签进行封装，通过 Trunk 链路发送到交换机上的 Trunk 接口；交换机收到该帧，去掉 VLAN 2 标签，发送给 VLAN 2 上的计算机，从而实现 VLAN 间的通信。

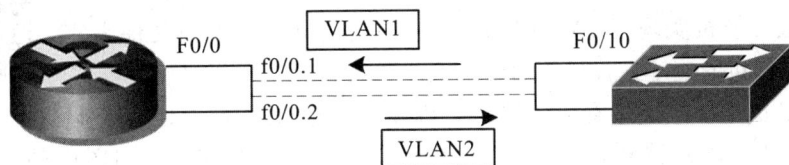

图 3-13　单臂路由的工作原理

　　单臂路由的配置需要路由器支持 Trunk 封装类型，同时还需要路由器支持子接口，并在子接口上配置各种三层路由特性。

【配置举例】

　　先在交换机上划分好 VLAN 1、VLAN 2，并将交换机上连接路由器的端口设置成 Trunk 口，封装协议 802.1Q，再进行路由器的配置。

```
Router(config)#interface fastEthernet 0/0
Router(config-if)#no shutdown
Router(config)#interface fastEthernet 0/0.1          //创建子接口
Router(config-subif)#encapsulation dot1q 1 native     //定义该子接口承载哪个 VLAN 流量,
```
交换机上的 Native VLAN 是 VLAN 1，这里仍然指明 Native VLAN 是 VLAN 1
```
Router(config-subif)#ip address 10.1.1.1 255.0.0.0   //在子接口上配置 IP 地址即 VLAN 1 网关
Router(config-subif)#exit
Router(config)#interface fastEthernet 0/0.2
Router(config-subif)#encapsulation dot1q 2
Router(config-subif)#ip address 20.1.1.1 255.0.0.0
Router(config-subif)#end
Router#show ip route
```

屏幕显示如下：
```
Router#show ip route
Codes:C - connected, S - static, R - RIP, M - mobile, B - BGP
      D - EIGRP, EX - EIGRP external, O - OSPF, IA - OSPF inter area
      N1 - OSPF NSSA external type 1, N2 - OSPF NSSA external type 2
      E1 - OSPF external type 1, E2 - OSPF external type 2
      i - IS-IS, su - IS-IS summary, L1 - IS-IS level-1, L2 - IS-IS level-2
      ia - IS-IS inter area, * - candidate default, U - per-user static route
```

o‐ODR，P‐periodic downloaded static route

Gateway of last resort is not set

C　　10.0.0.0/8 is directly connected，FastEthernet0/0.1
C　　20.0.0.0/8 is directly connected，FastEthernet0/0.2
Router#

从结果可以看到，路由器的两个子接口实现了路由。

3. 三层交换路由

单臂路由实现 VLAN 间的路由时转发速率较慢，实际上现在局域网中都是用三层交换机实现 VLAN 间路由。三层交换机通常采用硬件来实现，其路由数据包的速率是普通路由器的几十倍。

我们可以把三层交换机看成二层交换机和路由器的组合，如图 3‐14　三层交换路由所示。这个虚拟的路由器和每个 VLAN 都有一个接口进行连接，如图中的 VLAN 1 和 VLAN 2。

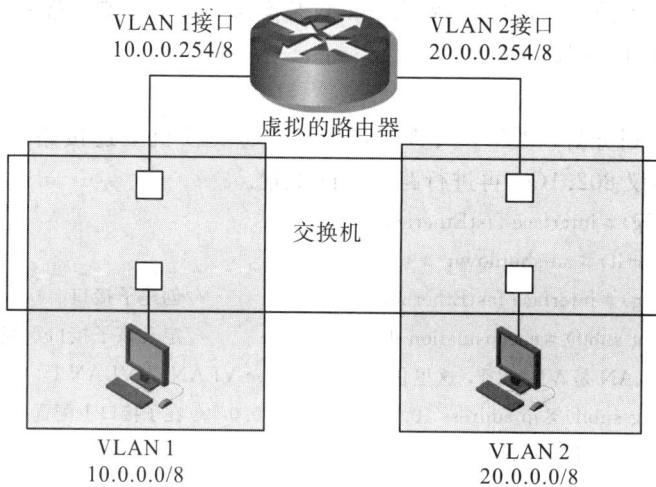

图 3‐14　三层交换机原理示意图

三层交换机配置 VLAN 间路由的命令如表 3‐13 所示。

表 3‐13　三层交换机配置 VLAN 间路由命令

步骤	命　令	说　明
1	interface vlan *vlan-id*	进入各个 VLAN
2	ip address *ip-address subnet*	配置各 VLAN 的 IP 地址及掩码
3	no shutdown	激活各 VLAN
4	ip routing	启动交换机的 IP 路由功能
5	show ip route	查看各 VLAN 间的路由表

【配置举例】

用三层交换机实现图 3-13 中的 VLAN 1、VLAN 2 之间的路由,使之能互相通信。命令如下:

```
Switch(config)#interface vlan 1
Switch(config-if)#ip address10.1.1.1 255.255.255.0
Switch(config-if)#no shutdown
Switch(config)#interface vlan 2
Switch(config-if)#ip address 20.1.1.1 255.255.255.0
Switch(config-if)#no shutdown
Switch(config-if)#exit
Switch(config)#ip routing
Switch(config)#exit
Switch#show ip route
```

屏幕显示如下:

```
Switch#show ip route
Codes:C-connected,S-static,R-RIP,M-mobile,B-BGP
      D-EIGRP,EX-EIGRP external,O-OSPF,IA-OSPF inter area
      N1-OSPF NSSA external type 1,N2-OSPF NSSA external type 2
      E1-OSPF external type 1,E2-OSPF external type 2,E-EGP
      i-IS-IS,su-IS-IS summary,L1-IS-IS level-1,L2-IS-IS level-2
      ia-IS-IS inter area,*-candidate default,U-per-user static route
      o-ODR,P-periodic downloaded static route
Gateway of last resort is not set
C    192.168.1.0/24 is directly connected,vlan 1
C    192.168.2.0/24 is directly connected,vlan 2
Switch#
```

从屏幕显示结果可以看到,VLAN 1、VLAN 2 以直连方式实现了路由。

3.3.5　DHCP 服务器配置

动态主机配置协议(Dynamic Host Configuration Protocol,DHCP)是用于为网络设备部署与 IP 地址相关的配置信息的协议。将 DHCP 服务器引入本地网络简化了桌面和移动设备的 IP 地址分配。

DHCP

1. 配置基本的 DHCP 服务器

1) DHCP 的作用

DHCP 通常被应用在大型的局域网络环境中,主要作用是集中地管理、分配 IP 地址,使网络环境中的主机动态地获得 IP 地址、Gateway 地址、DNS 服务器地址等信息。

DHCP 协议采用客户端/服务器模型,当 DHCP 服务器接收到来自网络主机申请地址的信息时,才会向网络主机发送相关的地址配置等信息。

2) DHCP 的配置

三层交换机和路由器可用作 DHCP 服务器。DHCP 服务器从三层交换机(或路由器)内的指定地址池分配 IP 地址给 DHCP 客户端,并管理这些 IP 地址。图 3-15 显示的拓扑结构说明了此功能及配置。

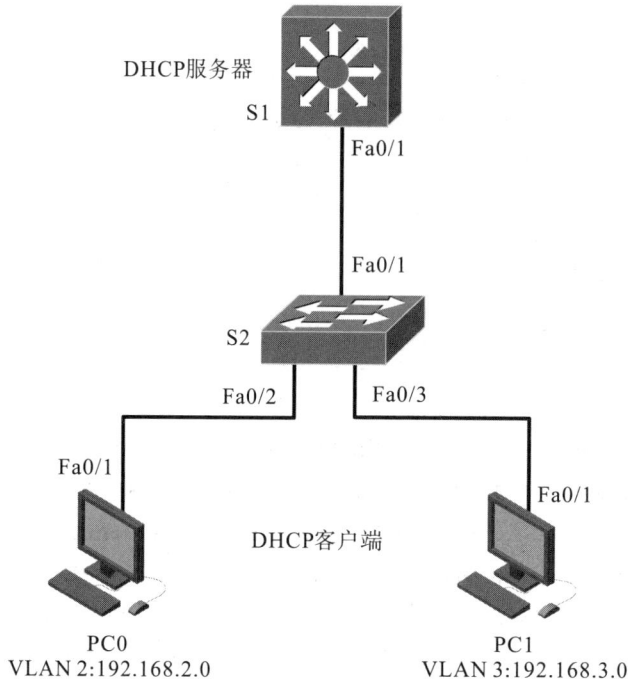

图 3-15 DHCP 服务器配置示意图

DHCP 的配置内容如下:

(1) 开启三层设备的 DHCP 服务(必配)。开启 DHCP 服务需在全局配置模式下使用:service dhcp 开启 DHCP 服务,默认情况下没有开启。

(2) 排除不参与分配的特定 IP 地址(根据需要配)。除非配置为排除特定地址,否则DHCP 服务器将分配指定地址池中所有 IP 地址。可以通过指定范围内的低位和高位地址来排除单个地址或多个地址,排除地址应包括分配给路由器、服务器、打印机和其他已手动配置的设备的地址。

(3) 配置 DHCP 地址池及网络范围(必配)。配置 DHCP 服务器会涉及定义待分配的地址池,为地址池配置一个名称并指定地址池的网络范围。

(4) 配置默认网关(必配)。网络中若只有一个 LAN 需要分配,默认网关配置为最接近客户端的 LAN 接口 IP 地址。若有多个 VLAN,即用每个 VLAN 接口的管理地址配置为每个 VLAN 的默认网关。

(5) 配置其他可选任务(根据需要配)。其他可选任务如 DNS 服务器、域名服务器、DHCP 租期以及 NetBIOS WINS 服务器等。

以三层交换机配置为例,路由器上配置命令相同,配置命令及步骤见表 3-14。

表 3 – 14　DHCP 服务器的特定配置命令及步骤

步骤	命　　令	说　　明
1	service dhcp 如：S1(config)♯service dhcp	开启 DHCP 服务
2	ip dhcp excluded-address low-address ［high-address］ 如：S1(config)♯ip dhcp excluded-address 192.168.2.10	指定 DHCP 中的不被分配的 IP 地址（或一段连续地址）（根据需要配）
3	ip dhcp pool pool-name 如：S1(config)♯ip dhcp pool hngy	创建地址池，如名为 hngy
4	network ip-address mask 如：S1(dhcp-config)♯network 192.168.2.0 255.255.255.0	用 network 命令定义网络地址的范围
5	default-router address 如：S1(dhcp-config)♯default-router 192.168.2.1	设定默认网关

其可选任务的配置命令见表 3 – 15。

表 3 – 15　DHCP 服务器的可选任务配置

步骤	命　　令	说　　明
1	dns-server address	定义 DNS 服务器
2	domain-name domain	定义域名
3	lease 〈days ［hours］［minutes］｜infinite〉	定义 DHCP 租期

【配置示例】在图 3 – 15 所示网络中，给 VLAN 2、VLAN 3 中的 PC 动态分配 IP 地址。DHCP 部分配置命令如下：

```
S1(config)♯service dhcp
S1(config)♯ip dhcp pool dhcp1
S1(dhcp-config)♯network 192.168.2.0 255.255.255.0
S1(dhcp-config)♯default-router 192.168.2.1
S1(dhcp-config)♯exit
S1(config)♯ip dhcp pool dhcp2
S1(dhcp-config)♯network 192.168.3.0 255.255.255.0
S1(dhcp-config)♯default-router 192.168.3.1
```

3）查看 DHCP 的地址绑定

如上面的示例，在 S1 中已配置好 DHCP 服务器并在 PC 客户端启用了 DHCP 指定 IP 地址后，可通过 show ip dhcp binding 命令查看 DHCP 的绑定，显示结果如下所示：

```
S1♯show ip dhcp binding
IP address        Client-ID/           Lease expiration      Type
                  Hardware address
192.168.2.2       000D.BDDD.2929       ——                    Automatic
192.168.3.2       000D.BD8E.C6E1       ——                    Automatic
S1♯
```

2. 配置 DHCP 中继

在大型的网络中，可能会存在多个子网。DHCP 客户机通过网络广播消息获得 DHCP 服务器的响应后得到 IP 地址，但广播消息是不能跨越子网的。因此，如果 DHCP 客户机和服务器在不同的子网内，但客户机还要向服务器申请 IP 地址，这就要用到 DHCP 中继代理。

中继代理是在不同子网上的客户端和服务器之间中转 DHCP/BOOTP 的消息，可通过配置命令来实现，具体配置命令及步骤见表 3 - 16。

表 3 - 16   DHCP 中继配置命令及步骤

步骤	命　令	说　明
1	Interface vlan *vlan_id* 例：S1(config)# interface vlan 2	在全局模式下进入需要中继代理的 VLAN 接口
2	ip helper-address IP 例：S1(config-if)# ip helper-address 10.0.0.1 （注：该地址为 DHCP 服务器接口地址）	指定 DHCP 服务器的地址，表示通过 vlan 2 向该服务器发送 DHCP 请求包

注意，有几个 VLAN 需要中继就重复步骤 1、2 配置几次。

3. 配置 DHCP 客户端

1）PC 客户端的配置

在 PC 上指定 DHCP 获得 IP 地址的具体操作是在以太网属性中选取 TCP/IP 属性，再选取"自动获得 IP 地址(O)"，如图 3 - 16 所示。

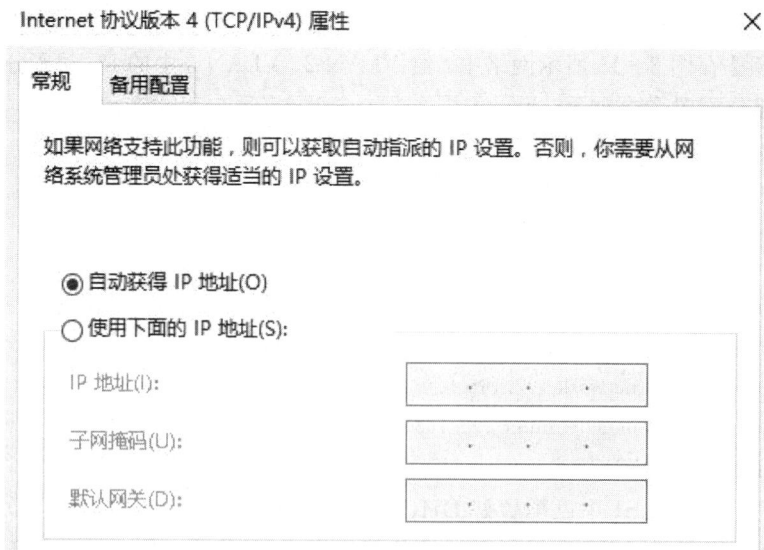

图 3 - 16   在 PC 上指定 DHCP 获得 IP 地址

2）路由器 DHCP 客户端的配置

在需要将小型办公室/家庭办公(SOHO)中的路由器和分支站点以与客户端类似的方式配置为 DHCP 客户端的场合，可使用以太网接口来连接电缆到 ISP(DHCP 服务器端)，如图 3 - 17 所示。

图 3 - 17　将路由器配置为 DHCP 客户端

在 SOHO 路由器客户端的以太网接口使用 ip address dhcp 命令进行配置即可。

在图 3 - 17 中 SOHO 路由器接口配置了 ip address dhcp 命令后，show ip int f0/0 命令确认该接口处于活动状态，且地址由 DHCP 服务器分配，如下面的输出所示。

```
SOHO(config)#interface g0/0
SOHO(config-if)#ip address dhcp
SOHO(config-if)#no shutdown
SOHO(config-if)#end
SOHO#show ip interface g0/0
GigabitEthernet0/0 is up，line protocol is up（connected）
    Internet protocol processing disabled
DHCP address 172.16.10.194，mask 255.255.255.192，hostname SOHO

GigabitEthernet0/0 is up，line protocol is up（connected）
    Internet address is 172.16.10.194/26
    Broadcast address is 255.255.255.255
    Address determined by DHCP
```

（略）

3.4　项目案例配置

完成以上技术要点的学习后，下面对 3.1 项目概述中的项目进行配置规划和配置实现。

3.4.1　配置规划

1. 搭建模拟调测拓扑图

本项目网络采用二层星型结构，接入层使用二层交换机（如 Cisco2960），核心层使用三层交换机（如 Cisco3560），项目拓扑如图 3 - 18 所示。

2. 配置思路

案例配置源文件

（1）各交换机基本配置。

（2）在各交换机上配置 VTP，核心交换机配置为 Server，实现 VLAN 的统一配置和管理。

（3）在接入交换机将对应端口划分市场部、开发部、行政部和财务部等四个 VLAN 组；通过 VLAN 实现本部门能够互通共享，各部门之间网络隔离。

（4）开启核心交换机的路由功能，实现各 VLAN 之间的连通。

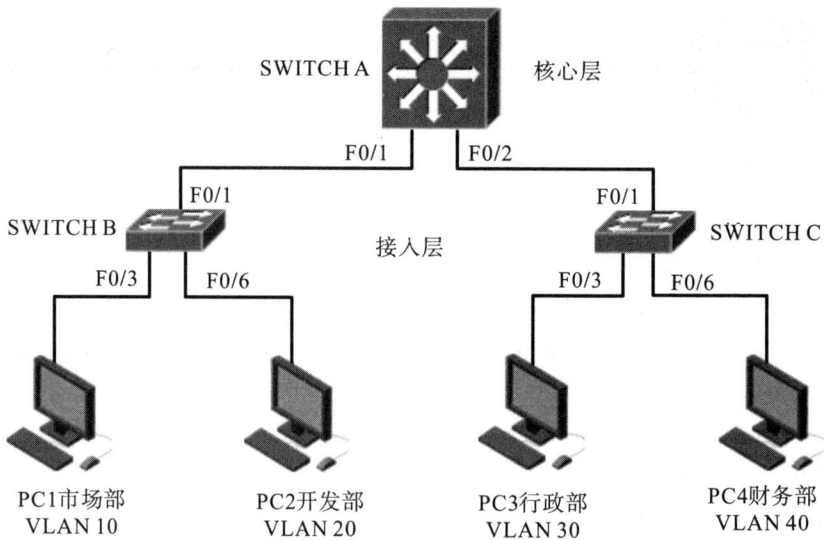

图 3-18   项目拓扑图

（5）在核心交换机上配置 DHCP 服务，为各个部门动态分配 IP。

（6）进行全网互通测试。

3.4.2   配置实现

1. 交换机基本配置

（1）命名：交换机 A 配置主机名为 SWITCHA，交换机 B 配置主机名为 SWITCHB，交换机 C 配置主机名为 SWITCHC。

```
Switch(config)#hostname SWITCHA
Switch(config)#hostname SWITCHB
Switch(config)#hostname SWITCHC
```

（2）Telnet 配置：登录密码为 cisco。

```
SWITCHA(config)#line vty 0 4
SWITCHA(config-line)#password cisco
SWITCHA(config-line)#login
```

（3）Console 安全配置：登录密码为 admin。

```
SWITCHB(config)#line con 0
SWITCHB(config-line)#password admin
SWITCHB(config-line)#login
```

（4）Enable 口令配置：口令为 test。

```
SWITCHB(config)#enable password test
```

2. VTP 配置与 VLAN 划分

（1）设置接口 trunk 模式。

```
SWITCHA(config)#int range f0/1-2
SWITCHA(config-if-range)#switchport trunk encapsulation dot1q
```

```
SWITCHA(config-if-range)#switchport mode trunk
SWITCHA(config-if-range)#switchport trunk allowed vlan all

SWITCHB(config)#int f0/1
SWITCHB(config-if)#switchport mode trunk
SWITCHB(config-if)#switchport trunk allowed vlan all

SWITCHC(config)#int f0/1
SWITCHC(config-if)#switchport mode trunk
SWITCHC(config-if)#switchport trunk allowed vlan all
```

（2）设置交换机的 VTP 模式：把交换机 A 设置为 Server 模式，交换机 B、C 设置为 Client 模式，设置 VTP 域名为 hngy，VTP 域通信密码为 123456。

```
SWITCHA(config)#vtp domain hngy
SWITCHA(config)#vtp mode server
SWITCHA(config)#vtp password 123456

SWITCHBconfig)#vtp domain hngy
SWITCHB(config)#vtp mode client
SWITCHB(config)#vtp password 123456

SWITCHC(config)#vtp domain hngy
SWITCHC(config)#vtp mode client
SWITCHC(config)#vtp password 123456
```

（3）划分 VLAN：vlan 10 命名为 shichangbu，vlan 20 命名为 kaifabu，vlan 30 命名为 xingzhengbu，vlan 40 命名为 caiwubu。

```
SWITCHA(config)#vlan 10
SWITCHA(config-vlan)#name shichangbu
SWITCHA(config-vlan)#exit
SWITCHA(config)#vlan 20
SWITCHA(config-vlan)#name kaifabu
SWITCHA(config-vlan)#exit
SWITCHA(config)#vlan 30
SWITCHA(config-vlan)#name xingzhengbu
SWITCHA(config-vlan)#exit
SWITCHA(config)#vlan 40
SWITCHA(config-vlan)#name caiwubu
SWITCHA(config-vlan)#exit
```

（4）将接口加入相应 VLAN：交换机 B 上将 F0/3-5 接口加入 vlan 10，将 F0/6-10 接口加入 vlan 20；在交换机 C 上将 F0/3-5 接口加入 vlan 30，将 F0/6-10 接口加入 vlan 40。

```
SWITCHB(config)#int range f0/3-5
SWITCHB(config-if-range)#switchport mode access
SWITCHB(config-if-range)#switchport access vlan 10
```

```
SWITCHB(config-if-range)♯exit
SWITCHB(config)♯int range f0/6-10
SWITCHB(config-if-range)♯switchport mode access
SWITCHB(config-if-range)♯switchport access vlan 20

SWITCHC(config)♯int range f0/3-5
SWITCHC(config-if-range)♯switchport mode access
SWITCHC(config-if-range)♯switchport access vlan 30
SWITCHC(config-if-range)♯exit
SWITCHC(config)♯int range f0/6-10
SWITCHC(config-if-range)♯switchport mode access
SWITCHC(config-if-range)♯switchport access vlan 40
```

3. 开启三层交换机路由功能

（1）设置 VLAN 网关为 vlan 10、vlan 20、vlan 30、vlan 40，分配网关 IP 地址。

```
SWITCHA(config)♯int vlan 10
SWITCHA(config-if)♯ip address 172.16.10.254 255.255.255.0
SWITCHA(config)♯int vlan 20
SWITCHA(config-if)♯ip address 172.16.11.254 255.255.255.0
SWITCHA(config-if)♯int vlan 30
SWITCHA(config-if)♯ip address 172.16.12.254 255.255.255.0
SWITCHA(config-if)♯int vlan 40
SWITCHA(config-if)♯ip address 172.16.13.254 255.255.255.0
```

（2）开启路由功能。

```
SWITCHA(config)♯ip routing
```

4. 配置 DHCP 服务

（1）启用 DHCP 服务，排除掉 172.16.10.1-10，172.16.11.1-10，172.16.12.1-10，172.16.13.1-10 四段 IP 地址。

```
SWITCHA(config)♯service dhcp
SWITCHA(config)♯ip dhcp excluded-address 172.16.10.1 172.16.10.10
SWITCHA(config)♯ip dhcp excluded-address 172.16.11.1 172.16.11.10
SWITCHA(config)♯ip dhcp excluded-address 172.16.12.1 172.16.12.10
SWITCHA(config)♯ip dhcp excluded-address 172.16.13.1 172.16.13.10
```

（2）vlan 10 的地址池名为 SC，vlan 20 的地址池名为 KF，vlan 30 的地址池名为 XZ，vlan 40 的地址池名为 CW；为每个地址池分配地址范围制定网关地址，DNS 服务器地址为 8.8.8.8。

```
SWITCHA(config)♯ip dhcp pool SC
SWITCHA(dhcp-config)♯network 172.16.10.0 255.255.255.0
SWITCHA(dhcp-config)♯default-router 172.16.10.254
SWITCHA(dhcp-config)♯dns 8.8.8.8
SWITCHA(dhcp-config)♯ip dhcp pool KF
SWITCHA(dhcp-config)♯network 172.16.11.0 255.255.255.0
SWITCHA(dhcp-config)♯default-router 172.16.11.254
```

SWITCHA(dhcp-config)♯dns 8.8.8.8

SWITCHA(dhcp-config)♯ip dhcp pool XZ

SWITCHA(dhcp-config)♯network 172.16.12.0 255.255.255.0

SWITCHA(dhcp-config)♯default-router 172.16.12.254

SWITCHA(dhcp-config)♯dns 8.8.8.8

SWITCHA(dhcp-config)♯ip dhcp pool CW

SWITCHA(dhcp-config)♯network 172.16.13.0 255.255.255.0

SWITCHA(dhcp-config)♯default-router 172.16.13.254

SWITCHA(dhcp-config)♯dns 8.8.8.8

5. 网络测试

(1) 各 PC 上 DHCP 地址的获取,结果如图 3-19 所示。

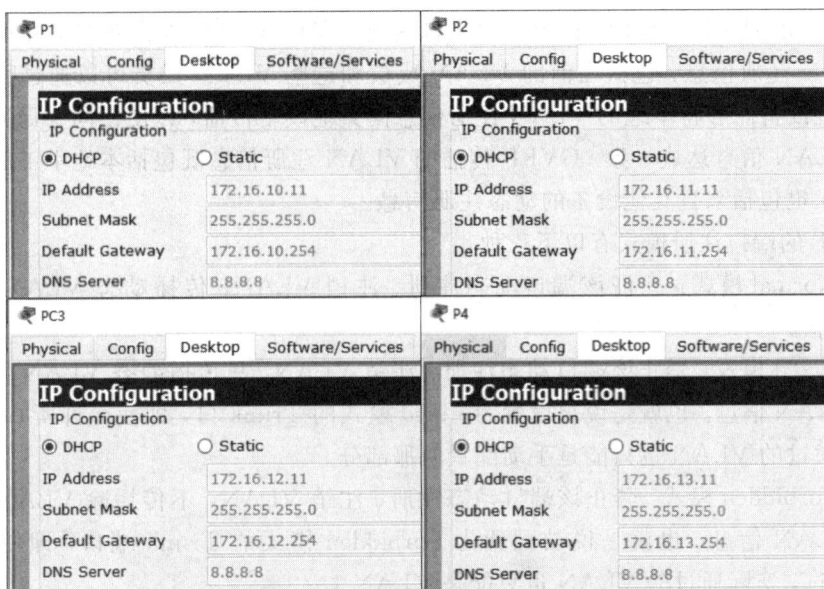

图 3-19 PC 上 DHCP 地址测试

(2) 在核心交换机上查看 DHCP 地址绑定。

SWITCHA♯show ip dhcp binding

IP address	Client-ID/ Hardware address	Lease expiration	Type
172.16.10.11	0060.2F32.5792	——	Automatic
172.16.11.11	0060.3EAB.A485	——	Automatic
172.16.12.11	0002.16E8.C24A	——	Automatic
172.16.13.11	0001.63E4.4A46	——	Automatic

(3) 各部门 PC 之间连通测试,全网全通。

6. 提交配置文档

将各交换机的配置保存(使用命令 write,如 SWITCHA♯write),并将配置代码写入各自的"设备名.txt"文档中。提交的文件夹中包含各设备的配置代码和配置逻辑图文件。

3.5　项　目　拓　展

3.5.1　VLAN 集中管理协议

在本项目中我们提到过 Cisco 的 VLAN 集中管理协议是 VTP，这是思科的独有协议，用于对 VLAN 进行统一的配置和管理，但是只能在全思科设备的网络中使用。对于华为、H3C 等其他厂商而言，有没有类似的协议来进行 VLAN 的统一配置和管理呢？答案是一定的，这就是 GVRP 协议。

GVRP(GARP VLAN Registration Protocol，通用 VLAN 注册协议)用来维护设备中的 VLAN 动态注册信息，并传播该信息到其他的设备中。

设备启动 GVRP 特性后，能够接收来自其他设备的 VLAN 注册信息，并动态更新本地的 VLAN 注册信息，包括当前的 VLAN 成员和这些 VLAN 成员可以通过哪个端口到达等，而且设备能够将本地的 VLAN 注册信息向其他设备传播，以便使同一局域网内所有设备的 VLAN 信息达成一致。GVRP 传播的 VLAN 注册信息既包括本地手工配置的静态注册信息，也包括来自其他设备的动态注册信息。

GVRP 的端口注册模式有以下三种：

（1）Normal 模式：允许该端口动态注册、注销 VLAN，传播动态 VLAN 以及静态 VLAN 信息。

（2）Fixed 模式：禁止该端口动态注册、注销 VLAN，只传播静态 VLAN 信息，不传播动态 VLAN 信息。也就是说被设置为 Fixed 模式的 Trunk 口，即使允许所有 VLAN 通过，实际通过的 VLAN 也只能是手动配置的那部分。

（3）Forbidden 模式：禁止该端口动态注册、注销 VLAN，不传播除 VLAN 1 以外的任何的 VLAN 信息。也就是说被配置为 Forbidden 模式的 Trunk 端口，即使允许所有 VLAN 通过，实际通过的 VLAN 也只能是 VLAN 1。

下面通过一个实例来介绍 GVRP 的应用，网络拓扑如图 3 - 20 所示。

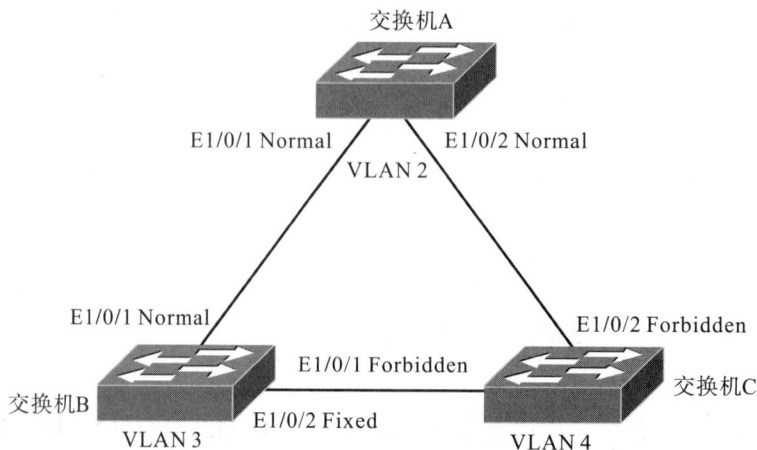

图 3 - 20　网络拓扑图

在图 3-20 中的交换机 A 上创建 VLAN 2,交换机 B 上创建 VLAN 3,交换机 C 上创建 VLAN 4,交换机相连的接口均为 Trunk 口,同时将交换机 A 的两个接口设置为 Normal模式,交换机 B 与 A 连接的接口同样配置为 Normal 模式,与交换机 C 相连的口配置为 Fixed 模式,交换机 C 的口均配置为 Forbidden 模式。这个时候交换机 A、B、C 所学习到的 VLAN 如表 3-17 所示。

表 3-17 VLAN 结果

交换机名称	所学 VLAN 个数	包含 VLAN
A	1	VLAN 1,VLAN 2,VLAN 3(从 B 所学)
B	1	VLAN 1,VLAN 2(从 A 所学),VLAN 3
C	0	VLAN 1,VLAN 4

交换机 A 和 B 之间可以互相交换所创建的 VLAN,因为交换机 A 的 Ethernet1/0/1 和交换机 B 的 Ethernet1/0/1 端口的注册模式都是 Normal 模式,此模式允许端口动态注册、传播动态 VLAN 以及静态 VLAN 信息。在交换机 A 和 B 上没有交换创建的 VLAN 4,同时交换机 C 上也看不到交换机 A 和 B 创建的 VLAN 2 和 VLAN 3 的信息,这是因为虽然分别在交换机 A 和 B 的 Ethernet1/0/2 端口上配置了 Normal 和 Fixed 模式,但交换机 C 两个端口的注册模式都是 Forbidden,所以交换机 C 和其他两台交换机之间只能交换 VLAN 1 的信息。

3.5.2 PVLAN

PVLAN 即专用 VLAN(Private VLAN),PVLAN 采用两层 VLAN 隔离技术,只有上层 VLAN 全局可见,下层 VLAN 相互隔离。

PVLAN 通常用于企业内部网,用来防止连接到某些接口或接口组的网络设备之间的相互通信,但却允许与默认网关进行通信。尽管各设备处于不同的 PVLAN 中,但是可以使用相同的 IP 子网。

PVLAN 把一个 VLAN 二层广播域划分为多个子域,一个子域至少包括一对 PVLAN:一个主 VLAN(primary VLAN)、一个从 VLAN(secondary VLAN)。一个 PVLAN 域可以有多个 PVLAN 对,每个子域一对。在 PVLAN 域的所有子域中的 PVLAN 对共享相同的主 VLAN,但每个子域中的从 VLAN 的 ID 是不同的。PVLAN 结构如图 3-21 所示。

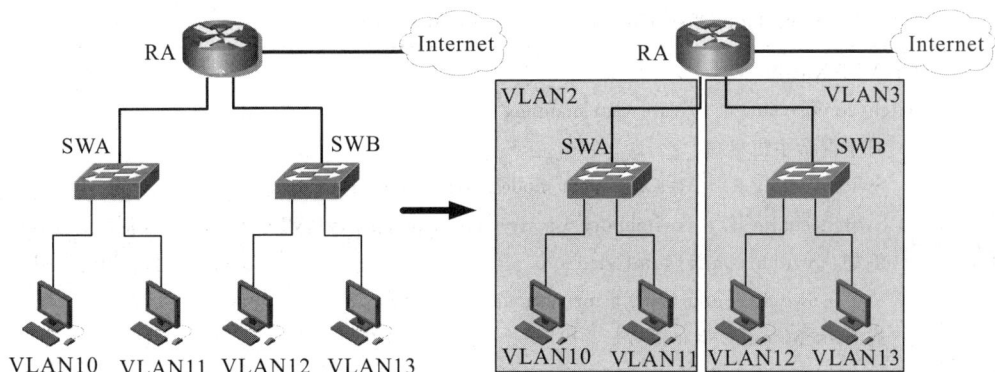

图 3-21 PVLAN 结构示意图

图中有两个主 VLAN(VLAN 2 和 VLAN 3,每个主 VLAN 包含两个从 VLAN(VLAN 10~VLAN 13),VLAN 10 和 VLAN 11、VLAN 12 和 VLAN 13 相互之间隔离,VLAN 2 和 VLAN 3 之间可以相互访问。

PVLAN 解决了服务商在使用 VLAN 时所遇到的两个问题:

(1) VLAN 的限制:交换机仅支持最多 4096 个 VLAN。如果要为每个客户分配一个VLAN,则服务提供商可以为客户提供的 VLAN 数量非常有限。

(2) IP 地址和路由的限制:要启用 IP 路由,每个 VLAN 要分配一个子网空间或者一个地址块以及一个默认网关,这样会引起 IP 地址浪费和创建 IP 地址管理问题。

PVLAN 配置命令及步骤见表 3-18。

表 3-18　PVLAN 配置命令及步骤

步骤	命　令	用途说明
1	Switch(config)♯ vtp transparent	将交换机改成 VTP 模式
2	Switch(config-vlan)♯ private-vlan primary 例如:Switch(config)♯ vlan 100 　　Switch(config-vlan)♯ private-vlan primary	创建主 VLAN
3	Switch(config-vlan)♯ private-vlan community 例如:Switch(config)♯ vlan 2 　　Switch(config-vlan)♯ private-vlan community	创建团体辅助 VLAN
4	Switch(config-vlan)♯ private-vlan isolated 例如:Switch(config)♯ vlan 3 　　Switch(config-vlan)♯ private-vlan isolated	创建隔离辅助 VLAN
5	Switch(config-vlan)♯ private-vlan association x 例如:Switch(config)♯ vlan 100 　　Switch(config-vlan)♯ private-vlan association 2,3	将主 VLAN 与辅助 VLAN 进行关联(x 为辅助 VLAN 号)
6	Switch(config-if)♯ switchport mo-de private-vlan host Switch(config-if)♯ switchport private-vlan host-associstion x,y1,y2… 例如:Switch(config)♯ int range f0/2-3 　　Switch(config-if)♯ switchport mode private-vlan host 　　Switch(config-if)♯ switchport private-vlan host-associstion 100,2	将主机接口关联划分到相应辅助 VLAN 中(x 为主 VLAN 号,y 为辅助 VLAN 号)
7	对于 VLAN 接口: Switch(config-vlan)♯ private-vlan mapping y1,y2… 　对于混杂主机接口: 　Switch(config-if)♯ ♯ switchport mode private-vlan promiscous 　Switch(config-if)♯ switchport private-vlan mapping x,y1,y2… 例如:Switch(config)♯ int vlan 100 　　Switch(config-vlan)♯ private-vlan mapping 2,3 或 Switch(config)♯ int f0/1 　　Switch(config-if)♯ ♯ switchport mode private-vlan promiscous 　　Switch(config-if)♯ switchport private-vlan mapping100,2,3	映射各混杂端口(x 为主 VLAN 号,y 为辅助 VLAN 号)

3.6 项目小结

在一个物理局域网内,通过对交换机端口的划分,将局域网内的设备分割为几个各自独立的群组,群组内部的设备之间可以自由地通信,而当分属不同群组的设备要进行通信时,必须进行三层的路由转发。通过这种方式,一个物理局域网就如同被划分为几个相互隔离的局域网,这些不同的群组就称为虚拟局域网(VLAN)。对于以端口划分的 VLAN 而言,任何一个端口的集合(甚至交换机上的所有端口)都可以被看做是一个 VLAN。VLAN 的划分不受硬件设备物理连接的限制,用户可以通过命令灵活地划分端口,创建定义 VLAN。

使用 VLAN 技术构建局域网有以下几个优势:一是可以控制网络的广播,增加广播域的数量,减小广播域的大小;二是有利于对网络进行管理和控制,VLAN 不受任何物理连接和地理位置的限制而自由地分割广播域,增加了网络连接、组网和管理的灵活性;三是可以增加网络的安全性。由于默认情况下,VLAN 间是相互隔离的,不能直接通信,对于保密性要求较高的部门,比如财务处,可将其划分在一个 VLAN 中,从而起到隔离作用并提高 VLAN 中用户的安全性;也可通过应用 VLAN 的访问控制列表来实现 VLAN 间的安全通信。

从另一个角度来看,网络环境的成长,往往是难以预测的,很可能经常会出现需要分割现有网络或增加新网络的情况。而充分利用 VLAN 后,就可以轻易地解决这些问题。通过使用 VLAN 构建局域网,我们可以在免于改动任何物理布线的前提下,自由进行网络的逻辑设计。如果所处的工作环境恰恰需要经常改变网络布局,那么利用 VLAN 的优势就非常明显了,通过路由器与三层交换机提供的 VLAN 间路由,能够适应灵活多变的网络构成。如果网络环境中还需要利用外部路由器,如使用的是单臂路由,则只要在路由器的汇聚端口上新增一个子接口的设定就可以完成全部操作,而不需要消耗更多的物理接口(LAN 接口)。如果使用的是三层交换机内部的路由模块,则只需要新设一个 VLAN 接口即可。

实 训 练 习

【实训 3.1】 配置 VLAN

一、实训目的

(1) 了解 VLAN 的作用;

(2) 熟悉一个 VLAN 对应一个子网的概念;

(3) 掌握 VLAN 的创建、端口绑定及访问的方法。

配置 VLAN

二、实训逻辑图

实训逻辑图分别见图 3.1-1 和图 3.1-2。

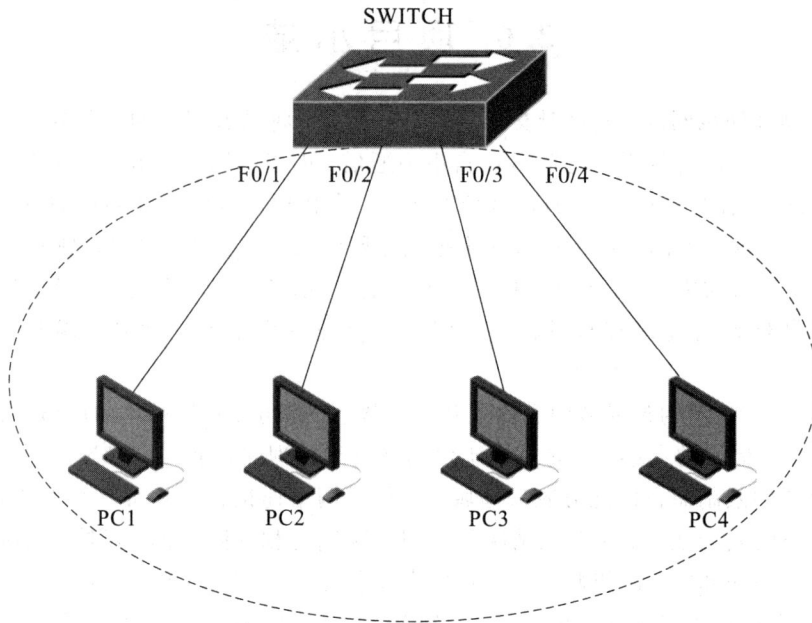

图 3.1-1 各 PC 处于相同 VLAN

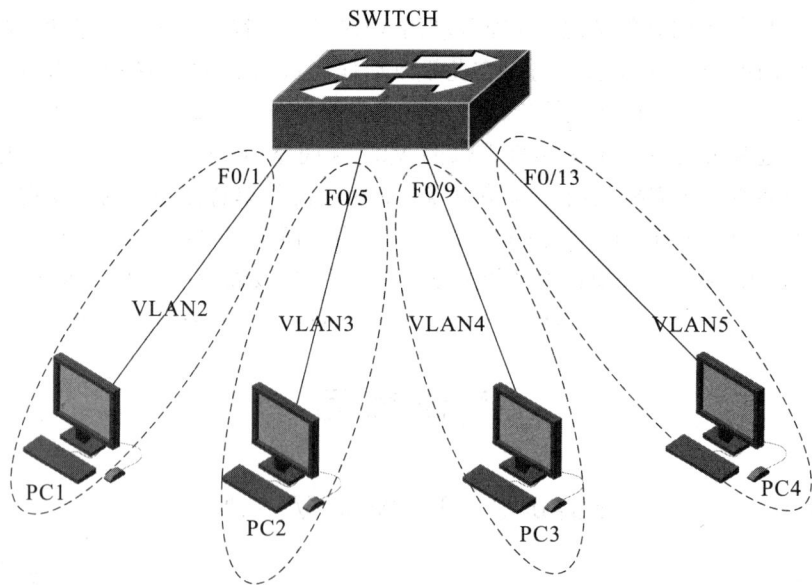

图 3.1-2 各 PC 处于不同 VLAN

三、实训内容及步骤

(1) 进入一台交换机,查看是否已有 VLAN 配置:

Switch# show flash:

若看到有 vlan.dat 文件,使用 delete 命令删除原来有的 VLAN 配置,并重启交换机:

Switch# delete vlan. dat

Switch# reload

（2）创建 VLAN。

先查看交换机的 VLAN 信息：

Switch# show vlan

vlan	Name	Status	Ports
1	default	active	Fa0/1，Fa0/2，Fa0/3，Fa0/4
			Fa0/5，Fa0/6，Fa0/7，Fa0/8
			Fa0/9，Fa0/10，Fa0/11，Fa0/12
			Fa0/13，Fa0/14，Fa0/15，Fa0/16
			Fa0/17，Fa0/18，Fa0/19，Fa0/20
			Fa0/21，Fa0/22，Fa0/23，Fa0/24
			Gig1/1，Gig1/2
1002	fddi－default	act/unsup	
1003	token－ring－default	act/unsup	
1004	fddinet－default	act/unsup	
1005	trnet－default	act/unsup	

vlan	Type	SAID	MTU	Parent	RingNo	BridgeNo	Stp	BrdgMode	Trans1	Trans2
1	enet	100001	1500	—	—	—	—	—	0	0
1002	fddi	101002	1500	—	—	—	—	—	0	0
1003	tr	101003	1500	—	—	—	—	—	0	0
1004	fdnet	101004	1500	—	—	—	ieee	—	0	0
1005	trnet	101005	1500	—	—	—	ibm	—	0	0

Remote SPAN vlans

Primary	Secondary	Type	Ports

交换机所有接口默认属于系统默认 VLAN 1。

在交换机上创建 4 个 VLAN：

Switch# vlan data

Switch(vlan)# vlan 2 name v2

Switch(vlan)# vlan 3 name v3

Switch(vlan)# vlan 4 name v4

Switch(vlan)# vlan 5 name v5

查看创建后的 VLAN 简要信息：

Switch# show vlan brief

vlan	Name	Status	Ports
1	default	active	Fa0/1，Fa0/2，Fa0/3，Fa0/4
			Fa0/5，Fa0/6，Fa0/7，Fa0/8

			Fa0/9，Fa0/10，Fa0/11，Fa0/12
			Fa0/13，Fa0/14，Fa0/15，Fa0/16
			Fa0/17，Fa0/18，Fa0/19，Fa0/20
			Fa0/21，Fa0/22，Fa0/23，Fa0/24
			Gig1/1，Gig1/2
2	V2	active	
3	V3	active	
4	V4	active	
5	V5	active	

为交换机管理创建一个管理地址：

```
Switch# conf t
Switch(config)# int vlan 1
Switch(config-vlan)# ip add 192.168.101.254  255.255.255.0        //不同组设不同网段
Switch(config-vlan)# end
```

（3）将交换机端口绑定到 VLAN：

VLAN 号	对应的交换机端口
VLAN 2	F0/1～F0/4
VLAN 3	F0/5～F0/8
VLAN 4	F0/9～F0/12
VLAN 5	F0/13～F0/16

```
Switch(config)# int range f0/1-4
Switch(config-if)# switchport mode access
Switch(config-if)# switchport access vlan 2
```

查看端口绑定的 VLAN 信息：

```
Switch# show vlan brief
```

vlan	Name	Status	Ports
1	default	active	Fa0/5，Fa0/6，Fa0/7，Fa0/8
			Fa0/9，Fa0/10，Fa0/11，Fa0/12
			Fa0/13，Fa0/14，Fa0/15，Fa0/16
			Fa0/17，Fa0/18，Fa0/19，Fa0/20
			Fa0/21，Fa0/22，Fa0/23，Fa0/24
			Gig1/1，Gig1/2
2	V2	active	Fa0/1，Fa0/2，Fa0/3，Fa0/4
3	V3	active	绑定的接口
4	V4	active	
5	V5	active	

其他端口按照表中的要求分别绑定到相应的 VLAN。

四、实训调测及结果

（1）在完成实训内容及步骤 1～3 后，输入"Switch# show vlan brief"，记录显示结果。

显示结果为：

_____

（2）将 PC 接入同一 VLAN 中进行测试。

按逻辑图 3.1-1 接入 4 台 PC 到一台交换机端口，PC 分别按处于同一网络（或子网）和不同网络分配好 IP 如下。

PC	同一网络中的 IP 分配	不同网络中的 IP 分配
PC1	192.168.1.1	192.168.1.1
PC2	192.168.1.2	192.168.2.1
PC3	192.168.1.3	192.168.3.1
PC4	192.168.1.4	192.168.4.1

各 PC 处于同一 VLAN 同一网络，连通性测试（在下方表格中填入通或不通）：

PC	PC1	PC2	PC3	PC4
PC1				
PC2				
PC3				
PC4				

各 PC 处于同一 VLAN 不同网络，连通性测试（在下方表格中填入通或不通）：

PC	PC1	PC2	PC3	PC4
PC1				
PC2				
PC3				
PC4				

各 PC 处于同一 VLAN 同一网络的连通性测试结果与各 PC 处于同一 VLAN 不同网络的连通性测试结果是否相同，试分析其原因。

（3）将 PC 接入不同 VLAN 中进行测试。

按逻辑图 3.1-2 接入 4 台 PC 到交换机的不同 VLAN 端口，PC 分别按处于不同网络（或子网）和同一网络进行测试（IP 地址按内容 2 中的分配）。

各 PC 处于不同 VLAN 同一网络，连通性测试（在下方表格中填入通或不通）：

PC	PC1	PC2	PC3	PC4
PC1				
PC2				
PC3				
PC4				

各 PC 处于不同 VLAN 不同网络，连通性测试（在下方表格中填入通或不通）：

PC	PC1	PC2	PC3	PC4
PC1				
PC2				
PC3				
PC4				

各 PC 处于同一 VLAN 同一网络的连通性测试结果，与各 PC 处于不同 VLAN 不同网络的连通性测试结果是否相同，试分析其原因。

五、实训思考题

思考图 3.1-3 中 PC1 与 PC2 能 ping 通吗?

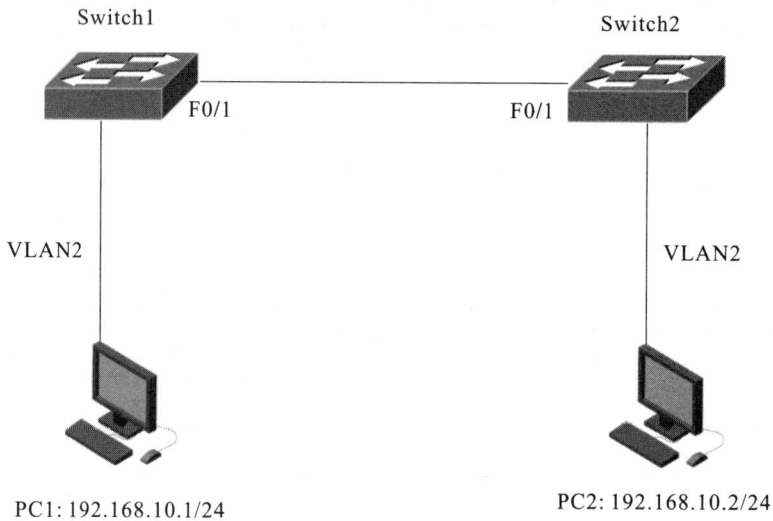

图 3.1-3　实训思考题网络拓扑图

【实训 3.2】　配置 Trunk、VTP

一、实训目的

（1）了解 Trunk 链路的封装方式；
（2）熟悉 VTP 的操作及配置；
（3）掌握网络中 VTP 的部署方法。

配置 Trunk

二、实训逻辑图

实训逻辑图见图 3.2-1。

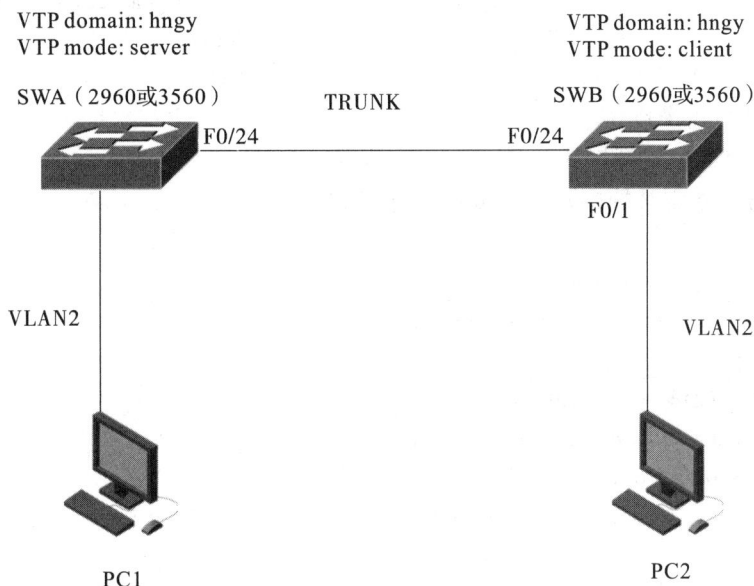

图 3.2 - 1　实训逻辑图

三、实训内容及步骤

（1）进入交换机（先不要按逻辑图连 PC 到交换机），查看是否已有 VLAN 配置。

Switch # show flash：

若看到有 vlan. dat 文件和 config. text 文件（启动配置文件），则使用 delete 命令删除这两个文件（否则有可能影响本次实训的结果），并重启交换机：

Switch # delete config. text

Switch # delete vlan. dat

Switch # reload

（2）对交换机进行 VLAN 配置。

对 SW1 进行 VLAN 配置：

Switch(config) # host SWA

SWA(config) # vlan 2　　　　　　　　　　　　　//创建 vlan 2

SWA(config-vlan) # exit

SWA(config-if) # int f0/1

SWA(config-if) # switchport mode access

SWA(config-if) # switchport access vlan 2　　　//将 F0/1 接口划入 vlan 2

SWA # show vlan brief　　　　　　　　　　　　//查看 vlan 创建结果

vlan	Name	Status	Ports
1	default	active	Fa0/2，Fa0/3，Fa0/4，Fa0/5
			Fa0/6，Fa0/7，Fa0/8，Fa0/9
			Fa0/10，Fa0/11，Fa0/12，Fa0/13
			Fa0/14，Fa0/15，Fa0/16，Fa0/17
			Fa0/18，Fa0/19，Fa0/20，Fa0/21

Fa0/22，Fa0/23，Fa0/24，Gig1/1

Gig1/2

2   vlan 0002   active   Fa0/1

SWB 同 SWA 操作。

（3）手工静态配置端口处于 Trunk 工作模式。

用手工方法指定某端口处于 Trunk 工作模式。

在 SWA 上：

    SWA(config)＃interface f0/24

    SWA(config-if)＃switchport mode trunk

在 SWB 上：

    SWB(config)＃interface f0/24

    SWB(config-if)＃switchport mode trunk

    SWB＃show int trunk

Port	Mode	Encapsulation	Status	Native vlan
Fa0/24	on	802.1q	trunking	1

Port	vlans allowed on trunk
Fa0/24	1-1005

Port	vlans allowed and active in management domain
Fa0/24	1,2

Port	vlans in spanning tree forwarding state and not pruned
Fa0/24	1,2

（4）使用 VTP 技术同步整个交换网络中的 VLAN 信息。

将 VTP 域名设为 hngy，SWA 设为服务模式，SWB 设为客户模式，在 SWA 上创建 VLAN，查看各交换机上的 VLAN 信息。

① SWA (config)＃vtp domain hngy   //设置 VTP 域名

    SWA (config)＃vtp mode server   //设置为服务模式

    SWA ＃ show vtp status   //查看 VTP 状态

    VTP Version   : 2   //该 VTP 支持版本 2

    Configuration Revision   : 0   //默认修订号为 0

    Maximum vlans supported locally : 255   //VTP 支持的最大 vlan 数量

    Number of existing vlans   : 6   //交换机 SWA 上有 6 个 vlan

    VTP Operating Mode   : Server

    //交换机 SWA 上 VTP 模式为服务器模式

    VTP Domain Name   : hngy

    //交换机 SWA 的 VTP 域名为 hngy

    VTP Pruning Mode   : Disabled

    //交换机 SWA 的 VTP 没有启用修剪

    VTP V2 Mode   : Disabled

    //交换机 SWA 使用的是 VTP 版本 1

    VTP Traps Generation   : Disabled

    MD5 digest   : 0x68 0x01 0x2A 0x05 0x99 0xD0 0xEC 0x18

    Configuration last modified by 0.0.0.0 at 3-1-93 00:09:33

Local updater ID is 0.0.0.0 (no valid interface found)

在 SWA 上创建 vlan 3、vlan 4、vlan 5

SWA(config)#vlan 3

SWA(config-vlan)#vlan 4

SWA(config-vlan)#vlan 5

② SWB (config)# vtp domain hngy   //设置 VTP 域名

SWB (config)# vtp mode client   //设置为客户模式

SWB # show vtp status   //查看 VTP 状态

VTP Version   : 2

Configuration Revision   : 3

Maximum vlans supported locally   : 255

Number of existing vlans   : 9

VTP Operating Mode   : Client

//交换机 SWB 上 VTP 模式为客户机模式

VTP Domain Name   : hngy

VTP Pruning Mode   : Disabled

VTP V2 Mode   : Disabled

VTP Traps Generation   : Disabled

MD5 digest   : 0x53 0x49 0xAD 0xFA 0xF5 0x85 0x02 0xAE

Configuration last modified by 0.0.0.0 at 3-1-93 00:23:45

SWB# show vlan brief

vlan	Name	Status	Ports
1	default	active	Fa0/1，Fa0/2，Fa0/3，Fa0/4
			Fa0/5，Fa0/6，Fa0/7，Fa0/8
			Fa0/9，Fa0/10，Fa0/11，Fa0/12
			Fa0/13，Fa0/14，Fa0/15，Fa0/16
			Fa0/17，Fa0/18，Fa0/19，Fa0/20
			Fa0/21，Fa0/22，Fa0/23，Gig1/1
			Gig1/2
2	vlan 0002	active	
3	vlan 0003	active	
4	vlan 0004	active	
5	vlan 0005	active	

//交换机 SWB 已经自动学习到了交换机 SWA 上创建的 VLAN 信息。

四、实训思考题

(1) 在进行 Trunk 配置时，如果不配置 SWB 的 F0/24 接口为 Trunk 口，端口是否能够启用，为什么？

(2) 将 SWB 设置为 VTP 客户端，是否能够在 SWB 上添加、删除 VLAN，为什么？

(3) 将 SWB 设置为 VTP 透明模式，是否能够在 SWB 上添加、删除和同步 VLAN，为什么？

（4）将逻辑图中的交换机换成不同型号档次的交换机，如一台为 2950，另一台为 3550（或 3560），需要进行怎样的配置才能进行 Trunk 连接？

【实训 3.3】　用单臂路由器实现 VLAN 间路由

一、实训目的

（1）掌握路由器以太网接口上子接口的配置；
（2）掌握使用单臂路由实现 VLAN 间路由的解决方法；
（3）模拟并解决小型企业或分公司的 VLAN 间路由问题。

单臂路由实现 VLAN 间路由

二、实训逻辑图

实训逻辑图见图 3.3-1。

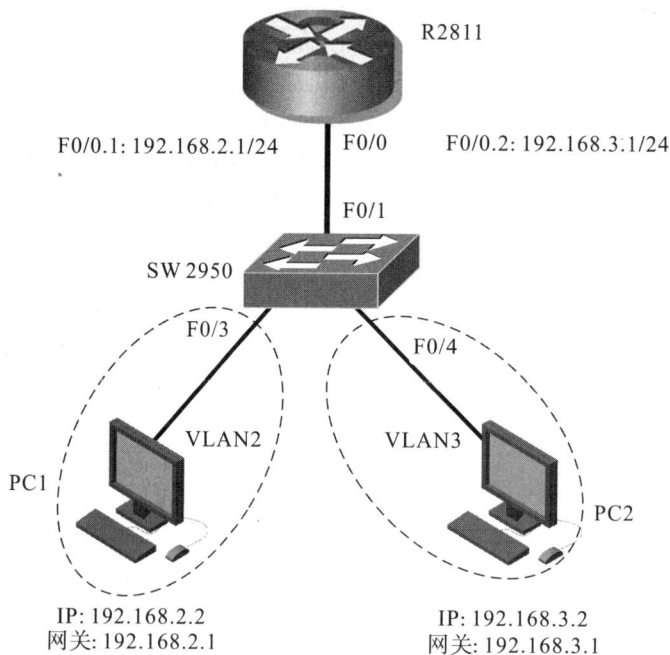

图 3.3-1　实训逻辑图

三、实训内容及步骤

（1）进入交换机 SW2950（先不要按逻辑图连接交换机），查看是否已有 VLAN 配置。
① 查看 VLAN 配置（show vlan brief）；
② 查看 VTP 状态（show vtp status）；
③ 若 VTP 模式不是 Server，请将其改为 Server（vtp mode server）；
④ 删除默认 VLAN 以外的所有 VLAN 信息（no vlan vlan_id）；
⑤ 查看所有端口是否都在 VLAN 1 下（show vlan brief）；
⑥ 若有端口不在 VLAN 1 下，请将其加入到 VLAN 1 下。

做完以上步骤后，再查看一次 VLAN 信息，检查是否所有端口已绑定在 VLAN 1 下，并且没有其他 VLAN 设置；若仍有端口没有处于 VLAN 1 下或有其他 VLAN 信息，则重复以上项目，否则可能影响下面的实训数据。

（2）创建 VLAN 并将端口绑定到 VLAN：

```
SW2950#vlan data
SW2950（vlan）#vlan 2 name v2
SW2950（vlan）#vlan 3 name v3
SW2950（config）#int f0/3
SW2950（config-if）#switchport mode access
SW2950（config-if）#switchport access vlan 2
SW2950（config）#int f0/4
SW2950（config-if）#switchport mode access
SW2950（config-if）#switchport access vlan 3
SW2950（config-if）#end
```

（3）将 F0/1 端口设定为中继端口：

```
SW2950（config）# int f0/1
SW2950（config-if）# switchport mode trunk
```

注意：如果交换机是三层交换机，则需要先封装协议。

（4）在路由器 R2811 的以太网接口下创建子接口，并定义封装的 VLAN。

```
Router>en
Router#configure terminal
Router(config)#hostname R2811
R2811(config)#interface f0/0
R2811(config-if)#no shutdown              //路由器的接口默认是关闭的，必须手动开启
R2811(config-if)#interface f0/0.1         //创建子接口
R2811(config-subif)#encapsulation dot1q 2     //定义子接口承载 vlan 2 的流量
R2811(config-subif)#ip address 192.168.2.1 255.255.255.0
                                          //配置子接口的 IP 地址，即 vlan 2 的网关
R2811(config-subif)#exit
R2811(config)#interface f0/0.2
R2811(config-subif)#encapsulation dot1q 3     //定义子接口承载 vlan 3 的流量
R2811(config-subif)#ip address 192.168.3.1 255.255.255.0
R2811(config-subif)#exit
R2811#show ip int b
```

Interface	IP-Address	OK? Method	Status	Protocol
FastEthernet0/0	unassigned	YES unset	up	up
FastEthernet0/0.1	192.168.2.1	YES manual	up	up
FastEthernet0/0.2	192.168.3.1	YES manual	up	up

如果各个子接口和主接口的状态都为"up"，则表示路由器的子接口创建成功。

```
R2811#show ip route
C    192.168.2.0/24 is directly connected，FastEthernet0/0.1
C    192.168.3.0/24 is directly connected，FastEthernet0/0.2
```

在路由器 R2811 上的路由表中可以看到两个直连路由的存在。

四、实训调测及结果

测试 VLAN 间的通信方式如下：

按逻辑图将 PC1 和 PC2 分别接入 SW2950 的 F0/3 口和 F0/4 口，将 PC1 和 PC2 的 IP 地址分别设在不同网段：

PC1 的 IP 地址为 192.168.2.2，PC1 处于 VLAN 2，网关设为 192.168.2.1，指向 R2811 的 F0/0.1 子接口；

PC2 的 IP 地址为 192.168.3.2，PC2 处于 VLAN 3，网关设为 192.168.3.1，指向 R2811 的 F0/0.2 子接口。

PC1 能否 Ping 通 PC2？ _____

将测试结果截图并粘贴在下方：

若 PC1 能够 Ping 通 PC2，则表示 VLAN 间可以通信了。

五、实训思考题

(1) 简述单臂路由的工作原理。

(2) 想一想如果子接口要承载 VLAN 1 的流量，该如何配置。

【实训 3.4】　用三层交换机实现 VLAN 间路由

一、实训目的

(1) 了解 VLAN 间路由的意义；

(2) 掌握使用三层交换机实现 VLAN 间路由的解决方法；

(3) 模拟并解决小型企业或分公司的 VLAN 间路由问题。

三层交换机实现 VLAN 间路由

二、实训逻辑图

实训逻辑图见图 3.4-1。

三、实训内容及步骤

(1) 进入交换机(先不要按逻辑图连接交换机)，查看是否已有 VLAN 配置。

① 查看 VLAN 配置(show vlan brief)；

② 查看 VTP 状态(show vtp status)；

③ 若 VTP 模式不是 Server，则将其改为 Server(vtp mode server)；

④ 删除默认 VLAN 以外的所有 VLAN 信息(no vlan vlan_id)；

⑤ 查看所有端口是否都在 VLAN 1 下(show vlan brief)；

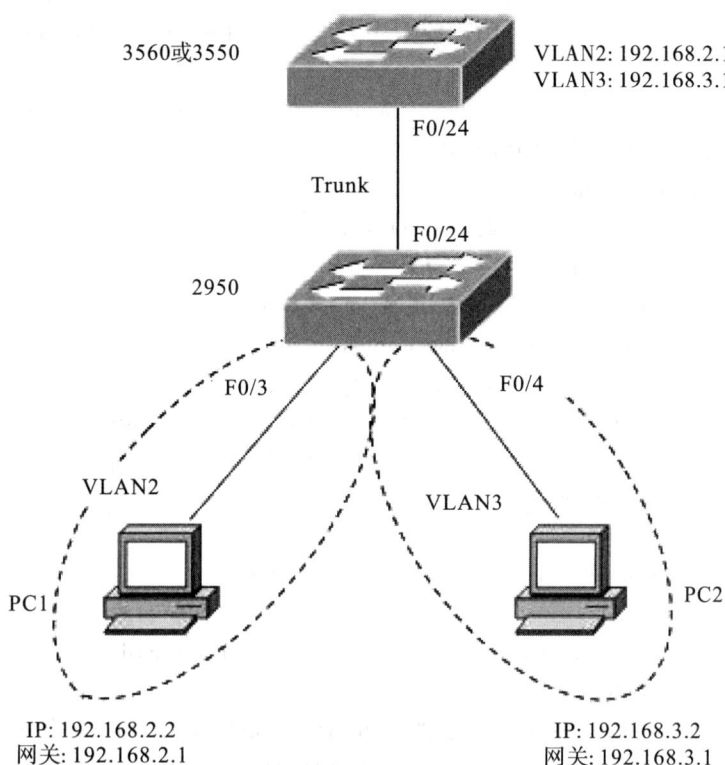

图 3.4-1　实训逻辑图

⑥ 若有端口不在 VLAN 1 下，请将其加入到 VLAN 1 下。

做完以上步骤后，再查看一次 VLAN 信息，检查是否所有端口已绑定在 VLAN 1 下，并且没有其他 VLAN 设置；若仍有端口没有处于 VLAN 1 下或有其他 VLAN 信息，则重复以上项目，否则可能影响下面的实训数据。

（2）创建 VLAN 并将端口绑定到 VLAN。

```
SW2950# vlan data
SW2950 (vlan)# vlan 2 name v2
SW2950 (vlan)# vlan 3 name v3
SW2950 (config)# int f0/3
SW2950 (config-if)# switchport mode access
SW2950 (config-if)# switchport access vlan 2
SW2950 (config)# int f0/4
SW2950 (config-if)# switchport mode access
SW2950 (config-if)# switchport access vlan 3
SW2950 (config-if)# end
SW2950# show vlan brief
```

vlan	Name	Status	Ports
1	default	active	Fa0/1，Fa0/2，Fa0/5，Fa0/6，Fa0/7，Fa0/8，Fa0/9，Fa0/10，Fa0/11，Fa0/12，Fa0/13，Fa0/14，Fa0/15，Fa0/16，Fa0/17，Fa0/18，

Fa0/19，Fa0/20，Fa0/21，Fa0/22，

Fa0/23，Fa0/24，Gig1/1，Gig1/2

2	v2		active	Fa0/3
3	v3		active	Fa0/4

（3）将 F0/24 端口设定为中继端口。

SW2950（config）# int f0/24

SW2950（config-if）# switchport mode trunk

SW3550（config）# int f0/24

SW3550（config-if）# switchport trunk encapsulation dot1q

SW3550（config-if）# switchport mode trunk

SW3550# show int trunk

Port	Mode	Encapsulation	Status	Native vlan
Fa0/24	on	802.1q	trunking	1

Port	vlans allowed on trunk
Fa0/24	1-1005

Port	vlans allowed and active in management domain
Fa0/24	1,2,3

Port	vlans in spanning tree forwarding state and not pruned
Fa0/24	1,2,3

若两台交换机上的 F0/24 端口模式"mode"都为"on"，表明 Trunk 状态已正常工作。

（4）在三层交换机上配置每个 VLAN 的管理地址。

SW3550# conf t

SW3550（config）# int vlan 2   //配置 VLAN 2 管理地址

SW3550（config-if）# ip add 192.168.2.1 255.255.255.0

SW3550（config-if）# no shut

SW3550（config-if）# exit

SW3550（config）# int vlan 3   //配置 VLAN 3 管理地址

SW3550（config-if）# ip add 192.168.3.1 255.255.255.0

SW3550（config-if）# no shut

SW3550（config-if）# exit

SW3550# show ip int brief

Interface	IP-Address	OK? Method Status	Protocol
vlan 1	unassigned	YES unset administratively	down down
vlan 2	192.168.2.1	YES manual up	up
vlan 3	192.168.3.1	YES manual up	up

若 vlan 2、vlan 3 的状态都为"up"，则表示管理地址已经正确配置。

（5）开启三层交换机上的路由功能。

SW3550（config）# ip routing

SW3550# show ip route   //显示路由表

此处省略

C   192.168.2.0/24 is directly connected，vlan 2

C   192.168.3.0/24 is directly connected，vlan 3

四、实训调测及结果

测试 VLAN 间的通信方式如下：

按逻辑图将 PC1 和 PC2 分别接入 SW2950 的 F0/3 口和 F0/4 口，将 PC1 和 PC2 的 IP 地址分别设在不同网段：

PC1 的 IP 地址为 192.168.2.2，PC1 处于 VLAN 2，网关设为 192.168.2.1；

PC2 的 IP 地址为 192.168.3.2，PC2 处于 VLAN 3，网关设为 192.168.3.1。

PC1 能否 Ping 通 PC2?

将测试结果截图并粘贴在下方：

若 PC1 能够 Ping 通 PC2，则表示 VLAN 间可以通信了。

五、实训思考题

(1) 若将实训中的第(3)和第(4)步对调，先完成第(4)步，然后在交换机 SW3550 中使用"show ip int brief"命令，结果和实训中是否会有不同，为什么？

(2) SW2950 与 SW3560 之间的连接一定要是"Trunk"模式吗？若是"Access"模式能否实现不同 VLAN 间的路由，为什么？

(3) 三层交换机默认工作在第几层？接口如何进入三层状态？又如何将接口从三层状态变为二层状态？

【实训 3.5】　配置 DHCP 服务器

一、实训目的

了解 DHCP 服务器在实际应用中的意义，能为企业局域网配置 DHCP 服务器、DHCP 中继及 DHCP 客户端。

配置 DHCP 服务器

二、实训项目描述及逻辑图

某单位使用一台 Router(Cisco 2901)作为 DHCP Server，它和内网相连的 G0/0 端口的 IP 地址为 10.1.1.1/24，Switch A 为内网的核心交换机，采用 Cisco 3560，接入层交换机 Switch B、Switch C 采用两台 Cisco 2960。

在整个网络中有两个 VLAN，为简化描述，假设每个 VLAN 都采用 24 位网络地址，其中 VLAN 10 的网关地址为 192.168.10.254，VLAN 20 的网关地址为 192.168.20.254。在该网络 Router 上实现 DHCP Server 功能、Switch A 上实现 DHCP 中继功能，以使各 VLAN 中的主机自动获得 IP 地址。组网示意如图 3.5 - 1 所示。

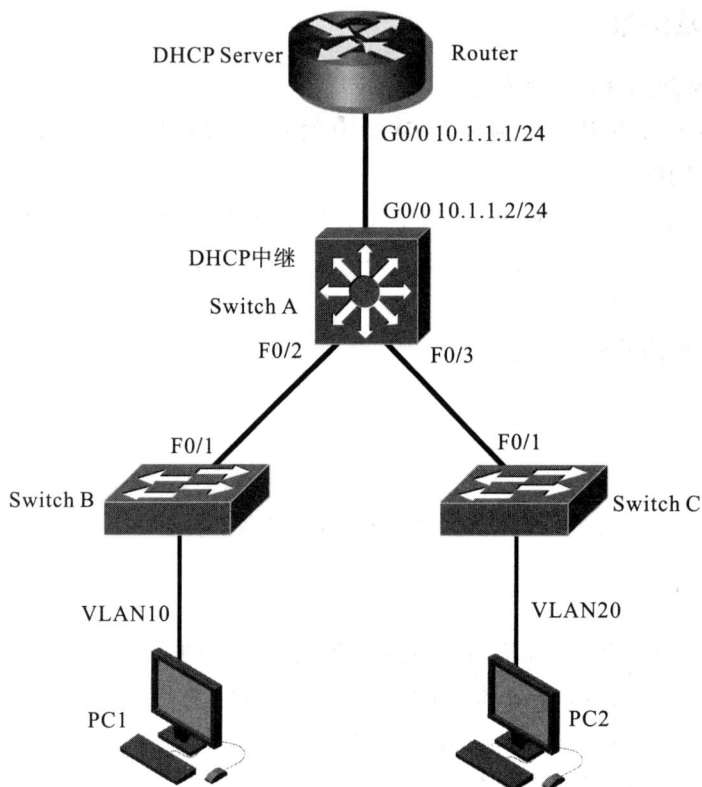

图 3.5-1　DHCP 实训逻辑图

三、实训内容及步骤

（1）交换机基础配置、Trunk、VTP、VLAN 及 VLAN 间路由配置。

① 配置设备名、接口地址。

Switch A：

Switch # configure terminal

Switch(config) # hostname SwitchA

SwitchA(config) # no ip domain-lookup

SwitchA(config) # int g0/1

SwitchA(config-if) # no switchport

SwitchA(config-if) # ip add 10.1.1.2 255.255.255.0

SwitchA(config-if) # no shutdown

SwitchA(config-if) # exit

Switch B：

Switch # configure terminal

Switch(config) # hostname SwitchB

SwitchB(config) # no ip domain-lookup

Switch C：

Switch # configure terminal

Switch(config)♯hostname SwitchC

SwitchC(config)♯no ip domain-lookup

② 设置各交换机的 Trunk 模式并配置 VTP 域名。

Switch A：

SwitchA(config)♯int range f0/2-3

SwitchA(config-if-range)♯switchport trunk encapsulation dot1q

SwitchA(config-if-range)♯switchport mode trunk

SwitchA(config)♯vtp domain AAA

Switch B：

SwitchB(config)♯int f0/1

SwitchB(config-if)♯switchport mode trunk

SwitchB(config-if)♯vtp domain AAA

Switch C：

SwitchC(config)♯int f0/1

SwitchC(config-if)♯switchport mode trunk

SwitchC(config-if)♯vtp domain AAA

③ 创建 VLAN。

SwitchA(config)♯vlan 10

SwitchA(config-vlan)♯name scb

SwitchA(config-vlan)♯exit

SwitchA(config)♯vlan 20

SwitchA(config-vlan)♯name jsb

SwitchA(config-vlan)♯exit

查看结果：

SwitchA♯show vlan

vlan	Name	Status	Ports
1	default	active	Fa0/1，Fa0/4，Fa0/5，Fa0/6
			Fa0/7，Fa0/8，Fa0/9，Fa0/10
			Fa0/11，Fa0/12，Fa0/13，Fa0/14
			Fa0/15，Fa0/16，Fa0/17，Fa0/18
			Fa0/19，Fa0/20，Fa0/21，Fa0/22
			Fa0/23，Fa0/24，Gig0/1，Gig0/2
10	scb	active	
20	jsb	active	

Switch B、Switch C 上也应有 vlan 10 和 vlan 20，若没有，则需检查上面的配置；查看 Switch A 的 Trunk 配置，应如下所示：

SwitchA♯show interface trunk

Port	Mode	Encapsulation	Status	Native vlan
Fa0/2	on	802.1q	trunking	1
Fa0/3	on	802.1q	trunking	1

Port	vlans allowed on trunk
Fa0/2	1-1005
Fa0/3	1-1005

Port	vlans allowed and active in management domain
Fa0/2	1,10,20
Fa0/3	1,10,20

Port	vlans in spanning tree forwarding state and not pruned
Fa0/2	1,10,20
Fa0/3	1,10,20

Switch B、Switch C 上的 F0/1 口应该也有 vlan 10 和 vlan 20,若没有,则需检查上面的配置。

④ 在核心交换机上给 VLAN 分配网关地址并启动路由功能。

SwitchA(config)♯int vlan 10

SwitchA(config-if)♯ip add 192.168.10.254 255.255.255.0

SwitchA(config-if)♯exit

SwitchA(config)♯int vlan 20

SwitchA(config-if)♯ip add 192.168.20.254 255.255.255.0

SwitchA(config-if)♯exit

SwitchA(config)♯ip routing

查看 VLAN 间的路由:

SwitchA♯show ip route

(略)

    10.0.0.0/24 is subnetted,1 subnets

C   10.1.1.0 is directly connected,GigabitEthernet0/1

C   192.168.10.0/24 is directly connected,vlan 10

C   192.168.20.0/24 is directly connected,vlan 20

// 一个三层接口、两个 VLAN 都是直连路由。

⑤ 在接入层交换机上绑定接口到相应的 VLAN。

Switch B:

SwitchB(config)♯int f0/5

SwitchB(config-if)♯switchport mode access

SwitchB(config-if)♯switchport access vlan 10

SwitchB(config-if)♯exit

Switch C:

SwitchC(config)♯int f0/10

SwitchC(config-if)♯switchport mode access

SwitchC(config-if)♯switchport access vlan 20

SwitchC(config-if)♯exit

(2) 路由器基础配置、默认路由配置。

① 配置路由器设备名、接口地址:

Router # configure terminal

Router(config) # hostname RouterA

RouterA(config) # no ip domain-lookup

RouterA(config) # int g0/0

RouterA(config-if) # ip add 10.1.1.1 255.255.255.0

RouterA(config-if) # no shutdown

RouterA(config-if) # exit

② 配置默认路由。

RouterA(config) # ip route 0.0.0.0 0.0.0.0 10.1.1.2

//静态路由的配置命令为:

ip route 目标网络地址 子网掩码 下一跳地址

默认静态路由命令中的目标网络地址为 0.0.0.0,子网掩码也为 0.0.0.0(8 个 0 表示下一跳所连的所有未知网络);下一跳地址为所连设备的接口地址,本项目中为 Switch A 的 G0/1 接口地址。

查看路由表:

RouterA # show ip route

(略)

   10.0.0.0/8 is variably subnetted,2 subnets,2 masks

C 10.1.1.0/24 is directly connected,GigabitEthernet0/0

L 10.1.1.1/32 is directly connected,GigabitEthernet0/0

S * 0.0.0.0/0 [1/0] via 10.1.1.2

//S * 表示默认路由,已配置好。

(3) DHCP 服务器配置。

配置命令:

RouterA(config) # service dhcp

RouterA(config) # ip dhcp pool scb

RouterA(dhcp-config) # network 192.168.10.0 255.255.255.0

RouterA(dhcp-config) # default-router 192.168.10.254

RouterA(dhcp-config) # exit

RouterA(config) # ip dhcp pool jsb

RouterA(dhcp-config) # network 192.168.20.0 255.255.255.0

RouterA(dhcp-config) # default-router 192.168.20.254

RouterA(dhcp-config) # exit

(4) DHCP 中继配置。

配置命令:

SwitchA(config) # int vlan 10

SwitchA(config-if) # ip helper-address 10.1.1.1

SwitchA(config-if) # exit

SwitchA(config) # int vlan 20

SwitchA(config-if) # ip helper-address 10.1.1.1

SwitchA(config-if) # exit

// 中继地址是指 DHCP 服务器的接口地址,本项目中为 RouterA 的 G0/0 口地址。

（5）DHCP 客户端设置。

本项目中 PC1 接入 VLAN 10，PC2 接入 VLAN 20，在 PT 模拟器中 IP 地址配置选择 DHCP，即可向 DHCP 服务器请求分配 IP 地址，请求成功可获得相应 VLAN 中的 IP 地址、子网掩码和默认网关，如图 3.5-2 和图 3.5-3 所示。

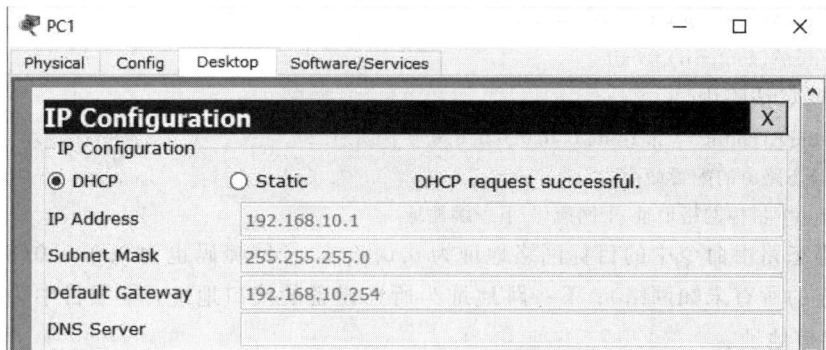

图 3.5-2　PC1 客户端动态获取 IP 地址

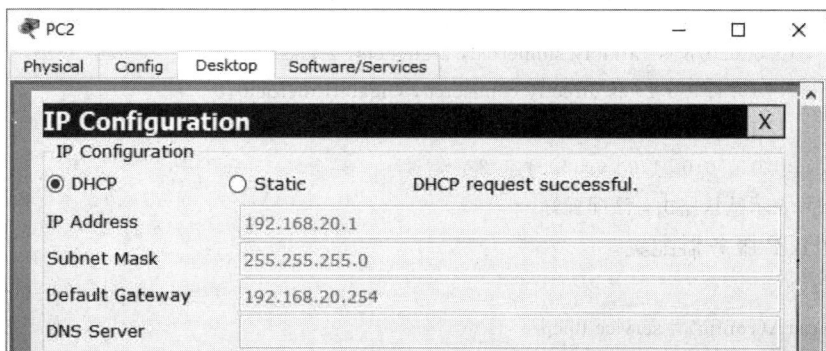

图 3.5-3　PC2 客户端动态获取 IP 地址

（6）查看 DHCP 服务器中的地址绑定信息。

DHCP 服务器及 DHCP 中继配置成功信息如下：

```
RouterA♯show ip dhcp binding
IP address          Client-ID/              Lease expiration        Type
                    Hardware address
192.168.10.1        0090.0CD8.317E          — —                     Automatic
192.168.20.1        0002.178E.9955          — —                     Automatic
```

项目 3 报告　为局域网规划 VLAN 并进行通信

一、项目描述

某中小企业需对其网络进行管理和配置，如通过创建 VLAN 来隔离生产部、办公区和财务部，根据需要用三层交换机实现 VLAN 间路由。

二、项目拓扑图

项目拓扑图见图 3 - 22。

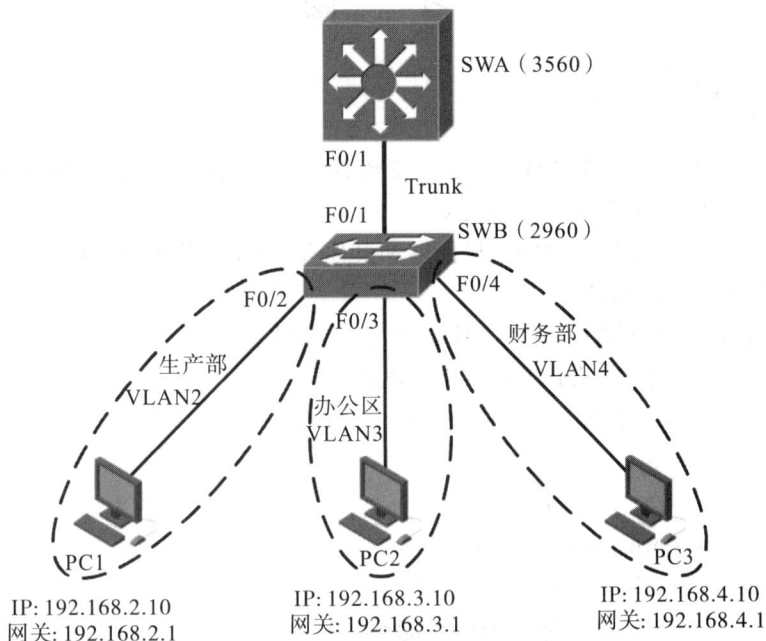

图 3 - 22　项目拓扑图

三、项目任务

【任务一】交换机基础性配置。

（1）配置各交换机名称。

（2）禁止各交换机 DNS 查询。

（3）设置虚拟终端线路 VTY 及 Telnet 登录，Telnet 登录密码：cisco。

（4）显示当前配置。

（5）模拟调测逻辑图。

【任务二】VTP 配置及 VLAN 创建。

（1）VTP 配置。要求：SWA 为服务器模式，SWB 为客户机模式，域名为你的名字的拼音字母缩写。

（2）SWA 与 SWB 之间使用 Trunk 连接。

（3）在 VTP Server 上创建三个 VLAN，如 VLAN 2、VLAN 3、VLAN 4。

（4）按要求将端口划分到相应的 VLAN。

（5）结果显示。

【任务三】用三层交换机实现 VLAN 间路由。

（1）在三层交换机 SWA 上配置每个 VLAN 的管理地址。

（2）开启三层交换机上的路由功能。

(3) Ping 通测试，记录结果。

(4) 若只让 VLAN 2 与 VLAN 3 之间进行通信，应如何配置？写出配置命令。

习　题

一、单项选择题

1. 你最近刚刚接任公司的网管工作，在查看设备以前的配置时发现在交换机上配了 VLAN 10 的 IP 地址，该地址的作用是(　　)。

A. 为了使 VLAN 10 内的主机能够和其他 VLAN 内的主机互相通信

B. 作为管理 IP 地址

C. 交换机上创建的每个 VLAN 必须配置 IP 地址

D. 实际上此地址没有用，可以将其删掉

2. 下面哪条命令不能删除 VLAN 10？(　　)

A. Switch#no vlan 10

B. Switch(vlan)#no vlan 10

C. Switch(config)#no vlan 10

D. Switch(config-vlan)#no vlan 10

3. 参见图 3－23 所示，出错的原因可能是(　　)。

```
Switch#conf t
Enter configuration commands, one per line.  End with CNTL/Z.
Switch(config)#int
Switch(config)#interface f0/1 -10
                              ^
% Invalid input detected at '^' marker.
```

图 3－23　习题图 1

A. 进入的全局配置模式不对

B. 使用的命令中接口之间不能出现"－"号

C. 使用的命令中接口之间应以"，"号分隔

D. 在"f0/1-10"之前应加入"range"

4. 参见图 3－24 所示，PC0 不能 Ping 通 PC1，最有可能的原因是(　　)。

```
Switch#show vlan b

vlan Name                              Status    Ports
---- --------------------------------- --------- -------------------------------
1    default                           active    Fa0/9, Fa0/10, Fa0/11, Fa0/12
                                                 Fa0/13, Fa0/14, Fa0/15, Fa0/16
                                                 Fa0/17, Fa0/18, Fa0/19, Fa0/20
                                                 Fa0/21, Fa0/22, Fa0/23, Fa0/24
                                                 Gig0/1, Gig0/2
2    vlan0002                          active    Fa0/1, Fa0/2, Fa0/3, Fa0/4
3    vlan0003                          active    Fa0/5, Fa0/6, Fa0/7, Fa0/8
```

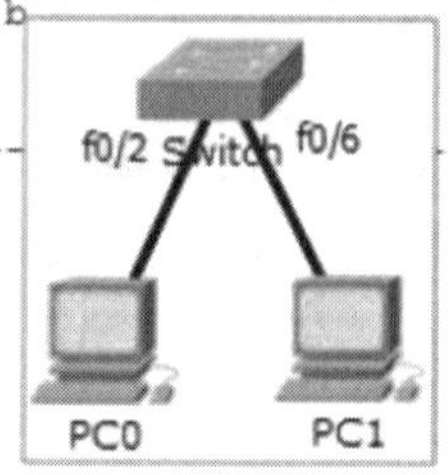

图 3－24　习题图 2

A. F0/2 与 F0/6 没有接入 VLAN 1　　　　　B. F0/2 与 F0/6 在不同的 VLAN

C. F0/2 与 F0/6 在相同的 VLAN　　　　　　D. PC0 与 PC1 都没有设置网关

5. 如果将 VTP 交换机配置为仅转发 VTP 通告,则该交换机是处于(　　　)工作模式。

　　A. 客户端　　　　　　B. 根　　　　　　C. 服务器　　　　　　D. 透明

6. Cisco3560 交换机要与 Cisco2960 交换机 Trunk 链接,需配置下列哪条命令?(　　　)

　　A. Switch(config)♯switchport trunk encapsulation dot1q

　　B. Switch(config-if)♯switchport trunk encapsulation 802.1q

　　C. Switch(config-if)♯switchport encapsulation dot1q

　　D. Switch(config-if)♯switchport trunk encapsulation dot1q

7. 参见图 3-25 所示,两交换机已形成 Trunk 链接,并已配置了 VTP,但在 SWA 上新增加了 VLAN,SWB 上未能收到,其可能的原因是(　　　)。

　　A. SWA 的配置版本比 SWB 低　　　　　B. SWB 的域名与 SWA 的不一致

　　C. SWA 的修剪模式没有启用　　　　　　D. SWB 的修剪模式没有启用

```
SWA#show vtp status                            SWB#show vtp status
VTP Version                    : 2             VTP Version                    : 2
Configuration Revision         : 0             Configuration Revision         : 1
Maximum VLANs supported locally : 255          Maximum VLANs supported locally : 255
Number of existing VLANs       : 12            Number of existing VLANs       : 11
VTP Operating Mode             : Server        VTP Operating Mode             : Client
VTP Domain Name                : cisco         VTP Domain Name                : hngy
VTP Pruning Mode               : Disabled      VTP Pruning Mode               : Disabled
VTP V2 Mode                    : Disabled      VTP V2 Mode                    : Disabled
VTP Traps Generation           : Disabled      VTP Traps Generation           : Disabled
```

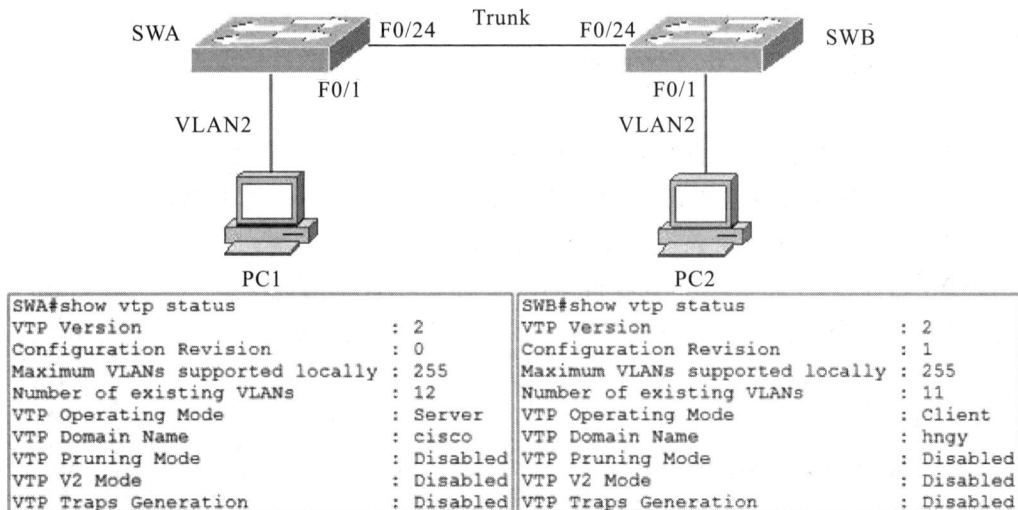

图 3-25　习题图 3

8. 在实施 VLAN 间路由的过程中,在配置路由器的子接口时必须考虑的重要事项是(　　　)

　　A. 该物理接口必须配置有 IP 地址

　　B. 子接口编号必须与 VLAN ID 号匹配

　　C. 必须在每个子接口上运行 no shutdown 命令

　　D. 各个子接口的 IP 地址必须是各个 VLAN 子网的默认网关地址

9. 要实现 VLAN 之间的路由,需在三层交换机上配置各 VLAN 的管理地址作为网关,其正确命令是(　　　)。

　　A. Switch♯ ip address 192.168.10.1 255.255.255.0

　　B. Switch(config)♯ ip address 192.168.10.1 255.255.255.0

　　C. Switch(config-if)♯ ip address 192.168.10.1 255.255.255.0

　　D. Switch(config-if)♯ ip address 192.168.10.1

10. 在三层交换机上配置 DHCP 服务器，下列哪项不是必配不可的？（　　）

 A. 开启三层设备的 DHCP 服务 　　 B. 排除不参与分配的特定 IP 地址

 C. 配置 DHCP 池及网络范围 　　 D. 配置默认网关

二、多选题

1. 当删除全部 VLAN 时，需执行下列哪两项任务？（　　）（选两项）

 A. 使用命令 delete flash:vlan.dat，从闪存中删除 vlan.dat 文件

 B. 重新启动交换机使更改生效

 C. 采用创建 VLAN 时所用命令的否定形式

 D. 如果要使用被删除 VLAN 中包含的交换机端口，则必须将那些端口重新分配给其他 VLAN

 E. 在全局配置模式下使用 erase vlan 命令

2. Trunk 链路实现的功能是（　　）。（选两项）

 A. 实现不同 VLAN 之间的通信

 B. 实现同一个 VLAN 跨交换机的通信

 C. 实现 VLAN 与接口的绑定

 D. 在一条物理线路上承载多个 VLAN 的信息

 E. 在一条物理线路上承载一个 VLAN 的信息

3. 参见图 3-26 所示，该网络中各干线已配置为中继，若要在 S1 和 S2 中能查看到 vlan 8，需要进行哪几组命令配置？（　　）（选三项）

 A. S1(config)♯vtp mode server

 B. S2(config)♯vtp mode client

 C. S3(config)♯vtp mode transparent

 D. S1(config)♯vlan 8

 E. S2(config)♯vlan 8

 F. S3(config)♯vlan 8

4. 参见图 3-27 所示，PCA 要与 PCB 通信，下面哪些操作是必需的？（　　）（选三项）

 A. 两个主机都要配置网关地址

 B. S0 上 VLAN 2 和 VLAN 3 都要配置 IP 地址

 C. 两个 VLAN 必须配置路由协议

 D. 两个主机必须获得对方的 VLAN ID 号

 E. S0 上要启用三层路由

 F. 两个 VLAN 都要封装 Trunk 协议

5. 参见图 3-28 所示，下列哪几个 IOS 命令是用来配置交换机端口 F0/1 连接到路由器的？（　　）（选两项）

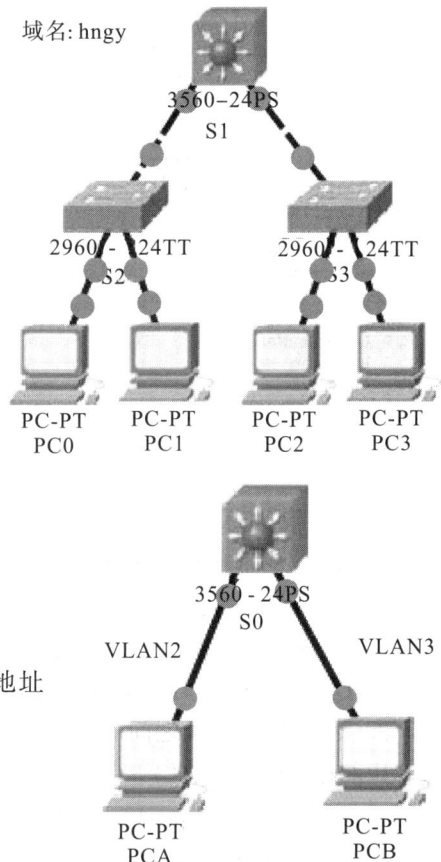

图 3-27　习题图 5

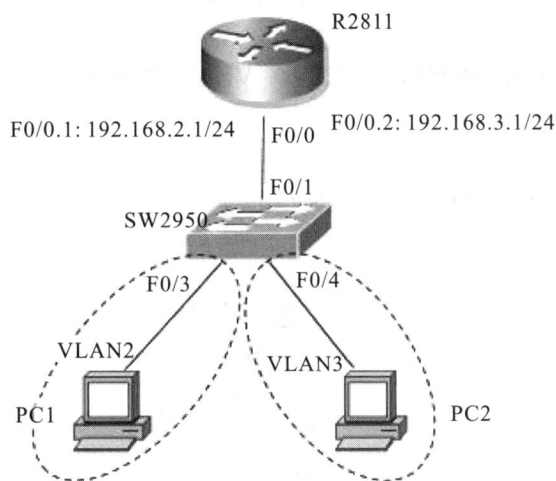

图 3 - 28　习题图 6

A. Switch(config)# interface fastethernet 0/1

B. Switch(config-if)# switchport mode access

C. Switch(config-if)# switchport mode trunk

D. Switch(config-if)# switchport access vlan 1

E. Switch(config-if)# switchport trunk encapsulation isl

三、判断题

1. 参见图 3 - 29 所示，两台交换机的 F0/1 都绑定在各自的 VLAN 2 中，PC0 与 PC1 能 Ping 通。（　　）

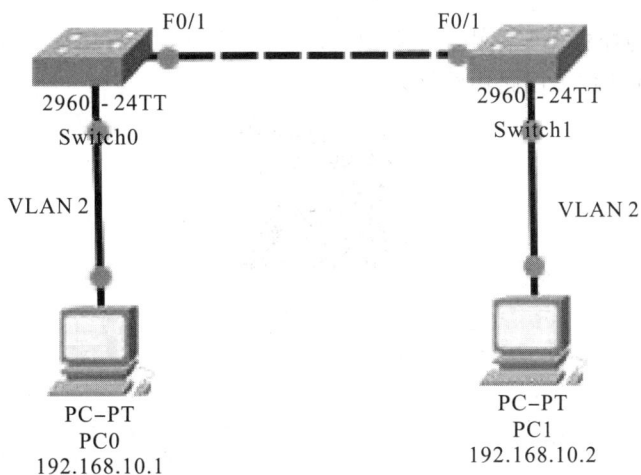

图 3 - 29　习题图 7

2. VTP 域中的 Server 模式交换机创建的 VLAN，可传递到 Client 模式的交换机，但不能传递到 Transparent 模式的交换机。（　　）

3. IEEE802.1Q 所附加的 VLAN 识别信息，位于数据帧中发送源 MAC 地址与类型 (Type)之间的 Tag 标记。该 Tag 标记共计有 8 字节。(　　)

4. 参见图 3 - 30 所示，该网络原已实现各 VLAN 之间的通信，现配置下面这组命令，则 PC3 不能 Ping 通 PC1 和 PC2 了。(　　)

SWB(config)♯int fastEthernet 0/1

SWB(config-if)♯switchport trunk allowed vlan 2-3

SWB(config-if)♯switchport trunk allowed vlan except 4

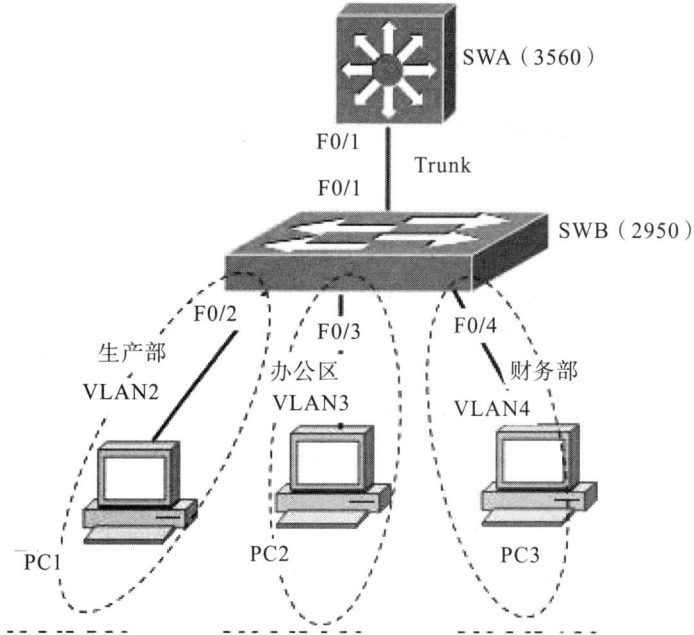

图 3 - 30　习题图 8

5. 单臂路由的配置需要路由器支持 Trunk 封装类型，同时还需要路由器支持子接口，并在子接口上配置各种三层路由特性。(　　)

项目三习题答案

项目 4　大型园区局域网项目

【学习目标】

通过本项目的学习，达到以下目标：

(1) 能为交换机的端口配置链路捆绑。

(2) 能运用生成树协议的工作机制分析网络。

(3) 能通过配置生成树协议参数实现 VLAN 的流量分流。

(4) 熟悉热备份路由协议 HSRP 的作用。

(5) 能为核心网关设备配置 HSRP 实现冗余备份。

(6) 能运用相关技术对大型园区网进行业务分流及冗余备份的配置。

4.1　项 目 概 述

某园区为了提升网络性能并增强安全性，新增一台核心交换机，与原核心交换机进行链路捆绑，通过双链路进行通信，实现对园区现有网络的扩容和升级。原有的各楼栋内的交换机继续使用，并与两核心交换机均互连以提高网络可靠性。网络升级后的示意如图 4-1 所示。

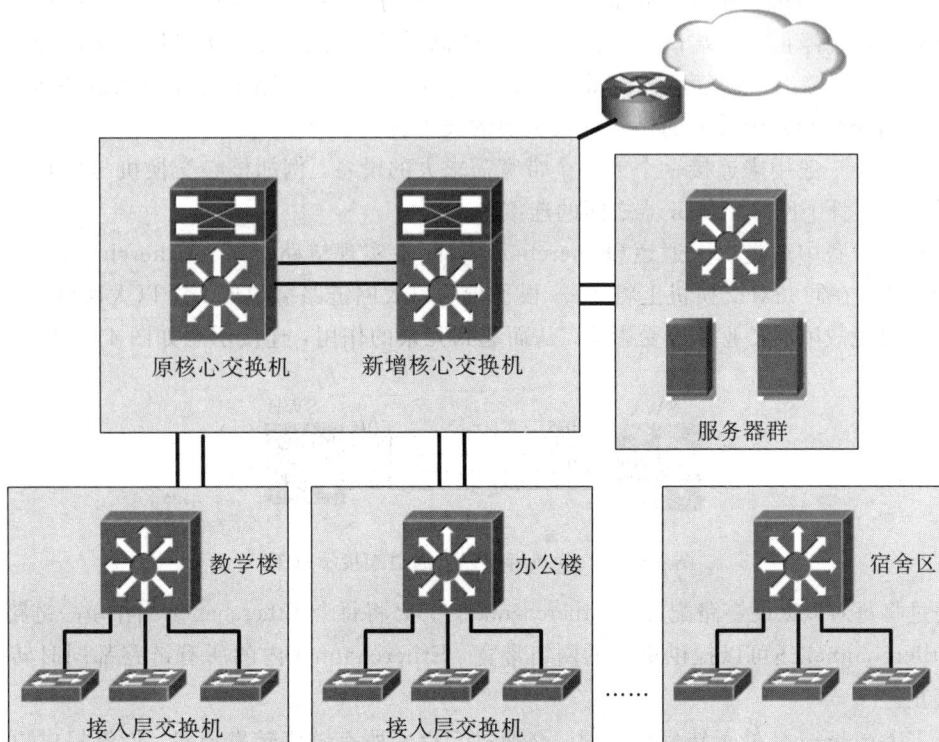

图 4-1　某园区网络升级扩容示意图

4.2　需求分析

项目需求分析如下：

（1）园区网络涉及多个部门，仍通过划分 VLAN 来进行管理，在核心交换机上配置 VTP，实现 VLAN 的统一配置和管理。

（2）配置生成树（Spanning-Tree）协议，通过调整参数实现 Spanning-Tree 不同 VLAN 的流量分流。

（3）核心交换机配置链路聚合（GEC 或 10GEC）连接方式，实现多端口链路捆绑，可以实现流量负载均衡，提高带宽。

（4）核心交换机配置热备份 HSRP（热备路由协议）或 VRRP（虚拟路由冗余协议），实现网关的冗余和备份并提高网络可靠性。

4.3　技术要点

4.3.1　以太网链路聚合及配置

链路聚合及配置

1. 链路聚合的作用

链路聚合也称链路捆绑，是将两个或更多物理链路组合成一个逻辑通道，该通道以一个更高带宽的逻辑链路出现。链路聚合网络中，当交换机检测到其中一个成员端口的链路发生故障时，就停止在此端口发送报文，并根据负载均衡策略在剩下链路中重新计算报文发送的端口，故障端口恢复后再次重新计算报文发送端口。链路聚合在增加链路带宽、实现链路传输弹性和冗余等方面是一项很重要的技术。

链路聚合一般用来连接一个或多个带宽需求大的设备，例如核心交换机与核心交换机之间的连接，骨干网络与服务器之间的连接等。

在思科设备中通过以太通道（Etherchannel）配置实现链路捆绑。Etherchannel 绑定的规则为：可以在同一对交换机上将 2～8 根平行的以太网链路绑定成一个以太通道，当其中一条链路出现故障时，业务不受影响，从而起到冗余的作用，连接示意如图 4-2 所示。

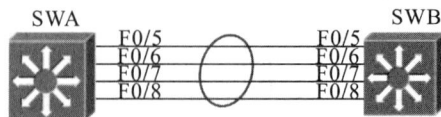

图 4-2　交换机绑成以太通道连接示意图

通过将每对以太网链路配置成 Etherchannel，STP 将每个 Etherchanne 当作单一链路。

Etherchannel 还可以提供更多的网络带宽，Etherchannel 内的所有链路都同时转发或同时禁止。

当 Etherchannel 处于转发状态时，交换机会沿着所有链路转发流量，能够提供更多带宽，同时还可实现负载均衡。

综上所述，Etherchannel 的作用为：

（1）快速收敛。

（2）增加带宽。

（3）负载均衡。

2. Etherchannel 配置

1）绑定通道组

Etherchannel 按通道组（Channel-group）绑定，Channel-group 的绑定原则如下：

（1）形成以太通道组的接口参数（speed）要一致，双工模式（duplex）要一致，端口所属的 VLAN 要一致，Trunk 的模式要一致。

（2）最多绑定 8 个接口，Channel-group 组内成员个数为偶数。

2）协商协议

两台交换机之间是否形成 Etherchannel 也可以用协议自动协商。目前有两个协商协议即 PAGP（端口汇聚协议）和 LACP（链路汇聚协议）。PAGP 是 Cisco 专有的协议，而 LACP 是国际标准。

表 4－1 是 PAGP 协商的规律总结，表 4－2 是 LACP 协商的规律总结。

表 4－1　PAGP 协商的规律总结

	ON	desirable	auto
ON	√	×	×
desirable	×	√	√
auto	×	√	×

表 4－2　LACP 协商的规律总结

	ON	active	passive
ON	√	×	×
active	×	√	√
passive	×	√	×

3）配置

EtherChannel 配置命令见表 4－3。

表 4－3　Etherchannel 配置命令

步骤	命　令	说　明
1	config terminal	进入全局配置模式
2	intface range *port id*	进入要绑定的端口范围
3	Channel-group *number* mode {on/auto/desirable}	使用 PAGP 协议时用，*number* 表示组号，可为 1～6
或 3	Channel-group *number* mode {on/active/passive }	使用 LACP 协议时用，*number* 表示组号，可为 1～6
4	show etherchannel summary	查看以太通道信息

注：如果在交换机两端都配置了 auto 参数，channel-group 永远也"up"不了，如果其中一台配置了 desirable 就会协商成功。

【配置示例】按图 4 - 2 所示两台交换机之间使用四根交叉线连接，绑定成以太通道组，组号为 1，两端都配置为"on"模式，命令如下。

SWA：

SWA(config)♯int range f0/5-8

SWA(config-if-range)♯switchport mode trunk

SWA(config-if-range)♯channel-group 1 mode on　　　　//通道组号为 1，模式为 on

SWA(config-if-range)♯end

SWB：

SWB(config)♯int range f0/5-8

SWB(config-if-range)♯switchport mode trunk

SWB(config-if-range)♯channel-group 1 mode on　　　　//通道组号为 1，模式为 on

SWB(config-if-range)♯end

查看结果：

SWA♯show etherchannel summary

Flags：　D - down　　　　　P - in port-channel

　　　　　I - stand-alone s - suspended

　　　　　H - Hot-standby（LACP only）

　　　　　R - Layer3　　　　S - Layer2

　　　　　U - in use　　　　f - failed to allocate aggregator

　　　　　u - unsuitable for bundling

　　　　　w - waiting to be aggregated

　　　　　d - default port

Number of channel-groups in use：1

Number of aggregators：　　　　　1

Group　　Port-channel　　Protocol　　Ports

－ －

1　　　　Po1(SU)　　　　　－　　　　　Fa0/5(P) Fa0/6(P) Fa0/7(P) Fa0/8(P)

通过显示的结果可以看出，F0/5～F0/8 建立的通道组为 channel-group 1，使用 PAGP 协议协商，通道组已形成（SU，状态为正在使用）。

4.3.2　STP 技术及配置

STP 技术 1　　　　　　　　　STP 技术 2

有冗余链路的 LAN 可能会导致数据帧沿着网络永久循环，这些循环帧会引起网络性能问题。在局域网中需要有一个能避免网络环路的协议，即生成树协议，这样就可以防止数据帧通过冗余链路无休止地循环下去。

1. STP 的概念

生成树协议即 STP(Spanning Tree Protocol)，它通过有选择性地阻塞网络冗余链路来达到消除网络二层环路的目的，同时具备链路的备份功能。STP 可以动态发现网络拓扑，并且还可以确保同一局域网只存在一条路径。

STP 是通过 SPF 算法来阻塞物理冗余网络中的某些端口，从而避免数据转发的逻辑循环，最终生成一个无环路路径的二层协议，如图 4-3 所示。

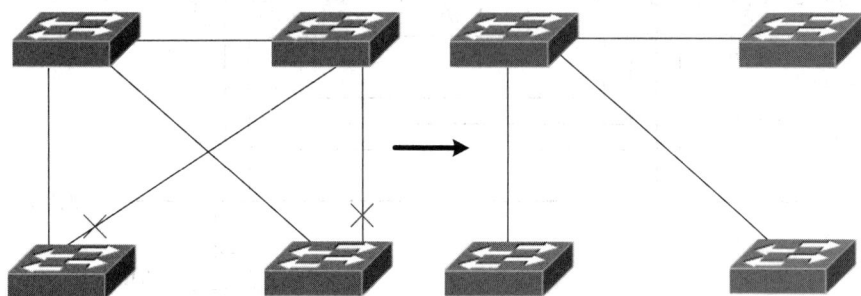

图 4-3　STP 生成无环路路径二层协议网络示意图

2. STP 的作用

虽然冗余设计能够带来更高的可靠性，但是也会引起一系列需要考虑的问题：

如果没有某种回环避免机制起作用，每个交换机将会无休止地传播广播包，这些广播包沿着回环不断传播就会产生广播风暴，引起带宽浪费，给网络和主机性能带来严重影响。

交换机还会向目标工作站发送非广播帧的多个拷贝，而多数协议每次只希望收到单一的拷贝，同一数据帧的多份拷贝可能会引起严重错误。

交换机的不同端口接收同一帧的多个拷贝将会造成 MAC 地址表内容不稳定，当交换机处理 MAC 表中振荡的地址时会消耗交换机资源，削弱交换机的数据转发能力。

下面介绍 STP 是如何解决这些问题的。

(1) 消除广播风暴。

当主机 A 发送一个目的地址为 FFFF.FFFF.FFFF 的广播帧时，该帧将传至 Switch A 和 Switch B，当达到 Switch A 的 F0/1 端口时，Switch A 将其泛洪到其他每个端口，包括 Switch A 的 F0/2 口；同样 Switch B 也做这样的处理，此后广播报文就会在 Switch A 和 Switch B 之间的链路成几何级数地增长，以至形成广播风暴，如图 4-4 所示。

要消除回环带来的广播风暴，可通过在正常操作期间禁止四个端口中的其中一个端口收发数据帧来解决，这是 STP 的重要作用之一。

(2) 消除重复的非广播帧。

大多数协议既不能识别也不能处理数据的重复传输，重复传输将导致结果的不可预知。图 4-5 分析了交换网络中重复传输是怎样形成的。

重复传输出现的步骤：

第一步：当主机 A 向主机 B 发送一单播帧时，Switch A 从 F0/1 端口收到该帧，并检查 MAC 地址表；Switch B 同样从其 F0/1 端口也收到该帧，同时也检查其 MAC 地址表；

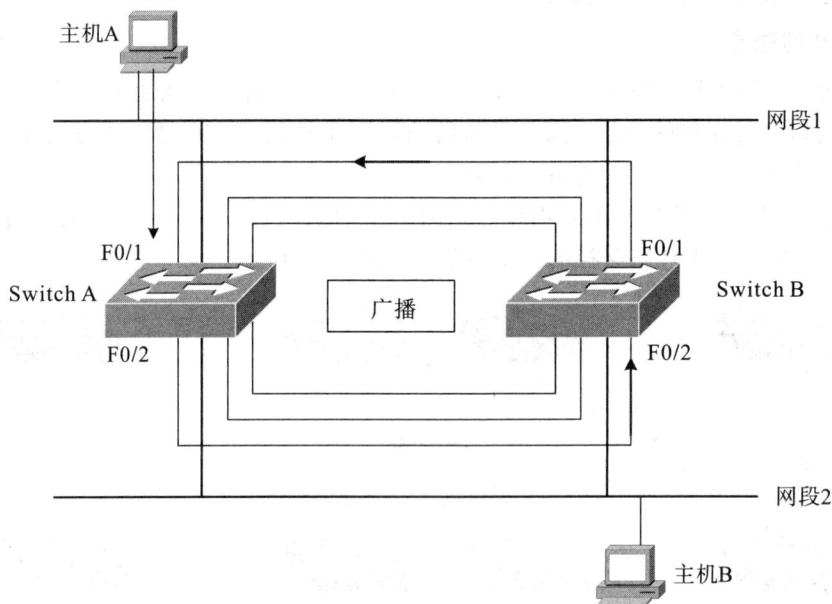

图 4-4　广播风暴

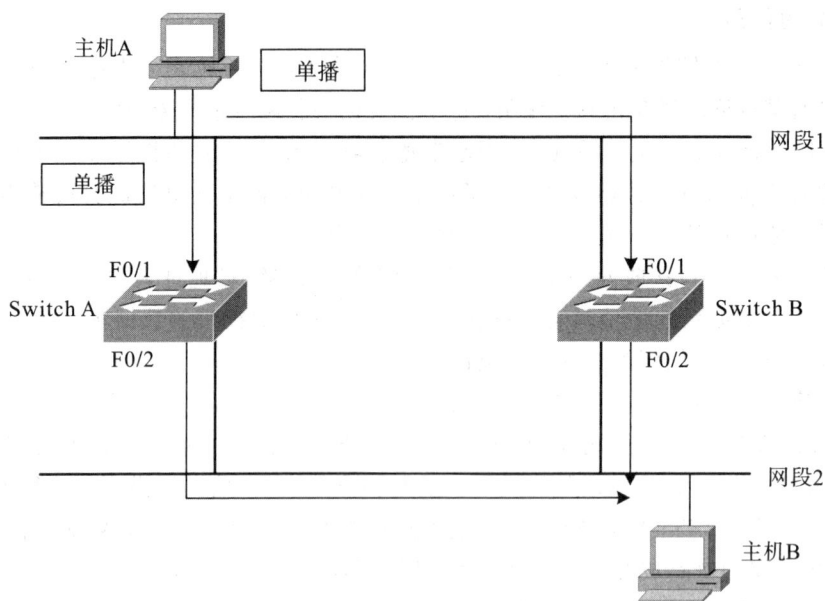

图 4-5　重复传输非广播帧

第二步：若都没有发现主机 B 的相关表项，Switch A 就会将数据帧转发到接到网段 2 上的 F0/2 口；Switch B 也会将数据帧转发到接到网段 2 上的 F0/2 口；

第三步：主机 B 从网段 2 上收到两个重复的该单播帧；

同样，利用 STP 技术，通过在正常操作期间禁止四个端口中的其中一个端口收发数据来消除这一问题，这是 STP 的另一作用。

（3）消除 MAC 表的不稳定。

当数据帧的多份拷贝到达同一交换机的不同端口时，就会引起 MAC 地址表的不稳定。在图 4-5 中，当 Switch B 从连接网段 1 的端口接收到来自主机 A 的数据帧第一份拷贝时，会在 MAC 地址表中写入主机 A 及相应端口 F0/1 的映射关系。

接着，经过一段时间后，Switch B 又接收到 Switch A 经过网段 2 发送来的另一份拷贝，Switch B 必须将第一次形成的映射关系去掉，将主机 A 与连接网段 2 的端口 F0/2 映射写进 MAC 地址表。

总之，对于二层的以太网协议，缺乏识别和消除无止境循环的分组，也就是说广播环路比路由环路更危险。因此，必须使用一种机制在交换网络中阻止循环，阻止循环机制是应用生成树协议的主要原因。

3. STP 工作机制

STP 的作用是避免二层网络的环路，那是如何实现的呢？

采用 SPF 最短路径生成树算法，简单地说，就像你能够沿着一棵树的一条路径从树根到每片树叶一样。实际操作上就是将每个交换机/网桥端口置于转发或阻塞状态，如果一个端口没有适当的理由处于转发状态，STP 就会将其置于阻塞状态，以此来断开环路。

1）STP 原理

如图 4-6 所示是一个简单的有冗余链路的网络，STP 作用是使 SW3 上的其中一个端口 F0/24 处于阻塞状态。

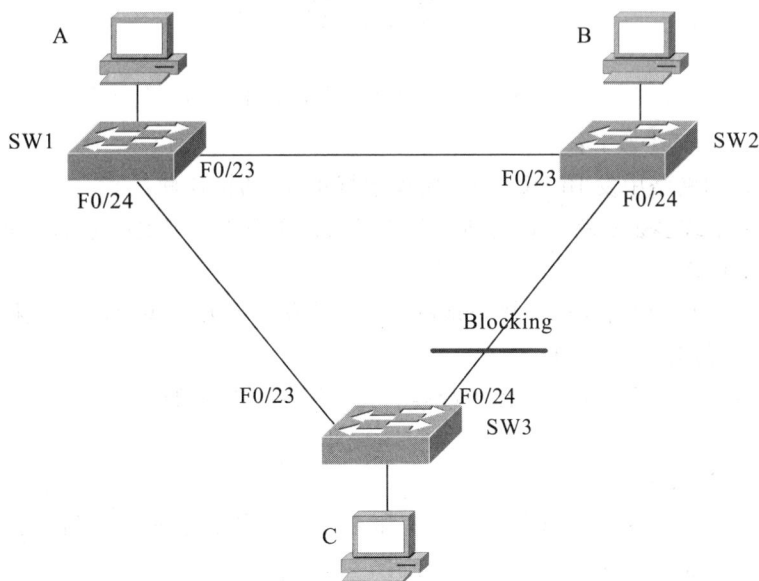

图 4-6　STP 断开冗余链路

当主机 A 发送广播帧时，SW1 接收该广播帧并向 SW1 的其他接口转发。

SW1 向 SW3 发送一份拷贝，SW3 不会从端口 F0/24 将广播帧转发给 SW2，因为端口 F0/24 处于阻塞状态。SW1 向 SW2 发送一份拷贝，SW2 会从端口 F0/24 将广播帧转发给 SW3，但是 SW3 忽略进入端口 F0/24 的帧。

　　然而，为了避免循环，STP 使得某些帧使用较长的物理链路。例如，如果主机 B 要给主机 C 发送帧，帧必须经过 SW2 到 SW1，然后再转发到 SW3，这条链路比实际需要的物理链路要长。

　　STP 能够避免循环，但是这样会引起某些流量采用稍微低效的路径。当然，以以太网的速度，用户一般不会注意到性能上的任何不同，除非网络本来已经发生严重拥挤。

　　如果 SW1 和 SW2 之间的链路失效了，STP 会重新收敛，SW3 不再阻塞其 F0/24 端口。

　　如图 4-7 所示，SW1 和 SW3 之间的链路产生故障，STP 进行了重新收敛，打开 SW3 的阻塞端口 F0/24，使其从阻塞状态变成转发状态。

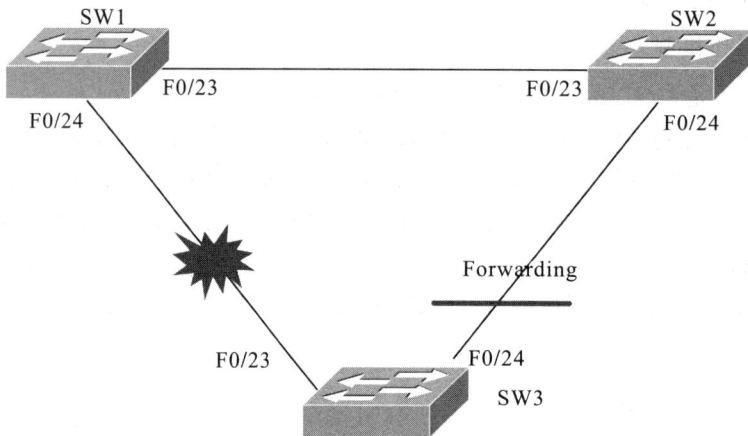

图 4-7　STP 打开冗余链路

STP 工作原理简述如下：

每台交换机向网络中发 BPDU（网桥协议数据单元）的协议帧：

　　（1）若从两条或多条链路上收到同一台交换机的 BPDU，则说明它们之间存在着冗余路径，就会产生环路；

　　（2）交换机使用生成树算法选择一条链路传递数据，把另一些端口置于阻塞（Blocking）状态以将其他的链路虚拟地断开；

　　（3）一旦当前正在使用的链路出现故障，就会把某个阻塞的端口打开以接替原来的链路工作。

　　2）BPDU 协议数据单元

　　生成树算法主要依靠网桥 ID、路径开销和端口 ID，在创建一个无环路的拓扑时，支持 STP 功能的交换机需要携带这几个重要参数：

- 根网桥 ID
- 到根网桥的最小路径开销
- 发送网桥 ID
- 发送端口 ID

当一个网桥被激活后，其所有的端口每隔 2 s（默认 hello 时间）发送一次 BPDU 报文。

如果收到其他端口比自己更好的 BPDU，则本地端口停止发送 BPDU。

如果 20 s(默认最大时间 Max Age)的时间没有从邻居收到更好的 BPDU，则本地端口将重新发送 BPDU。最大生存时间是最佳 BPDU 超时的时间。

下面解释 STP 过程中用到的几个概念：

(1) 网桥优先级。

STP 要求每个网桥分配一个唯一的标识 BID(Bridge ID)，BID 通常由优先级(2bytes)和网桥 MAC 地址(6bytes)构成。

根据 IEEE802.1d 规定，优先级值为 0～65 535，缺省的优先级为 32 768(0x8000)，如图 4-8 所示。

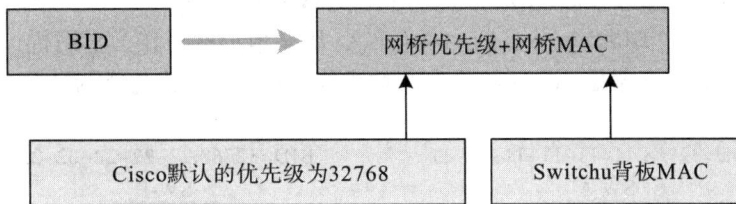

图 4-8 网桥标识 BID

BID 的比较方法是：先比较网桥的优先级，若优先级相同再比较网桥的 MAC 地址，BID 值越小的网桥，其优先级越高。

(2) 路径开销。

路径开销是用来衡量网桥之间距离的一种方式。路径开销是两个网桥间某条路径上所有链路开销的总和，链路的开销取决于链路的带宽，常见的以太网链路开销如表 4-4 所示。

表 4-4 链路开销

序号	链路带宽	开销(Cost)
1	10 Gb/s	2
2	1 Gb/s	4
3	100 Mb/s	19
4	10 Mb/s	100

(3) 端口 ID。

端口 ID(PID，Port ID)，转发/发送 BPDU 的网桥的端口标识，PID 通常由 6 bit 的端口优先级和 10 bit 的端口号，如图 4-9 所示。

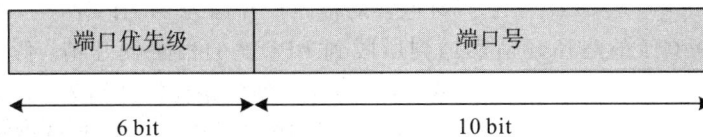

图 4-9 端口 ID(PID)

PID 的比较方法是：先比较端口的优先级，若优先级相同再比较端口号，PID 值越小的网桥，其优先级越高。

PID 中端口号的定义采用数字编号的方式，如同一台交换上，其端口 F0/23 与 F0/24，若其优先级为 128，则端口 F0/23 的 PID 为 128.23，端口 F0/24 的 PID 为 128.24，即端口 F0/23 优先于端口 F0/24。

3）STP 选举过程

生成树算法比较复杂，简单归纳其操作过程包含：选举根网桥（Root Bridge）、选举根端口（Root Ports）、选举指定端口（Designated Ports）、阻塞其他端口（Block Ports）。

（1）选举根网桥。

当交换机最初启动时，它假定自己就是根网桥并发送 BPDU，当交换机接收到一个更低的 BPDU 时，它会把自己正在发送的 BPDU 的根 BID 替换为这个最低的根 BID，所有的网桥都会接收到这些 BPDU，并且判定具有最小 BID 值的网桥作为根网桥。

如图 4-10 所示，假定 A、B 的优先级均为 32 768，C 的优先级为 40 000。

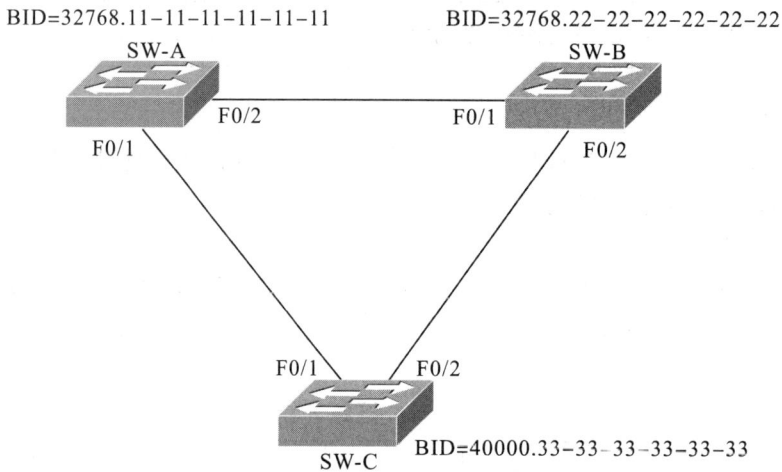

BID=32768.11-11-11-11-11-11 SW-A F0/2 F0/1 SW-B BID=32768.22-22-22-22-22-22

F0/1 F0/2

F0/1 F0/2 SW-C BID=40000.33-33-33-33-33-33

图 4-10　选举根网桥

根据选举规则选择较小的优先级的交换机，则选择出 SW-A 和 SW-B。在 A、B 优先级相同的时候，查找最小的 MAC 地址 11-11-11-11-11-11，于是 SW-A 被选举成为根网桥，根网桥上所有的端口都处于转发状态。

（2）选举根端口。

每一个非根网桥都将选出一个根端口，根端口是收到来自网桥最小开销 BPDU 的端口，如图 4-11 所示。其选择过程如下：

根网桥 SW-A 发送 BPDU，它们所包含的根路径开销为 0，当 SW-B 收到这些 BPDU 后，迅速将端口 F0/1 的路径开销累加到所收到 BPDU 的根路径开销。假定为 100 Mb/s 链路，则加上端口 F0/1 的开销 19，SW-B 的 F0/1 到根路径的开销为 19。SW-B 使用内部值 19，并从端口 F0/2 发送一个根路径开销为 19 的 BPDU，根据最靠近根网桥原则，SW-B 选出 F0/1 端口为根端口（RP）。

SW-C 从 SW-B 收到这些 BPDU 并计算自己到根网桥的开销为 38（19+19）。

SW-C 也在 F0/1 上收到来自 SW-A 的 BPDU，同时计算 F0/1 到根网桥的开销为 19。根据最靠近根网桥原则，SW-C 选出 F0/1 为根端口（RP）。

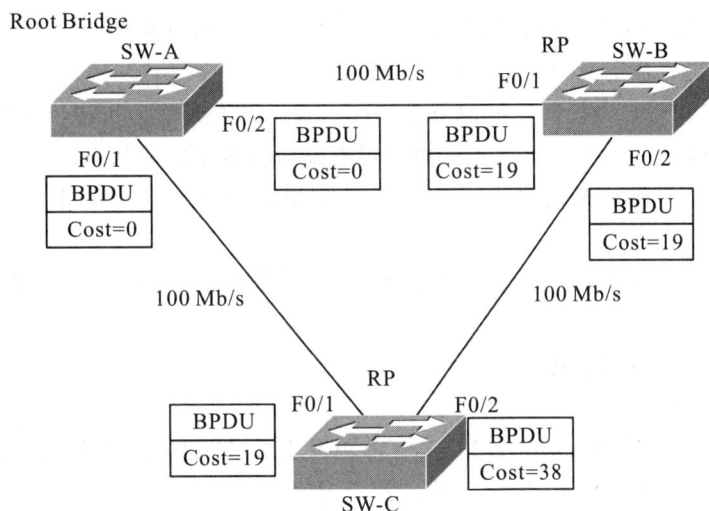

图 4-11　选举根端口

（3）选举指定端口。

指定端口是定义在一个二层链路段上的概念。该链路段选择到根网桥的根路径开销最小的这个端口为指定端口，根网桥的所有活动端口都成为指定端口，如图 4-12 所示。

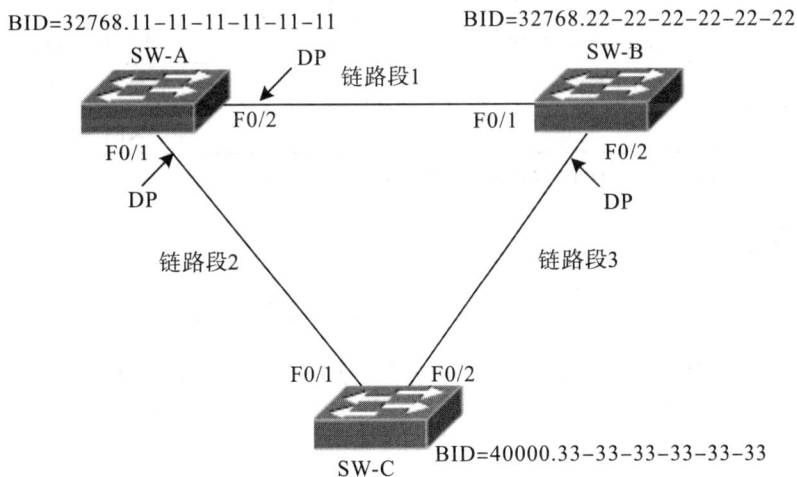

图 4-12　选举指定端口

指定端口选举过程如下：

链路段 1 中，根网桥 SW-A 上 F0/2 的路径开销为 0，SW-B 上 F0/1 的开销为 19，故 SW-A 的 F0/2 为指定端口。

链路段 2 中，同样 SW-A 上的 F0/1 被选举为指定端口。

链路段 3 中，SW-B 和 SW-C 上的 F0/2，端口路径开销均为 19，此时将根据最小发送者的 BID 来确定，则 SW-B 的端口为指定端口。

在某些情况下，例如 Cisco 的交换机每个 VLAN 一个生成树实例，此时，将会出现 BID 相同的情况，则最后比较端口 ID，端口 ID 在同一台交换机上定义是必定不同的，端口 ID 最小的端口被定义为指定端口。

综上所述，STP 协议简单地说就是将端口置于转发或禁止状态，其实现的过程如下：

第一步：选举一个根网桥，根网桥上所有端口都置于转发状态；

第二步：每个非根网桥选择一个根端口(到根网桥开销最少的端口)，根端口处于转发状态；

第三步：选指定端口(每个网段上具有最低路径开销的端口)，指定端口处于转发状态；

第四步：落选的端口进入阻塞状态。

4）STP 的端口状态

交换机端口的功能是从与其相连的 VLAN 上接收或传送数据。端口的状态由生成树算法规定，称为 STP 状态，包括转发、学习、侦听、阻塞和禁止状态。

在确定根端口、指定端口和非指定端口后，STP 准备创建一个无环路拓扑。STP 配置根端口和指定端口来转发流量，非指定端口阻塞流量。STP 有五种状态，见表 4-5。

表 4-5　STP 状态

序号	状态	描述
1	转发(Forwarding)	发送和接收用户数据
2	学习(Learning)	构建桥接表
3	侦听(Listening)	构建"活动"拓扑
4	阻塞(Blocking)	只接收 BPDU
5	禁止	关闭端口

其链路发生变化时，STP 状态变化过程如图 4-13 所示。

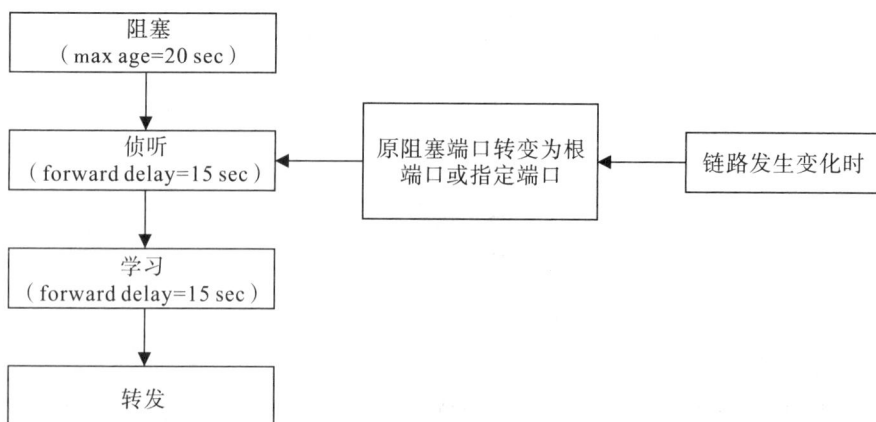

图 4-13　链路变化时 STP 状态变化

5）STP 定时器

STP 运作受三个定时器控制：

(1) Hello 周期(Hello Time)：根网桥发送 Hello BPDU 的周期，缺省为 2 s。

（2）最大存活期（Max Age）：从开始收不到 Hello 到网桥试图改变 STP 拓扑应该等待的最长时间，一般是 Hello 周期的整数倍，缺省为 20 s。

（3）转发延迟（Forward Delay）：端口从阻塞状态变为转发状态所需的延迟。转发延迟也是端口处于侦听和学习状态的时间，侦听状态或学习状态的持续时间缺省为 15 s。

端口状态变化稳定时间如图 4-14 所示。

图 4-14　端口状态变化稳定时间

6）STP 操作示例

如图 4-15 所示，三台交换机的优先级别都为 32 768，MAC 地址如图上标示。试分析其阻塞端口。

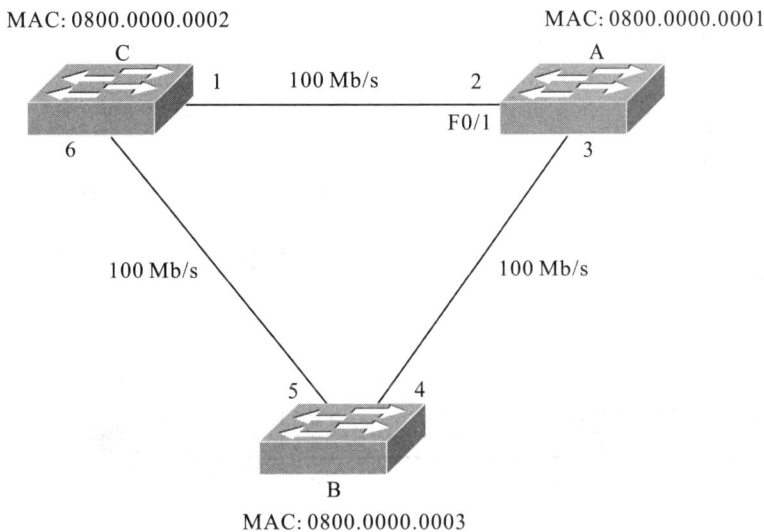

图 4-15　STP 示例

分析：

（1）选举根网桥。由于交换机 A 的 BID 最小，因此 A 被选举为根网桥。

（2）选举根端口。每个非根网桥上选举一个根端口。

交换机 B：4 为根端口（在链路速率都相同的情况下，最靠近根网桥的端口为根端口）；

交换机 C：1 为根端口。

（3）选举指定端口。每个网段上选举一个指定端口。

AC 网段：2 为指定端口（根网桥上的所有端口都为指定端口）；

AB 网段：3 为指定端口（根网桥上的所有端口都为指定端口）；

BC 网段：6 为指定端口（在 BC 链路上，要选举出一个指定口，由于到达根网桥的 Cost 值是一样的，都为 19，不能判定；但 B 和 C 的 ID 不一样，B 的 MAC 地址值大于 C 的 MAC 地址值，所以 C 的 6 端口为指定端口）

（4）阻塞端口。剩余端口为阻塞端口。除了根端口 1 和端口 4 以及指定端口 2、3、6 外，剩余端口为交换机 B 中的 5 端口，即阻塞端口为 5。

4. STP 配置

1）默认 STP 配置

支持 STP 的交换机都有一个默认配置，实际应用的配置都是基于这个默认配置进行修改的，表 4-6 所示为交换机的默认 STP 配置。

表 4-6　默认 STP 配置

特　征	默 认 值
启用状态	所有 VLAN 都启用 STP
桥优先值	32 768
STP 端口优先值	128
STP 端口开销	千兆以太网为 4，快速以太网为 19，以太网为 100
发送 Hello 消息的时间间隔	2 秒
转发时延	15 秒
最大生存时间	20 秒
模式	PVST+

2）查看 STP 配置

如图 4-16 所示，两台 Cisco2960 交换机使用两条交叉线连接，组成一个具有环路的小型网络。

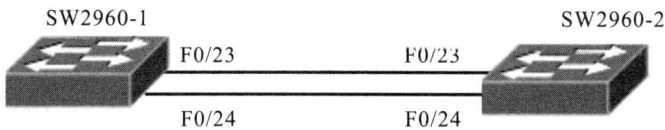

图 4-16　两台交换机组成的交换网络

按图 4-16 所示连接两台交换机，Cisco 交换机会自动运行 STP，即会以阻塞其中一个端口的方式在逻辑上断开环路。可以通过查看 STP 配置命令，查看阻塞端口。

使用命令如下：

```
Show spanning-tree
SW2960-1 屏幕显示：
SW2960-1♯show spanning-tree
vlan 0001
  Spanning tree enabled protocol ieee
  Root ID  Priority  32769   //优先级的默认值为 32768，加 1 后为 32769
           Address    000d. a675. ef80     //根网桥 MAC 地址
           Cost       19                   //100Mbps 链路开销
           Port       24 (FastEthernet0/24)
           Hello Time   2 sec  Max Age 20 sec  Forward Delay 15 sec
```

Bridge ID Priority 32769 （priority 32768 sys-id-ext 1）

     Address   000d. bd00. f5e0

     Hello Time 2 sec Max Age 20 sec Forward Delay 15 sec

     Aging Time 300

Interface	Role Sts Cost	Prio. Nbr	Type
Fa0/23	Root FWD 19	128. 23	P2p
Fa0/24	Altn BLK 19	128. 24	P2p

SW2960-2 屏幕显示：

SW2960-2＃show spanning-tree

vlan 0001

  Spanning tree enabled protocol ieee

  Root ID Priority 32769

      Address   000d. a675. ef80

      This bridge is the root

      Hello Time 2 sec Max Age 20 sec Forward Delay 15 sec

   Bridge ID Priority 32769 （priority 32768 sys-id-ext 1）

      Address   000d. a675. ef80

      Hello Time 2 sec Max Age 20 sec Forward Delay 15 sec

      Aging Time 300

Interface	Role Sts Cost	Prio. Nbr	Type
Fa0/23	Desg FWD 19	128. 23	P2p
Fa0/24	Desg FWD 19	128. 24	P2p

在上面的显示中可以看出：

（1）SW2960-2 是根网桥。两台交换机的优先级相同，其 MAC 值小的被选举为根网桥。SW2960-2 的 MAC 值为 000d. a675. ef80；SW2960-1 的 MAC 值为 000d. bd00. f5e0。

（2）根网桥 SW2960-2 上的两个端口都为指定端口（Desg），都处于转发状态（FWD）。

（3）非根网桥 SW2960-1 上的 Fa0/23 为指定端口（Root），处于转发状态（FWD）；Fa0/24 为其他端口（Altn），处于阻塞状态（BLK）。

SW2960-1 的两个端口 F0/23、F0/24 都收到来自 SW2960-2 的 BPDU，其优先级和 MAC 地址都是一样的；然而，SW2960-1 必须选择将一个端口置于转发状态，而将另一个端口处于阻塞状态，以避免循环。因此，SW2960-1 将使用最低的内部端口号来完成这个选择，而端口号 F0/23 低于 F0/24，即 F0/23 处于转发状态而 F0/24 处于阻塞状态。

3）配置根网桥

网桥 ID 由网桥优先级值和网桥 MAC 地址组成，并与每个实例关联，因此可通过改变网桥优先级来改变某个实例中的根网桥配置。通过下面的两种方法都可改变网桥优先级，从而达到改变根网桥的目的。

（1）直接配置成根网桥。

要配置一个 VLAN 实例成为根网桥，可以键入 spanning-tree vlan vlan_ID root 命令

来编辑网桥优先级值,使其从默认的 32 768 变为更低的值(第一次使用该命令时降低为 24 576,再次使用时将以每次减少 4096 递减)。

注意:每个 STP 实例的根网桥应当是一个核心层或者汇聚层交换机,不要配置接入层交换机作为 STP 主根。

配置交换机作为根网桥的步骤如表 4 - 7 所示。

表 4 - 7　直接配置根网桥的步骤

步骤	命　令	用途说明
1	switch(config)♯ spanning-tree vlan *vlan_ID* root primary	配置交换机为根网桥
	switch(config)♯ no spanning-tree vlan *vlan_ID* root	清除根网桥配置
2	switch(config)♯ end	退出全局配置模式

【示例】配置交换机作为 vlan 1 的根网桥。

　　Switch♯ configure terminal

　　Switch(config)♯ spanning-tree vlan 1 root primary

　　Switch(config)♯ end

命令中的"root　primary"即设为首根网桥,优先级将由原来值降一个级别。

配置命令示意及屏幕显示:

　　SW2960-1♯ config terminal

　　Enter configuration commands,one per line.　End with CNTL/Z.

　　SW2960-1(config)♯ spanning-tree vlan 1 root primary

　　SW2960-1(config)♯ exit

　　SW2960-1♯ show spanning-tree

　　vlan 0001

　　　　Spanning tree enabled protocol ieee

　　　　Root ID　　Priority　　24577　　　//在前面设置的 28672 上降一个级别

　　　　　　　　　Address　　　000d. bd00. f5e0

　　　　　　　　　This bridge is the root

　　　　　　　　　Hello Time　2 sec　Max Age 20 sec　Forward Delay 15 sec

　　　　Bridge ID　Priority　　24577　(priority 24576 sys-id-ext 1)

　　　　　　　　　Address　　　000d. bd00. f5e0

　　　　　　　　　Hello Time　2 sec　Max Age 20 sec　Forward Delay 15 sec

　　　　　　　　　Aging Time 300

　　　　Interface　　　　　Role Sts Cost　　　　Prio. Nbr　Type

　　　　－ －

　　　　Fa0/23　　　　　　Desg FWD 10　　　　128.23　　P2p

　　　　Fa0/24　　　　　　Desg FWD 19　　　　128.24　　P2p

从结果中可以看到,SW2960-1 的网桥优先级改变为 24 576,低于 SW2960-2 的优先级 32 768,成为了新的根网桥,根网桥上所有端口都处于转发状态。

(2) 配置 VLAN 网桥优先级值。

通过改变 VLAN 实例中的网桥优先级值配置根网桥的步骤如表 4-8 所示。

表 4 - 8　改变网桥优先级值配置根网桥的步骤

步骤	命　令	用途说明
1	switch(config)♯spanning-tree vlan *vlan_ID* root priority {0|4096|8192…|61440}	为 VLAN 实例设置网桥优先级值(4096 的倍数)
	switch(config)♯no spanning-tree vlan *vlan_ID* priority	重置 VLAN 网桥优先级值为默认值
2	switch(config)♯end	退出全局配置模式

【示例】将交换机 vlan 1 的网桥优先级设置为 8192,使其成为根网桥(原根网桥的优先级为 24 576)。命令如下:

　　Switch♯configure terminal

　　Switch(config)♯spanning-tree vlan 1 priority 8192

　　Switch(config)♯end

注意:优先级数值不能随便设置,必须是 4096 的倍数,可通过帮助查看。

【示例】在图 4 - 17 中查看优先级并配置:

　　SW2960-1(config)♯spanning-tree vlan 1 priority ?

　　　<0-61440>　　bridge priority in increments of 4096

　　SW2960-1(config)♯spanning-tree vlan 1 priority 22

　　% Bridge Priority must be in increments of 4096.

　　% Allowed values are:

　　0　　4096　8192　12288 16384 20480 24576 28672

　　32768 36864 40960 45056 49152 53248 57344 61440

　　SW2960-1(config)♯spanning-tree vlan 1 priority 28672

从显示结果可以看到,错输优先级为 22 后系统会提示要输 4096 的倍数。

注意:使用上述命令要小心,对于大多数情形,建议使用 spanning-tree vlan vlan_ID root primary 命令来改变网桥优先级值。

4)配置次根网桥

次根网桥是当根网桥失效时,该交换机将成为新的根网桥;当配置一个交换机作为次根(或称从根)网桥时,需要重新编辑它的 STP 网桥优先级值(不要默认的 32 768)。

配置交换机作为次根网桥的步骤如表 4 - 9 所示。

表 4 - 9　配置交换机作为次根网桥的步骤

步骤	命　令	用途说明
1	switch(config)♯spanning-tree vlan *vlan_ID* root secondary	配置交换机为次根网桥
	switch(config)♯no spanning-tree vlan *vlan_ID* root	清除根网桥配置
2	switch(config)♯end	退出全局配置模式

【示例】配置交换机作为 vlan 1 的次根网桥。命令如下:

　　Switch♯configure terminal

　　Switch(config)♯spanning-tree vlan 1 root secondary

Switch(config)#end

5）操纵 STP 端口

可通过配置 STP 的端口优先级、端口开销等来操纵 STP 端口状态。

（1）配置端口优先级。

如果发生一个环路，STP 在选择一个 VLAN 端口置于转发状态时，需要考虑其端口优先值。可以为首先要选择的端口指派一个更高的优先值，而为后面选择的端口指派一个较低的优先值。如果所有端口都具有相同的端口优先值，STP 就会把具有最低 VLAN 端口号的端口置于转发状态，而阻塞其他端口。端口优先权范围是 1～240，默认为 128，步长为 16，可通过配置其 VLAN 端口优先值进行端口状态的改变。

配置 STP 端口优先权的步骤如表 4-10 所示。

表 4-10　配置 STP 端口优先权的步骤

步骤	命　令	用途说明
1	switch(config)#interface *interface_ID*	进入接口配置模式
2	switch(config-if)#spanning-tree vlan *vlan_ID* port-priority *port-priority*	配置端口优先值，参数 port-priority 范围是 1～240，步长为 16
	switch(config-if)#no spanning-tree vlan *vlan_ID* port-priority	重置端口优先值为默认值
3	switch(config)#end	退出全局配置模式
4	switch#showspanning tree interface *interface_ID*	检查端口配置

【示例】图 4-17 所示网络中按默认配置（SWB 的 MAC 值小于 SWA 的 MAC 值，SWB 为根网桥）其阻塞端口为 SWA 上的 F0/2，现要求通过改变端口优先值使该端口成为转发端口。

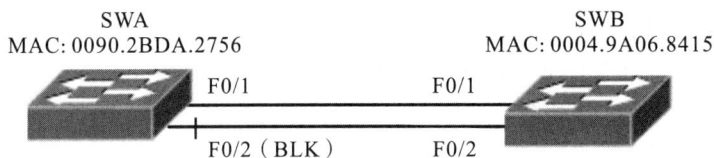

SWA
MAC: 0090.2BDA.2756

SWB
MAC: 0004.9A06.8415

F0/1　　　　　　　F0/1

F0/2（BLK）　　　F0/2

图 4-17　配置端口优先值示例（配置前）

配置前（默认配置）：

SWA：

SWA#show spanning-tree int f0/2

```
vlan            Role Sts Cost      Prio. Nbr  Type
——————————————————————————————————————————————
vlan 0001       Altn BLK 19        128.2      P2p
```

SWB：

SWB#show spanning-tree int f0/2

```
vlan            Role Sts Cost      Prio. Nbr Type
——————————————————————————————————————————————
vlan 0001       Desg FWD 19        128.2      P2p
```

配置 SWB 端口 F0/2 优先值：

　　SWB(config)♯int f0/2

　　SWB(config-if)♯spanning-tree vlan 1 port-priority 16

配置后查看端口变化：

　　SWA：

　　SWA♯show spanning-tree int f0/2

vlan	Role Sts Cost	Prio. Nbr Type
vlan 0001	Root FWD 19	128.2　　P2p

　　SWB：

　　SWB♯show spanning-tree int f0/2

vlan	Role Sts Cost	Prio. Nbr Type
vlan 0001	Desg FWD 19	16.2　　P2p

　　从结果中可看到 SWB 上的 F0/2 端口优先值配置成了 16.2(其中.2 表示端口号)，网络中的阻塞状态已发生了改变，从 SWA 上的 F0/2 口变成了 SWA 上的 F0/1 口，如图 4 - 18 所示。

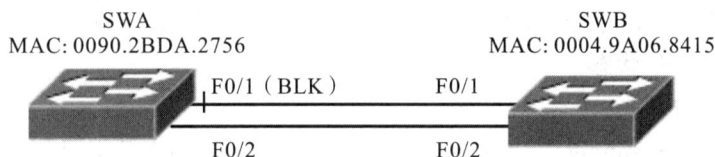

图 4 - 18　配置端口优先值示例(配置后)

　　注意：两台交换机接成环路时(如图 4 - 18 和图 4 - 19 中的 SWA、SWB)，非根网桥上 (SWA)的根端口，是以根网桥上(SWB)的端口优先值来判定的，哪个优先值最低，所连接到非根网桥(SWA)上的端口就为转发状态，另一个端口则为阻塞状态。

　　(2)通过改变端口开销改变端口状态。

　　使用命令：

　　　　Switch(config-if)♯ spanning tree *cost csot-value*

　　屏幕显示：(网络图仍为图 4 - 16)

　　　　SW2960-1(config)♯int f0/23

　　　　SW2960-1(config-if)♯spanning-tree cost ?　　　　　　　//查看 cost 值范围

　　　　　<1-200000000>　　port path cost

　　　　SW2960-1(config-if)♯

　　下面我们改变 SW2960-1 上的 F0/24 端口开销(由原来的 19 改变为 2)，使得从阻塞状态变为转发状态，而 F0/23 由于开销没变(仍为原来的 19)，则变为阻塞状态。

　　改变端口开销及结果显示：

　　　　SW2960-1(config)♯int f0/24

　　　　SW2960-1(config-if)♯spanning-tree cost 2

```
SW2960-1(config-if)♯end
SW2960-1♯show spanning-tree
VLAN0001
  Spanning tree enabled protocol ieee
  Root ID    Priority    32769
             Address     000d.a675.ef80
             Cost        2
             Port        24 (FastEthernet0/24)
             Hello Time  2 sec  Max Age 20 sec  Forward Delay 15 sec
  Bridge ID  Priority    32769   (priority 32768 sys-id-ext 1)
             Address     000d.bd00.f5e0
             Hello Time  2 sec  Max Age 20 sec  Forward Delay 15 sec
             Aging Time 15
  Interface       Role Sts Cost      Prio.Nbr  Type
  --------------- ---- --- --------- --------- ----------------------
  Fa0/23          Altn BLK 19        128.23    P2p
  Fa0/24          Root LIS 2         128.24    P2p
```

从结果看到,Fa0/24 端口的 Cost 值为 2,其端口状态由原来的阻塞(BLK)转变成了侦听(LIS,延时 15 秒),再到学习(延时 15 秒),最后将变成转发(FWD)状态。而 Fa0/23 端口则变成阻塞(BLK)状态。

6) 启用 RSTP

RSTP(Rapid Spanning Tree Protocol,快速生成树协议)实际上是把减少 STP 收敛时间的一些措施融合在 STP 协议中形成新的协议。如果一个局域网内的网桥都支持 RSTP 且配置得当,一旦网络拓扑改变而要重新生成拓扑树只需要不超过 1 秒的时间。

要启用 RSTP 配置模式,可以在全局配置模式下使用命令:

```
Switch(config)♯spanning-tree mode rapid-pvst
```

若要取消 RSTP 配置模式,可以使用命令:

```
Switch(config)♯ no spanning-tree mode rapid-pvst
```

7) 配置快速端口(PortFast)

PortFast 可以使一个运行 STP 的交换机端口跳过侦听和学习状态过程直接进入 STP 的转发状态,以减少端口状态转换延时,即加快端口的收敛;也可以在连接单一工作站、服务器的端口上使用 PortFast,使这些设备立即连接到网络,而无须等待端口从侦听和学习状态转换到转发状态。

PortFast 配置命令及步骤见表 4-11。

表 4-11 PortFast 配置命令及步骤

步骤	命　令	用途说明
1	Switch♯ config terminal	进入全局配置模式
2	Switch(config)♯ interface *interface_ID*	进入要配置的端口
3	Switch(config-if)♯ spanning-tree portfast	配置该端口为快速端口

【示例】将图 4 - 19 中 SWB 中连接服务器的 F0/10 端口配置为 PortFast。

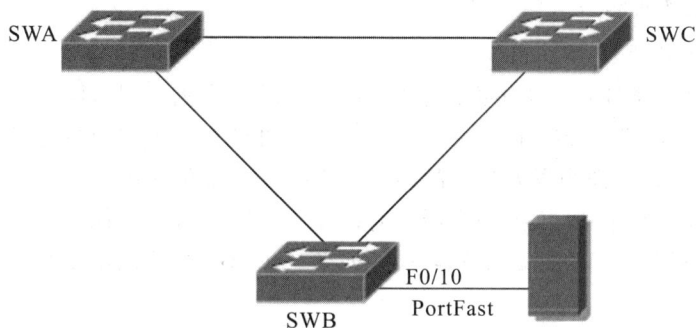

图 4 - 19　PortFast 配置示例网络

配置命令：

　　SWB # configure terminal

　　SWB(config) # interface f0/10

　　SWB(config-if) # spanning-tree portfast

8）配置 PortFast BPDU 保护

要阻止网络中的环路发生，PortFast 功能仅在非中继的访问端口上支持，因为这些端口通常是不传递或接收 BPDU 包的；而 PortFast 的更安全执行方式是仅在连接到终端的端口上启用它，因为 PortFast 可以在连接两台交换机的非中继端口上启用，这样就可能会形成生成树环，因为 BPDU 包可能会在两交换机的连接端口上循环传递。

PortFast BPDU guard(PortFast BPDU 保护)功能通过在某端口接收了 BPDU 时转换该端口为错误禁止状态实现。当在交换机上启用 PortFast BPDU 保护时，生成树关闭接收了 BPDU 包并配置了 PortFast 功能的端口，然后把这些端口转换成生成树阻塞状态。通过有效的配置，使配置了 PortFast 的端口不接收 BPDU 包。

一旦在交换机上启用 PortFast BPDU 保护功能，则生成树会在所有配置了 PortFast 功能的端口上应用它。

配置 BPDU 保护功能的命令为：

　　Switch(config) # spanning-tree portfast bpduguard

4.3.3　网关设备冗余技术及配置

HSRP 机制

HSRP 配置

为了保障网络可靠稳定运行，新增核心交换机及链路冗余设计在二层交换机上配置生成树协议避免二层网络环路。那么，新增核心交换机之后，同一网段的网关 IP 地址配置多少？如果用指定的 IP 地址作为网关，三层交换机(或路由器)出故障了，又采用什么办法呢？HSRP(Hot Standby Router Protocol)就是为解决上述问题而提出的，HSRP 可实现网关设备的冗余备份和负载均衡。

1. HSRP 工作机制

1) HSRP 工作原理

实现 HSRP 的条件是系统中有多台路由器(三层交换机),它们组成一个"热备份组",这个组形成一个虚拟路由器。在任一时刻,一个组内只有一个路由器是活动的,并由它来转发数据包,如果活动路由器发生了故障,将选择一个备份路由器来替代活动路由器,但是在本网络内的主机看来,虚拟路由器没有改变,所以主机仍然保持连接,没有受到故障的影响,这样就较好地解决了路由器切换的问题。HSRP 的逻辑示意如图 4-20 所示。

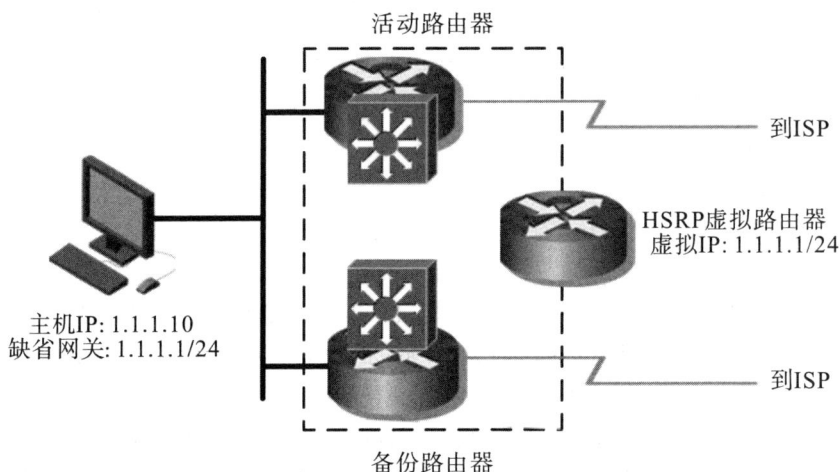

图 4-20 HSRP 逻辑示意图

虚拟路由器(网关设备)拥有自己的真实 IP 地址,备份路由器也有自己的 IP 地址。局域网内的主机仅仅知道这个虚拟路由器的 IP 地址(通常被称为备份组的虚拟 IP 地址),而不知道具体的活动路由器的 IP 地址以及备份路由器的 IP 地址。局域网内的主机将自己的网关设置为该虚拟网关的 IP 地址,于是,网络内的主机就通过这个虚拟网关设备与其他网络进行通信。当活动路由器不能正常工作时,备份路由器将接替不能正常工作的活动路由器成为新的活动路由器并继续向网络内的主机提供网关服务,从而实现网络内的主机不间断地与外部网络进行通信。

2) HSRP 消息

HSRP 消息用于决定和维护组内的路由器角色,封装在 UDP 数据包中,使用 UDP 端口号 1985;Hello 数据包使用的目的地址是多点广播地址 224.0.0.2(全部路由器),生存时间 ttl 值为 1。

HSRP 消息类型有:Hello 消息、政变消息和辞职消息。

3) HSRP 状态

HSRP 中路由器有六种状态,分别为初始状态、学习状态、倾听状态、发言状态、备份状态以及活跃状态。

2. HSRP 配置

HSRP 配置部署思路:配置一个接口参加 HSRP 备份组—配置 HSRP 优先级—配置

HSRP 抢占权—配置 Hello 消息计时器—配置 HSRP 端口跟踪—显示 HSRP 的状态。详细的配置命令及步骤见表 4－12。

表 4－12 HSRP 配置命令及步骤

步骤	命　令	用途说明
1	switch(config)♯interface vlan *vlan-id* 例：switch(config)♯int vlan 2	进入 VLAN 接口
2	switch(config-if)♯ip address *ip-address mask* 例：switch(config-if)♯ip address 10.1.1.2 255.255.255.0	配置 VLAN 的 IP 地址
3	switch(config-if)♯standby *group-number* ip *virtual-ip-address* 例：switch(config-if)♯standby 1 ip 10.1.1.1	配置 HSRP 组号及虚拟网关地址
4	switch(config-if)♯standby *group-number* priority *priority-value* 例：switch(config-if)♯standby 1 priority 120	可指定该接口在组内的优先级，值越大越优先，默认为 100
5	switch(config-if)♯standby *group-number* preempt 例：switch(config-if)♯standby 1 preempt	指定可以抢占
6 ＊ 可选	switch(config-if)♯standby *group-number* times *hello-interval holdtime* 例：switch(config-if)♯standby 1 times 1 3	Hello 时间：缺省是 3 秒，可配置 1～255；保持时间：最少是 Hello 时间的 3 倍，缺省是 10 秒

【配置示例】配置示意如图 4－21 所示，图中的主交换机和备份交换机都必须是具有三层及以上功能的交换机。网络中有 VLAN 10 和 VLAN 20，给每个 VLAN 定义一个管理地址和一个虚拟地址，其中，不同交换机上的 VLAN 管理地址不同，但虚拟地址是一样的，虚拟地址作为主机在本 VLAN 中的网关。VLAN 10 在 SW_master 上优先级较高；VLAN 20 在 SW_backup 上优先级较高。这样就实现了流量的负载均衡。

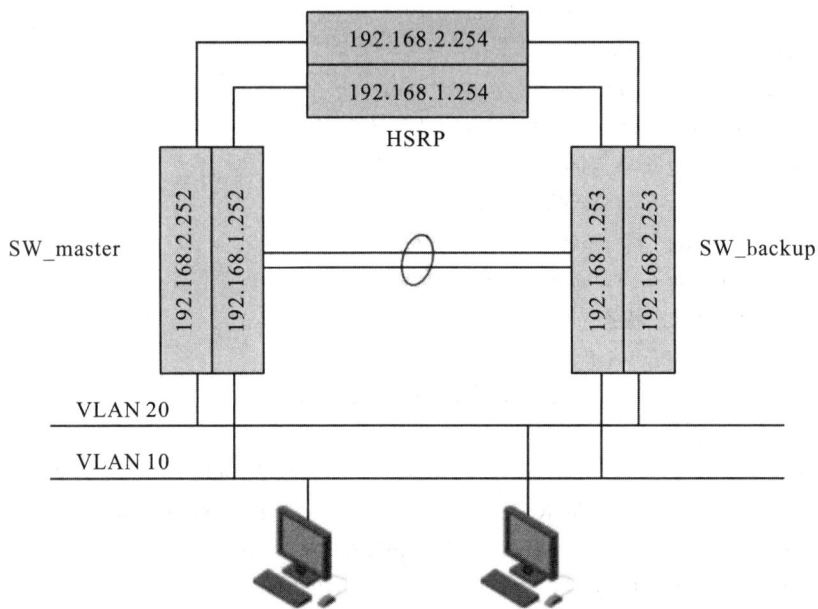

图 4－21 HSRP 逻辑示意图

每台交换机上对每个 VLAN 要做如下配置：

（1）定义 VLAN 的接口地址；

（2）定义组号和优先级，默认值；

（3）对优先级较高的 VLAN 设置可以抢占；

（4）设置检测和切换时间。

具体配置如下：

```
SW_masterconfig # config terminal
SW_master(config) # int vlan 10                          //进入 vlan 10
SW_master(config-if) # ip add 192.168.1.252 255.255.255.0 //配置 vlan 10 在本机的管理 IP
SW_master(config-if) # standby 1 ip 192.168.1.254        //配置 HSRP 组 1 的虚拟 IP
SW_master(config-if) # standby 1 priority 150            //配置 HSRP 组 1 优先级
SW_master(config-if) # standby 1 preempt                 //配置 HSRP 组 1 可以抢占
SW_master(config-if) # standby 1 time 30 10              //设置检测时间和切换时间
SW_master(config-if) # exit
SW_master(config) # int vlan 20                          //进入 vlan 20
SW_master(config-if) # ip add 192.168.2.252 255.255.255.0
//配置 vlan20 在本机的管理 IP
SW_master(config-if) # standby 2 ip 192.168.2.254
//配置 HSRP 组 2 的虚拟 IP
SW_master(config-if) # standby 2 time 3 10               //设置检测时间和切换时间
```

以下是 SW_backup 上的配置，注意是在 vlan 20 上设置为优先

```
SW_backup(config) # int vlan 10
SW_backup(config-if) # ip add 192.168.1.253 255.255.255.0
SW_backup(config if) # standby 1 ip 192.168.1.254
SW_backup (config-if) # standby 1 time 3 10
SW_backup (config-if) # exit
SW_backup(config) # int vlan 20
SW_backup(config-if) # ip add 192.168.2.253 255.255.255.0
SW_backup(config-if) # standby 2 ip 192.168.2.254
SW_backup(config-if) # standby 2 priority 150
SW_backup(config-if) # standby 2 preempt
SW_backup(config-if) # standby 2 time 3 10
```

查看 SWA 上 HSRP 状态：

```
SWA # show standby brief
                    P indicates configured to preempt.
                      |
```

Interface	Grp	Pri	P	State	Active	Standby	Virtual IP
Vl10	1	150	P	Active	local	192.168.1.253	192.168.1.254
Vl20	2	100	P	Standby	192.168.2.253	local	192.168.2.254

查看 SWB 上 HSRP 状态：

```
SWB # show standby brief
                    P indicates configured to preempt.
```

Interface	Grp	Pri	P	State	Active	Standby	Virtual IP
Vl10	1	100	P	Standby	192.168.2.252	local	192.168.1.254
Vl20	2	150	P	Active	local	192.168.2.252	192.168.2.254

从以上配置结果可看出，热备组已形成。处于 VLAN 10 中主机网关设置为 192.168.1.254，处于 VLAN 20 中的主机网关设置为 192.168.2.254，当活动交换机出现故障时，网络仍然可以进行工作。

4.4　项目案例配置

通过以上技术要点的学习，下面对 4.1 项目概述中的项目进行配置规划和配置实现。

4.4.1　配置拓扑图

网络拓扑图见图 4-22。

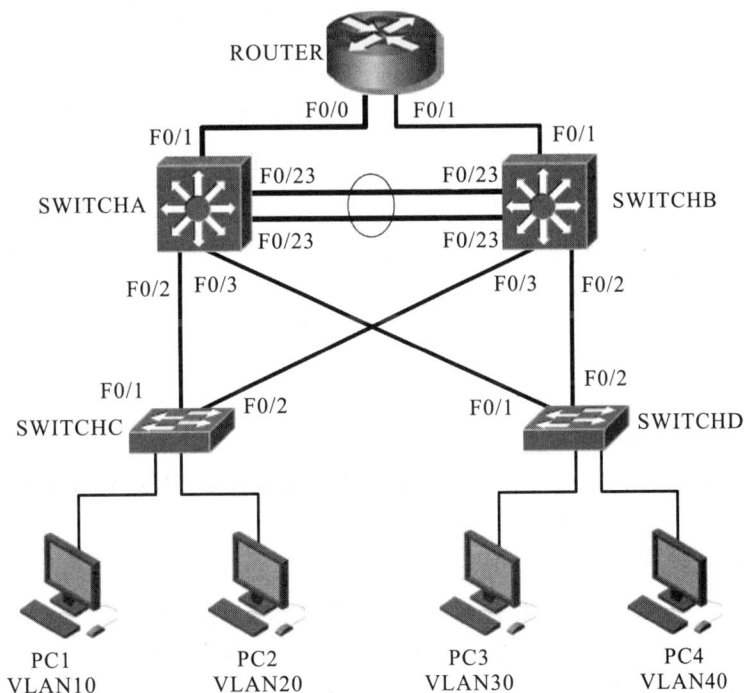

图 4-22　网络拓扑图

4.4.2　配置规划

1. VLAN 及 IP 地址规划

公司网络 IP 地址分配如表 4-13 所示。

表 4－13　IP 地址规划表

(1) VLAN 规划			
交换机 A			
VLAN 号	部门	IP 地址	HSRP 地址
VLAN 10	市场部	172.16.10.252/24	172.16.10.254/24
VLAN 20	开发部	172.16.11.252/24	172.16.11.254/24
VLAN 30	行政部	172.16.12.252/24	172.16.12.254/24
VLAN 40	财务部	172.16.13.252/24	172.16.13.254/24
交换机 B			
VLAN 号	部门	IP 地址	HSRP 地址
VLAN 10	市场部	172.16.10.253/24	172.16.10.254/24
VLAN 20	开发部	172.16.11.253/24	172.16.11.254/24
VLAN 30	行政部	172.16.12.253/24	172.16.12.254/24
VLAN 40	财务部	172.16.13.253/24	172.16.13.254/24
(2) 设备 IP 地址			
设备名称	接口	IP 地址	子网掩码
路由器	到交换机 A 的接口	10.1.1.1	255.255.255.252
	到交换机 B 的接口	10.1.1.5	255.255.255.252
交换机 A	到路由器的接口	10.1.1.2	255.255.255.252
交换机 B	到路由器的接口	10.1.1.6	255.255.255.252

2. 配置思路

配置思路如下：

(1) 各交换机基本配置。

(2) 在各交换机上配置 VTP，核心交换机配置为 Server，实现 VLAN 的统一配置和管理；将接入交换机对应端口划分到各个 VLAN。

(3) 配置生成树，实现 VLAN 的流量分流。

(4) 在核心交换机上配置链路聚合，实现流量负载均衡，提高带宽。

(5) 开启核心交换机的路由功能，实现各 VLAN 之间的连通。

(6) 配置热备份 HSRP，实现网关的冗余和备份并提高网络可靠性。

(7) 进行全网正常和一台核心设备故障后的互通测试。

4.4.3　配置实现

1. 交换机基本配置

(1) 交换机 A～D 的主机名为 SWITCHA、SWITCHB、SWITCHC 和 SWITCHD。

```
Switch(config) # hostname SWITCHA
Switch(config) # hostname SWITCHB
Switch(config) # hostname SWITCHC
```

　　Switch(config)♯hostname SWITCHD

（2）在交换机 A 上配置 Telnet 服务，登录密码为 cisco。

　　SWITCHA(config)♯line vty 0 4

　　SWITCHA(config-line)♯password cisco

　　SWITCHA(config-line)♯login

（3）在交换机 B 上配置 Console 口安全登录，登录密码为 admin。

　　SWITCHB(config)♯line con 0

　　SWITCHB(config-line)♯password admin

　　SWITCHB(config-line)♯login

（4）Enable 密码为 test。

　　SWITCHB(config)♯enable password test

2. VTP 配置与 VLAN 划分

（1）将交换机 A 和 B 的 F0/2、F0/3、F0/23-24 接口配置为 Trunk，允许所有 VLAN 通过；将交换机 C 和 D 的 F0/1-2 接口配置为 Trunk，允许所有 VLAN 通过。

　　SWITCHA(config)♯int range f0/2-3，f0/23-24

　　SWITCHA(config-if-range)♯switchport trunk encapsulation dot1q

　　SWITCHA(config-if-range)♯switchport mode trunk

　　SWITCHA(config-if-range)♯switchport trunk allowed vlan all

　　SWITCHB(config)♯intrange f0/2-3，f0/23-24

　　SWITCHB(config-if-range)♯switchport trunk encapsulation dot1q

　　SWITCHB(config-if)♯switchport mode trunk

　　SWITCHB(config-if)♯switchport trunk allowed vlan all

　　SWITCHC(config)♯intrange f0/1-2

　　SWITCHC(config-if)♯switchport mode trunk

　　SWITCHC(config-if)♯switchport trunk allowed vlan all

　　SWITCHD(config)♯intrange f0/1-2

　　SWITCHD(config-if)♯switchport mode trunk

　　SWITCHD(config-if)♯switchport trunk allowed vlan all

（2）配置交换机的 VTP 模式，把交换机 A 设置为 Server 模式，交换机 B 设置为 Client 模式，交换机 C、D 设置为 Client 模式，设置 VTP 域名为 hngy，VTP 域通信密码为 123456。

　　SWITCHA(config)♯vtp domain hngy

　　SWITCHA(config)♯vtp mode server

　　SWITCHA(config)♯vtp password 123456

　　SWITCHB(config)♯vtp domain hngy

　　SWITCHB(config)♯vtp mode client

　　SWITCHB(config)♯vtp password 123456

　　SWITCHC(config)♯vtp domain hngy

SWITCHC(config)♯vtp mode client
SWITCHC(config)♯vtp password 123456

SWITCHD(config)♯vtp domain hngy
SWITCHD(config)♯vtp mode client
SWITCHD(config)♯vtp password 123456

（3）在交换机 A 上划分 4 个 VLAN，分别为 vlan 10、vlan 20、vlan 30、vlan 40，vlan 10 命名为 shichangbu，vlan 20 命名为 kaifabu，vlan 30 命名为 xingzhengbu，vlan 40 命名为 caiwubu。

SWITCHA(config)♯vlan 10
SWITCHA(config-vlan)♯name shichangbu
SWITCHA(config-vlan)♯exit
SWITCHA(config)♯vlan 20
SWITCHA(config-vlan)♯name kaifabu
SWITCHA(config-vlan)♯exit
SWITCHA(config)♯vlan 30
SWITCHA(config-vlan)♯name xingzhengbu
SWITCHA(config-vlan)♯exit
SWITCHA(config)♯vlan 40
SWITCHA(config-vlan)♯name caiwubu
SWITCHA(config-vlan)♯exit

（4）在交换机 C 上将 F0/3-5 接口加入 vlan 10，将 F0/6-10 接口加入 vlan 20；在交换机 D 上将 F0/3-5 接口加入 vlan 30，将 F0/6-10 接口加入 vlan 40。

SWITCHC(config)♯int range f0/3-5
SWITCHC(config-if-range)♯switchport mode access
SWITCHC(config-if-range)♯switchport access vlan 10
SWITCHC(config-if-range)♯exit
SWITCHC(config)♯int range f0/6 -10
SWITCHC(config-if-range)♯switchport mode access
SWITCHC(config-if-range)♯switchport access vlan 20

SWITCHD(config)♯int range f0/3 -5
SWITCHD(config-if-range)♯switchport mode access
SWITCHD(config-if-range)♯switchport access vlan 30
SWITCHD(config-if-range)♯exit
SWITCHD(config)♯int range f0/6 -10
SWITCHD(config-if-range)♯switchport mode access
SWITCHD(config-if-range)♯switchport access vlan 40

3. 配置生成树

（1）将交换机 A 部署为 vlan 10、vlan 20 的根网桥，交换机 B 为备份根网桥；将交换机 B 部署为 vlan 30、vlan 40 的根网桥，交换机 A 为备份根网桥。

SWITCHA(config)♯spanning-tree vlan 10,20 root primary
SWITCHA(config)♯spanning-tree vlan 30,40 root secondary

```
SWITCHB(config)# spanning-tree vlan 30,40 root primary
SWITCHB(config)# spanning-tree vlan 10,20 root secondary
```
（2）交换机 A、B 上开启快速生成树。
```
SWITCHA(config)# spanning-tree portfast default
SWITCHB(config)# spanning-tree portfast default
```

4. 配置链路捆绑

将交换机 A 与交换机 B 的 F0/23-24 接口加入 channel-group 1，启用链路聚合，并把 Port-channel 1 设置为 Trunk 模式。
```
SWITCHA(config)# int range f0/23 -24
SWITCHA(config-if-range)# switchport trunk encapsulation dot1q
SWITCHA(config-if-range)# switchport mode trunk
SWITCHA(config-if-range)# channel-group 1 mode on

SWITCHB(config)# int range f0/23 -24
SWITCHB(config-if-range)# switchport trunk encapsulation dot1q
SWITCHB(config-if-range)# switchport mode trunk
SWITCHB(config-if-range)# channel-group 1 mode on
```

5. 开启三层交换机路由功能

（1）在交换机 A 和 B 上为 vlan 10、vlan 20、vlan 30、vlan 40 分配网关 IP 地址。
```
SWITCHA(config)# int vlan 10
SWITCHA(config-if)# ip address 172.16.10.252 255.255.255.0
SWITCHA(config)# int vlan 20
SWITCHA(config-if)# ip add 172.16.11.252 255.255.255.0
SWITCHA(config-if)# int vlan 30
SWITCHA(config-if)# ip add 172.16.12.252 255.255.255.0
SWITCHA(config-if)# int vlan 40
SWITCHA(config-if)# ip add 172.16.13.252 255.255.255.0

SWITCHB(config)# int vlan 10
SWITCHB(config-if)# ip address 172.16.10.253 255.255.255.0
SWITCHB(config)# int vlan 20
SWITCHB(config-if)# ip add 172.16.11.253 255.255.255.0
SWITCHB(config-if)# int vlan 30
SWITCHB(config-if)# ip add 172.16.12.253 255.255.255.0
SWITCHB(config-if)# int vlan 40
SWITCHB(config-if)# ip add 172.16.13.253 255.255.255.0
```
（2）开启交换机 A 和 B 的路由功能。
```
SWITCHA(config)# ip routing
SWITCHB(config)# ip routing
```

6. 配置 HSRP

（1）在交换机 A 上为 vlan 10、vlan 20、vlan 30、vlan 40 分配虚拟网关 IP 地址，配置

为 vlan 10，vlan 20 的活动路由器；配置 vlan 10、vlan 20 抢占、追踪上行端口 f0/1。

```
SWITCHA(config)#int vlan 10
SWITCHA(config-if)#standby 10 ip 172.16.10.254
SWITCHA(config-if)#standby 10 priority 200
SWITCHA(config-if)#standby 10 preempt
SWITCHA(config-if)#standby 10 track f0/1
SWITCHA(config-if)#exit
SWITCHA(config)#int vlan 20
SWITCHA(config-if)#standby 20 ip 172.16.11.254
SWITCHA(config-if)#standby 20 priority 200
SWITCHA(config-if)#standby 20 preempt
SWITCHA(config-if)#standby 20 track f0/1
SWITCHA(config-if)#exit
SWITCHA(config)#int vlan 30
SWITCHA(config-if)#standby 30 ip 172.16.12.254
SWITCHA(config-if)#standby 30 preempt
SWITCHA(config-if)#standby 30 track f0/1
SWITCHA(config-if)#exit
SWITCHA(config)#int vlan 40
SWITCHA(config-if)#standby 40 ip 172.16.13.254
SWITCHA(config-if)#standby 40 preempt
SWITCHA(config-if)#standby 40 track f0/1
```

（2）在交换机 B 上为 vlan 10、vlan 20、vlan 30、vlan 40 分配虚拟网关 IP 地址，配置为 vlan 30、vlan 40 的活动路由器；配置 vlan 30、vlan 40 抢占、追踪上行端口 f0/1。

```
SWITCHB(config)#int vlan 10
SWITCHB(config-if)#standby 10 ip 172.16.10.254
SWITCHB(config-if)#standby 10 preempt
SWITCHB(config-if)#standby 10 track f0/1
SWITCHB(config-if)#exit
SWITCHB(config)#int vlan 20
SWITCHB(config-if)#standby 20 ip 172.16.11.254
SWITCHB(config-if)#standby 20 preempt
SWITCHB(config-if)#standby 20 track f0/1
SWITCHB(config-if)#exit
SWITCHB(config)#int vlan 30
SWITCHB(config-if)#standby 30 ip 172.16.12.254
SWITCHB(config-if)#standby 30 priority 200
SWITCHB(config-if)#standby 30 preempt
SWITCHB(config-if)#standby 30 track f0/1
SWITCHB(config-if)#int vlan 40
SWITCHB(config-if)#standby 40 ip 172.16.13.254
SWITCHB(config-if)#standby 40 priority 200
SWITCHB(config-if)#standby 40 preempt
SWITCHB(config-if)#standby 40 track f0/1
```

（3）配置默认路由。

> SWITCHA(config)#ip route 0. 0. 0. 0　0. 0. 0. 0　10. 1. 1. 1
> SWITCHB(config)#ip route 0. 0. 0. 0　0. 0. 0. 0　10. 1. 1. 5
> RA(config)#ip route 172. 16. 10. 0　255. 255. 255. 0　10. 1. 1. 2
> RA(config)#ip route 172. 16. 10. 0　255. 255. 255. 0　10. 1. 1. 6
> RA(config)#ip route 172. 16. 11. 0　255. 255. 255. 0　10. 1. 1. 2
> RA(config)#ip route 172. 16. 11. 0　255. 255. 255. 0　10. 1. 1. 6
> RA(config)#ip route 172. 16. 12. 0　255. 255. 255. 0　10. 1. 1. 2
> RA(config)#ip route 172. 16. 12. 0　255. 255. 255. 0　10. 1. 1. 6
> RA(config)#ip route 172. 16. 13. 0　255. 255. 255. 0　10. 1. 1. 2
> RA(config)#ip route 172. 16. 13. 0　255. 255. 255. 0　10. 1. 1. 6

7. 全网互通测试

（1）查看热备配置简要信息：

> SWITCHA#show standby brief
>
> 　　　　　　　　　P indicates configured to preempt.
> 　　　　　　　　　　　|

Interface	Grp	Pri P State	Active	Standby	Virtual IP
Vl10	10	200 P Active	local	172. 16. 10. 253	172. 16. 10. 254
Vl20	20	200 P Active	local	172. 16. 11. 253	172. 16. 11. 254
Vl30	30	100 P Standby	172. 16. 12. 253	local	172. 16. 12. 254
Vl40	40	100 P Standby	172. 16. 13. 253	local	172. 16. 13. 254

> SWITCHA#
>
>
> SWITCHB#show standby brief
>
> 　　　　　　　　　P indicates configured to preempt.
> 　　　　　　　　　　　|

Interface	Grp	Pri P State	Active	Standby	Virtual IP
Vl10	10	100 P Standby	172. 16. 10. 252	local	172. 16. 10. 254
Vl20	20	100 P Standby	172. 16. 11. 252	local	172. 16. 11. 254
Vl30	30	200 P Active	local	172. 16. 12. 252	172. 16. 12. 254
Vl40	40	200 P Active	local	172. 16. 13. 252	172. 16. 13. 254

> SWITCHB#

（2）网络正常时互通测试。

设置好各 PC 的 IP 地址，网关分别为所在 VLAN 的虚拟网关，Ping 通测试见表 4 - 14。

表 4 - 14　设置主交换机故障后连通性测试

Ping	PC1 172. 16. 10. 10	PC2 172. 16. 11. 10	PC3 172. 16. 12. 10	PC4 172. 16. 13. 10
PC1	√	√	√	√
PC2	√	√	√	√
PC3	√	√	√	√
PC4	√	√	√	√

（3）一台核心设备故障后的互通测试。

若交换机 A 故障（断电或将所有端口 shutdown），仍按表 4-14 进行 Ping 通测试，应全部能 Ping 通。

8. 提交配置文档

将各交换机的配置保存（使用命令 write，如：SWITCHA♯write），并将配置代码写入各自的"设备名.txt"文档中。提交的文件夹中包含各设备的配置代码和配置逻辑图文件。

案例配置源文件

4.5 项 目 拓 展

4.5.1 多生成树实例 MSTP

虽然 RSTP 能够实现网络拓扑的快速转发，但是在实际应用中，所有的 VLAN 数据都只会通过同一个生成树进行数据转发，从而造成链路的闲置，不便于提高数据传输效率。而 MSTP（Multiple Spanning Tree Protocol，多生成树协议）提出了多生成树的概念，可以把不同的 VLAN 映射到不同的生成树，从而达到网络负载均衡的目的，如图 4-23 所示。

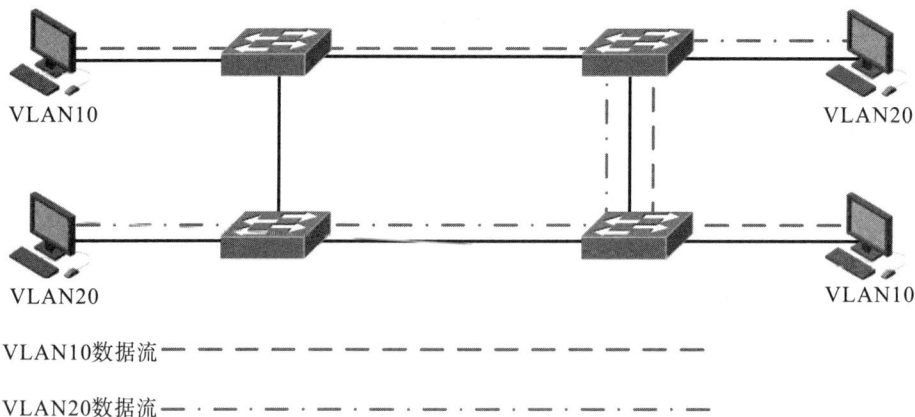

图 4-23　MSTP 示意图

1. MSTP 工作机制

MSTP 兼容 STP 和 RSTP，并且可以弥补 STP 和 RSTP 的缺陷。它既可以快速收敛，也能使不同 VLAN 的流量沿各自的路径分发，为数据转发提供了多个冗余路径，在数据转发过程中实现 VLAN 数据的负载均衡。

STP 分为 CST、MST 两种模式，其中 CST（Common Spanning Tree）模式是将整个网络形成一棵生成树，其中如果某个端口为阻塞状态，则所有 VLAN 数据都不能通过该端口进行数据转发。

MST 模式是对 CST 的扩展，可以把多台交换机虚拟成一个 MST 域，该 MST 域类似 CST 的一个桥，和 CST 桥互通。在 MST 域内，可以把具有相同拓扑的多个 VLAN 映射到一个生成树实例，即 MSTI（Multiple Spanning Tree Instance）。每个 MSTI 在域内可以有不同的拓扑,实现流量均衡的目的。

　　MSTP 设置 VLAN 映射表(即 VLAN 和生成树的对应关系表),把 VLAN 和生成树联系起来,通过增加"实例"(将多个 VLAN 整合到一个集合中)这个概念,将多个 VLAN 捆绑到一个实例中,以节省通信开销和资源占用率。MSTP 把一个交换网络划分成多个域,每个域内形成多棵生成树,生成树之间彼此独立。如图 4-24 所示。

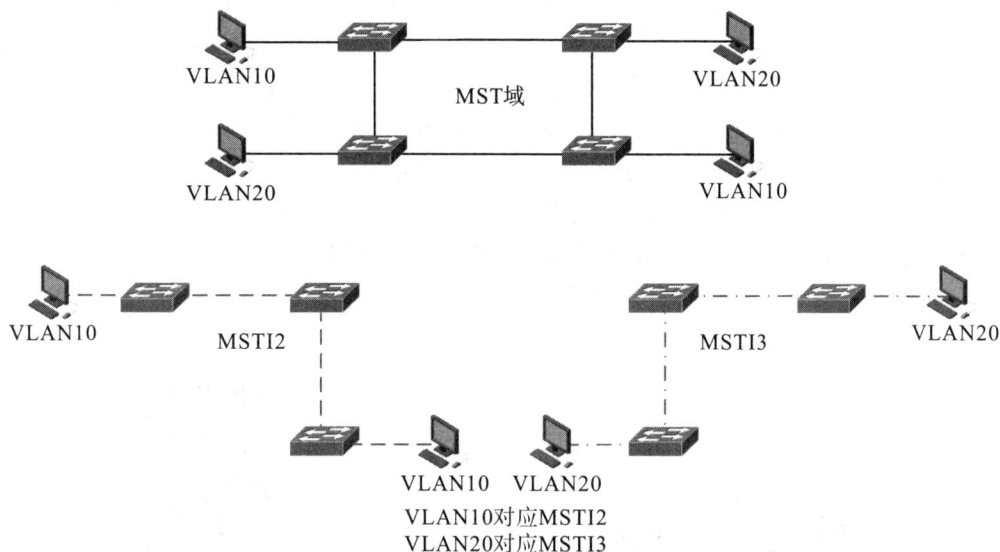

图 4-24　MSTP 工作机制

　　在同一 MST 域内,通过划分两个实例,将 VLAN 10 和实例 2 绑定,将 VLAN 20 和实例 3 绑定,实例 2 和 3 拥有不同的网络拓扑,这样 VLAN 10 和 VLAN 20 也按照不同的拓扑传输数据,实现了流量均衡的目的。

　　2. MSTP 配置

　　MSTP 配置命令及步骤见表 4-15。

表 4-15　MSTP 配置命令及步骤

步骤	命　　令	用途说明
1	switch(config)♯ spanning-tree mode mstp	配置生成树模式为 MSTP
2	switch(config)♯ vlan x 例:switch(config)♯ vlan 10	创建 VLAN
3	switch(config)♯ spanning-tree mst configuration	进入 MSTP 配置模式
4	switch(config-mst)♯ instance y vlan x 例:switch(config-mst)♯ instance 1 vlan 10	配置 instance y(实例 y)并关联 VLAN x
5 * 可选	switch(config-mst)♯ name region *name* 例:switch(config-mst)♯ name region 1	配置域名称
6 * 可选	Switch(config-mst)♯ revision 例:(config-mst)♯ revision 1	配置版本(修订号)
7	Switch♯ ♯ show spanning-tree mst configuration	验证 MSTP 配置

4.5.2 设备虚拟化技术

设备虚拟化(Network Device Virualization)是指将物理上独立的多台设备整合成一台单一逻辑上的虚拟设备,或者将一台设备虚拟化成多台逻辑上独立的虚拟设备,前者是多虚一技术,后者是一虚多技术。

局域网中常用的是将多台核心或汇聚交换机虚拟成一台交换设备,通过将多台设备虚拟化成单台网络设备,可以使设备可用的端口数量、转发能力、性能规格都倍增,同时实现了网络设备的简易管理,提高了运营效率。数据中心运维人员只需要登录虚拟化设备,就可以直接管理虚拟化为一体的所有设备,真正简化了网络管理。

各大网络设备厂商都有自己的虚拟化技术,思科的称为虚拟交换系统 VSS,华为的是集群交换机系统 CSS,H3C 的则是智能弹性架构 IRF,这些技术都是一种多虚一的网络设备虚拟化技术,都可将实际物理设备虚拟化为逻辑设备供用户使用。

思科虚拟交换系统 VSS 是一种典型的网络虚拟化技术,它可以实现将多台思科交换机虚拟化成单台交换机,如图 4-25 所示。

VSS物埋设备   VSS逻辑设备

图 4-25 VSS 技术示意图

要启用 VSS 技术,需要通过虚拟交换机链路(Virtual Switch Link,即 VSL)来绑定两个机架成为一个虚拟的交换系统。VSL 承载特殊的控制信息并使用一个头部封装每个数据帧穿过 VSL 链路。

在 VSS 中,指定一个机箱为活跃交换机,另一台为备份交换机。所有的控制层面功能,包括管理(SNMP、Telnet、SSH 等)、二层协议(BPDU、PDUs、LACP 等)、三层协议(路由协议等)以及软件数据等,都由活跃交换机的引擎进行管理。

VSS 使用机箱间 NSF(不间断转发)/SSO(单点登录)技术作为两台机箱间的主要高可用性机制,当一个虚拟交换机成员发生故障时,网络中无需进行协议重收敛,可以快速切换到其他交换机成员,继续转发流量,不会造成数据传输中断。

4.6 项 目 小 结

在大型园区网络中,核心层处于网络的中心,网络中的大量数据都通过核心层设备进行交换,核心层设备同时承担不同 VLAN 之间路由的功能,而核心层设备一旦宕机,整个网络即面临瘫痪。因此，在园区网络设计中，对于核心设备的选择，一方面要求其具有强大的数据交换能力，另一方面要求其具有较高的可靠性，故一般选择高端核心三层交换机。同时，为进一步提高核心层的可靠性，避免核心层设备宕机造成整个网络瘫痪，一般在核心层再配置一台设备，作为另一台设备的备份，一旦主用设备整机出现故障，可立即切换到备用设备，确保网络核心层的高度可靠性。

核心层三层交接机的冗余备份设计需要应用 VLAN、STP/RSTP、HSRP 或 VRRP 以及链路聚合等技术。

实 训 练 习

【实训 4.1】　配置 STP

一、实训目的

熟悉 STP 的基本配置，掌握网络中 STP 的部署，能利用 PVST 配置负载均衡。

配置 STP

二、实训逻辑图

实训逻辑图见图 4.1-1。

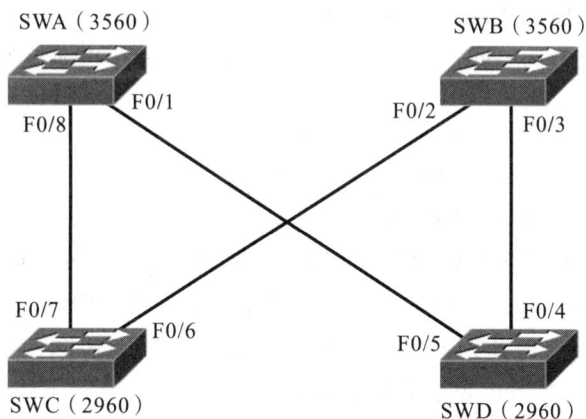

图 4.1-1　实训逻辑图

三、实训内容及步骤

（1）按逻辑图 4.1-1 所示连接交换机，在各交换机上使用 show version 查看其 MAC 地址，并记录在表中。

```
Switch＃show version
Cisco IOS Software，C2960 Software（C2960-LANBASE-M），Version 12.2(25)FX，
RELEA    SE SOFTWARE（fc1）
```

......

Base ethernet MAC Address 　　　: 0090.0C12.573A//该交换机的 MAC 地址

交换机名称	MAC 地址
SWA	
SWB	
SWC	
SWD	

通过分析其默认的根网桥是：＿＿＿＿＿＿＿＿＿＿＿＿＿

（2）检查 STP 缺省配置。

　　SWA：

　　SWA♯ show spanning-tree

　　vlan 0001

　　　Spanning tree enabled protocol ieee　　　//表明运行的是 IEEE 的 802.1d 的 STP 协议

　　　Root ID　　Priority　　32769　　　//根网桥的优先级，默认为 32768，vlan 1 的 STP 加 1

　　　　　　　　Address　　　0003.E49E.DC26　//根网桥的 MAC 地址

　　　　　　　　Cost　　　　19　　　　//从本交换机到达根桥的 Cost 值

　　　　　　　　Port　　　　8(FastEthernet0/8)//根端口

　　　　　　　　Hello Time　2 sec　Max Age 20 sec　Forward Delay 15 sec

　　　Bridge ID　Priority　　32769　（priority 32768 sys-id-ext 1）

　　　　　　　　Address　　　0090.0C12.573A

　　　　　　　　Hello Time　2 sec　Max Age 20 sec　Forward Delay 15 sec

　　　　　　　　Aging Time　20　　　　　//以上显示该交换机的网桥信息

　　　Interface　　　Role　Sts　Cost　　　Prio.Nbr　Type

　　　——————————————————————————————————

　　　Fa0/1　　　　Desg　FWD 19　　　128.1　　P2p
　　　Fa0/8　　　　Root　FWD 19　　　128.8　　P2p

以上显示该交换机各个接口的状态，Fa0/1 和 Fa0/8 均为转发状态。Role 列是接口的角色，Desg 是指定口，Root 是根端口；Sts 列是接口的状态，FWD 表示在转发，BLK 表示在阻断；Cost 列是接口的开销值；Prio.Nbr 列是接口的优先级；Type 列是接口的类型，P2p 表示是点对点类型，Shr 表示是共享类型。

　　SWB：

　　SWB♯ show spanning-tree

　　vlan 0001

　　　Spanning tree enabled protocol ieee

　　　Root ID　　Priority　　32769

　　　　　　　　Address　　　0003.E49E.DC26

　　　　　　　　Cost　　　　19

　　　　　　　　Port　　　　2(FastEthernet0/2)

　　　　　　　　Hello Time　2 sec　Max Age 20 sec　Forward Delay 15 sec

```
Bridge ID    Priority      32769    (priority 32768 sys-id-ext 1)
             Address       000A.41E3.20BE
             Hello Time    2 sec   Max Age 20 sec   Forward Delay 15 sec
             Aging Time    20

Interface          Role   Sts    Cost        Prio.Nbr   Type
——— ——————————————— ——————————— ————————————

Fa0/2              Root FWD 19                128.2      P2p
Fa0/3              Desg FWD 19                128.3      P2p
```

SWC：

```
SWC# show spanning-tree
vlan 0001
  Spanning tree enabled protocol ieee
  Root ID    Priority      32769
             Address       0003.E49E.DC26
             This bridge is the root           //表示该交换机就是根网桥
             Hello Time    2 sec   Max Age 20 sec   Forward Delay 15 sec

  Bridge ID  Priority      32769    (priority 32768 sys-id-ext 1)
             Address       0003.E49E.DC26
             Hello Time    2 sec   Max Age 20 sec   Forward Delay 15 sec
             Aging Time    20

Interface          Role   Sts    Cost        Prio.Nbr   Type
——— ——————————————— ——————————— ————————————

Fa0/7              Desg FWD 19                128.7      P2p
Fa0/6              Desg FWD 19                128.6      P2pswd2950-2
```

SWD：

```
SWD# show spanning-tree
vlan 0001
  Spanning tree enabled protocol ieee
  Root ID    Priority      32769
             Address       0003.E49E.DC26
             Cost          19
             Port          4(FastEthernet0/4)
             Hello Time    2 sec   Max Age 20 sec   Forward Delay 15 sec

  Bridge ID  Priority      32769    (priority 32768 sys-id-ext 1)
             Address       00D0.BA3D.E2C3
             Hello Time    2 sec   Max Age 20 sec   Forward Delay 15 sec
             Aging Time    20

Interface          Role Sts   Cost        Prio.Nbr    Type
——— ——————————————— ——————————— ————————————

Fa0/5              Altn BLK 19                128.5      P2p       //表示 F0/5 处于阻塞状态
Fa0/4              Root FWD 19                128.4      P2p
```

记录 STP 的缺省配置：

根网桥	根端口	指定端口	阻塞端口

（3）STP 基本配置。

将网络中 SWA 设置为根网桥：

　　　SWA（config）# spanning-tree vlan 1　root primary

　　　　//直接配置 SWA 为主根网桥，即直接把优先级降低为 24576

或 SWA（config）# spanning-tree vlan 1 priority 4096

　　　　//修改 SWA 的优先级为 4096（优先级为 4096 的倍数，范围从 0～61440）

　　　SWA# show spanning-tree

　　vlan 0001

　　　　Spanning tree enabled protocol ieee

　　　Root ID　　Priority　　24577

　　　　　　　　Address　　　0090.0C12.573A

　　　　　　　　This bridge is the root　　　　　　　　//SWA3560 变成根网桥了

　　　　　　　　Hello Time　2 sec　Max Age 20 sec　Forward Delay 15 sec

　　　Bridge ID　Priority　　24577　（priority 24576 sys-id-ext 1）

　　　　　　　　Address　　　0090.0C12.573A

　　　　　　　　Hello Time　2 sec　Max Age 20 sec　Forward Delay 15 sec

　　　　　　　　Aging Time　20

　　Interface　　　　Role　Sts　Cost　　　Prio.Nbr　　Type

　　———————　———　———　————　—————　————

　　Fa0/1　　　　　　Desg FWD 19　　　　128.1　　　P2p

　　Fa0/8　　　　　　Altn BLK　19　　　　128.8　　　P2p

　　　SWB# show spanning-tree

　　vlan 0001

　　　　Spanning tree enabled protocol ieee

　　　Root ID　　Priority　　24577

　　　　　　　　Address　　　0090.0C12.573A

　　　　　　　　Cost　　　　　19

　　　　　　　　Port　　　　　2(FastEthernet0/2)

　　　　　　　　Hello Time　2 sec　Max Age 20 sec　Forward Delay 15 sec

　　　Bridge ID　Priority　　32769　（priority 32768 sys-id-ext 1）

　　　　　　　　Address　　　000A.41E3.20BE

　　　　　　　　Hello Time　2 sec　Max Age 20 sec　Forward Delay 15 sec

　　　　　　　　Aging Time　20

　　Interface　　　　Role　Sts　Cost　　　Prio.Nbr　　Type

　　———————　———　———　————　—————　————

　　Fa0/2　　　　　　Root　FWD　19　　　　128.2　　　P2p

　　Fa0/3　　　　　　Altn　BLK　19　　　　128.3　　　P2p　　　//F0/3 端口变成阻塞状态了

（4）PVST＋配置。

Cisco 交换机默认运行 PVST＋，为每个 VLAN 生成一颗 STP 树。

在每个交换机上创建 VLAN 2，将交换机之间的链路都配置成 Trunk

    SWA(config)♯int f0/1

    SWA(config-if)♯switchport trunk encapsulation dot1q

    SWA(config-if)♯switchport mode trunk

    SWA(config-if)♯int f0/8

    SWA(config-if)♯ switchport trunk encapsulation dot1q

    SWA(config-if)♯switchport mode trunk

其他交换机都参照 SWA 的相同配置。

检查每个 VLAN 的 STP 树

    SWA♯show spanning-tree vlan 1

    vlan 0001

      Spanning tree enabled protocol ieee

      Root ID   Priority   24577

                Address   0090.0C12.573A

                This bridge is the root

                Hello Time 2 sec Max Age 20 sec Forward Delay 15 sec

      Bridge ID Priority   24577 （priority 24576 sys-id-ext 1）

                Address   0090.0C12.573A

                Hello Time 2 sec Max Age 20 sec Forward Delay 15 sec

                Aging Time 20

Interface	Role	Sts	Cost	Prio.Nbr	Type
Fa0/1	Desg	FWD	19	128.1	P2p
Fa0/8	Desg	FWD	19	128.8	P2p

    SWA♯show spanning-tree vlan 2

    vlan 0002

      Spanning tree enabled protocol ieee

      Root ID   Priority   32770

                Address   0003.E49E.DC26

                Cost   19

                Port   8(FastEthernet0/8)

                Hello Time 2 sec Max Age 20 sec Forward Delay 15 sec

      Bridge ID Priority   32770 （priority 32768 sys-id-ext 2）

                Address   0090.0C12.573A

                Hello Time 2 sec Max Age 20 sec Forward Delay 15 sec

                Aging Time 20

Interface	Role	Sts	Cost	Prio.Nbr	Type
Fa0/1	Desg	FWD	19	128.1	P2p

```
Fa0/8                 Root FWD 19        128.8      P2p


SWC#show spanning-tree
vlan 0001
    Spanning tree enabled protocol ieee
    Root ID    Priority    24577
               Address     0090.0C12.573A
               Cost        19
               Port        7(FastEthernet0/7)
               Hello Time   2 sec   Max Age 20 sec   Forward Delay 15 sec


    Bridge ID  Priority    32769   (priority 32768 sys-id-ext 1)
               Address     0003.E49E.DC26
               Hello Time   2 sec   Max Age 20 sec   Forward Delay 15 sec
               Aging Time   20


Interface         Role   Sts   Cost       Prio.Nbr   Type
——— ———— ——— ———— ———— ——— ———————

Fa0/7             Root FWD 19            128.7      P2p
Fa0/6             Desg FWD 19            128.6      P2p
vlan 0002
    Spanning tree enabled protocol ieee
    Root ID    Priority    32770
               Address     0003.E49E.DC26
               This bridge is the root
               Hello Time   2 sec   Max Age 20 sec   Forward Delay 15 sec
    Bridge ID  Priority    32770   (priority 32768 sys-id-ext 2)
               Address     0003.E49E.DC26
               Hello Time   2 sec   Max Age 20 sec   Forward Delay 15 sec
               Aging Time   20
Interface         Role   Sts   Cost       Prio.Nbr   Type
——— ———— ——— ———— ———— ——— ———————

Fa0/7             Desg FWD 19            128.7      P2p
Fa0/6             Desg FWD 19            128.6      P2p
```
//以上结果可以看到 SWA 为 VLAN 1 的根网桥，SWC 为 VLAN 2 的根网桥

　　STP 生成树协议配置的结果如图 4.1-2 所示，可以看到 VLAN 1 和 VLAN 2 实现了负载均衡。

　　查看不同 VLAN 的 STP 生成树并记录在下表。

VLAN 号	根网桥	根端口	指定端口	阻塞端口
VLAN 1				
VLAN 2				

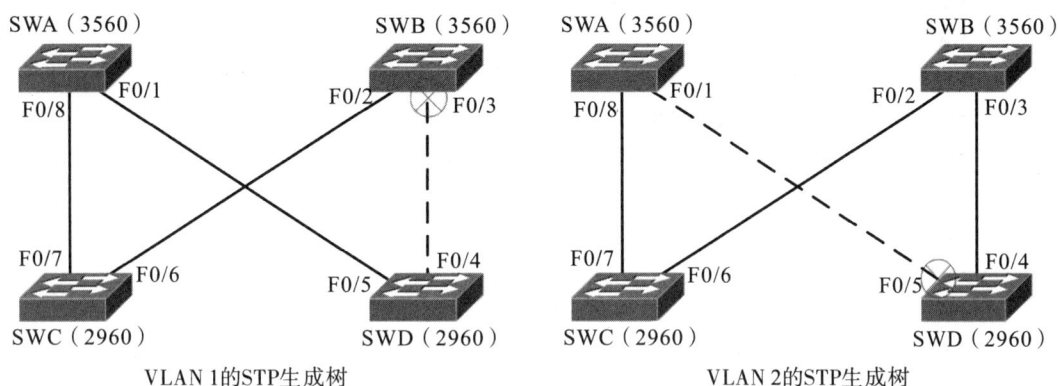

图 4.1-2 STP 生成树的结果

四、实训思考及练习

在每台交换机上创建 VALN 10、VLAN 20，将 SWA 配置为 VALN 10 的根网桥、VALN 20 的次根网桥，将 SWB 配置为 VLAN 20 的根网桥、VALN 10 的次根网桥，查看配置结果。

【实训 4.2】 配置 Etherchannel

一、实训目的

了解 Etherchannel 的工作原理，掌握二层 Etherchannel 的基本配置。

二、实训逻辑图

实训逻辑图见图 4.2-1。

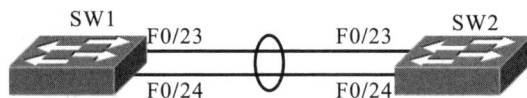

配置 Etherchannel

图 4.2-1 STP 实训逻辑图

三、实训内容及步骤

（1）二层以太通道 Etherchannel 的手工绑定。

按逻辑图 4.2-1 连接两台交换机，将连接端口 F0/23、F0/24 绑定成以太通道组，两台交换机都作以下同样的配置。

```
SW1：
SW1(config)#interface port-channel 1    //创建以太通道，通道组号的范围是 1～6 的正整数
SW1(config-if)#int range f0/23-24
SW1(config-if)#switchport mode trunk
```

SW1(config-if)♯channel-group 1 mode on

SW2：

SW2(config)♯interface port-channel 1　　//创建以太通道，与相连的 SW1 要一致

SW2(config-if)♯int range f0/23-24

SW2(config-if)♯switchport mode trunk

SW2(config-if)♯channel-group 1 mode on

（2）查看 Etherchannel 信息。

SW1♯show etherchannel summary

......

Number of channel-groups in use：　1/

Number of aggregators：　　　　　1

Group　Port-channel　Protocol　　Ports

——————+———————————+———————————+——————————

1　　　Po1(SU)　　　　　PAgP　　Fa0/23(P) Fa0/24(P)

//编号为 1 的通道组已经形成，"SU"表示正常。

（3）配置 PAGP 或者 LAGP。

提示：PAGP 的工作模式有 desirable 和 auto 两种；

LAGP 的工作模式有 active 和 passive 两种。

SW1：

SW1(config)♯interface port-channel 1

SW1(config-if)♯int range f0/23-24

SW1(config-if)♯switchport mode trunk

SW1(config-if)♯channel-protocol pagp　　　　//配置采用 PAGP 协议协商通道组，PAGP 是默认协议，可以不配置

SW1(config-if)♯channel-group 1 mode desirable　　　　//配置 PAGP 的模式为 desirable

SW2：

SW2(config)♯interface port-channel 1

SW2(config-if)♯int range f0/23-24

SW2(config-if)♯switchport mode trunk

SW2(config-if)♯channel-protocol pagp

SW2(config-if)♯channel-group 1 mode auto　　　　　//配置 PAGP 的模式为 auto

查看结果：

SW1♯show etherchannel summary

Group　Port-channel　Protocol　　Ports

——————+———————————+———————————+——————————

1　　　Po1(SU)　　　　　PAgP　　Fa0/23(D) Fa0/24(D)

从显示结果可以看到通道组协商成功。

（4）查看指定的通道组包含的接口。

SW1♯show etherchannel port-channel

　　　　　　　　Channel-group listing：

　　　　　　　　—————————

Group：1

－－－－

                    Port-channels in the group：
               －－－－－－－－－－

Port-channel：Po1
－－－－－－

Age of the Port-channel	= 00d：00h：22m：45s	
Logical slot/port	= 2/1	Number of ports = 2
GC	= 0x00000000	HotStandBy port = null
Port state	= Port-channel	//端口的状态
Protocol	= PAGP	//使用的协商协议
Port Security	= Disabled	//使用的协议模式

Ports in the Port-channel：

Index   Load   Port   EC state   No of bits
－－－－－－＋－－－－－－－－－－＋－－－－－－－－－－－＋－－－－－－－－
  0   00   Fa0/23 Desirable-Sl   0
  0   00   Fa0/24 Desirable-Sl   0

  Time since last port bundled：   00d：00h：22m：45s   Fa0/24

四、实训思考题

（1）如果两台交换机的模式都为 desirable 或者 auto，通道组能否开启？为什么？

（2）假如断开交换机 SW1 的 F0/23 端口，通道组还能否开启？在 SW1 上使用"show etherchannel summary"命令，将结果截图并粘贴在下方。

（3）如果通道组的接口为三层交换端口，思考一下应该如何配置。

【实训 4.3】 配置 HSRP

一、实训目的

熟悉 HSRP 的基本配置，掌握网络中 HSRP 的部署方法。

配置 HSRP

二、实训逻辑图

实训逻辑图见图 4.3－1。

三、实训内容及步骤

（1）在 SWA、SWB、SWC 上分别创建 vlan 10、vlan 20 并在 SWC 上将端口加入所属 VLAN。

    SWA：

    SWA(config)♯vlan 10

    SWA(config)♯vlan 20

    SWB：

    SWB(config)♯vlan 10

    SWB(config)♯vlan 20

SWC：

SWC(config)♯vlan 10

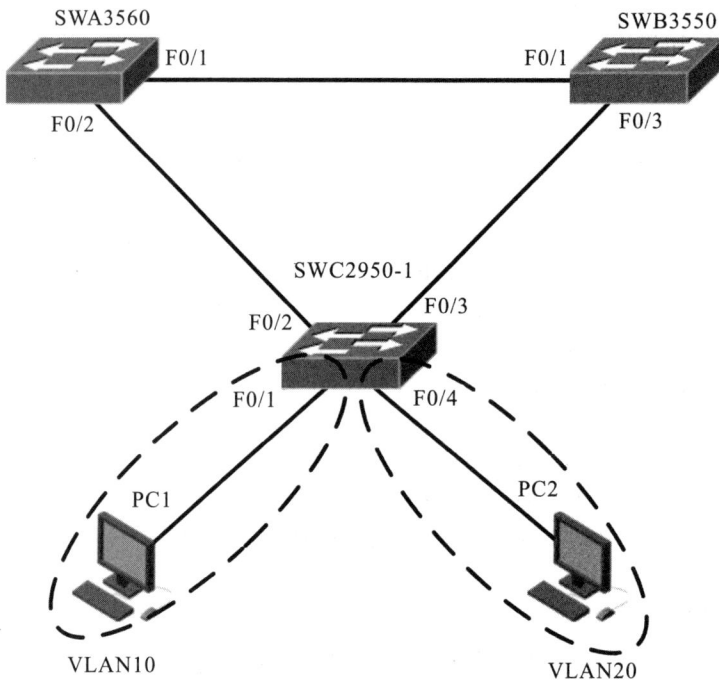

图 4.3-1 HSRP 实训逻辑图

SWC(config)♯vlan 20

SWC(config)♯int f0/1

SWC(config-if)♯switchport mode access

SWC(config-if)♯switchport access vlan 10

SWC(config-if)♯exit

SWC(config)♯int f0/4

SWC(config-if)♯switchport mode access

SWC(config-if)♯switchport access vlan 20

SWC(config-if)♯exit

（2）在 SWA、SWB 上分别为 vlan 10、vlan 20 创建管理地址。

SWA：

SWA(config)♯ interface vlan 10

SWA(config-if)♯ ip address 192.168.10.1 255.255.255.0

SWA(config-if)♯no shut

SWA(config)♯interface vlan 20

SWA(config-if)♯ip address 192.168.20.1 255.255.255.0

SWA(config-if)♯no shut

SWB：

SWB(config)♯interface vlan 10

SWB(config-if)♯ip address 192.168.10.2 255.255.255.0

SWB(config-if)♯no shut

SWB(config)♯interface vlan 20

SWB(config-if)♯ip address 192.168.20.2 255.255.255.0

SWB(config-if)♯no shut

（3）在 SWA、SWB、SWC 上创建 Trunk 链路并确保 vlan 10、vlan 20 的连通性。

SWA：

SWA(config)♯int range f0/1-2

SWA(config-if)♯switchport trunk encapsulation dot1q

SWA(config-if)♯switchport mode trunk

SWA(config-if)♯exit

SWB：

SWB(config)♯int range f0/1,f0/3

SWB(config-if)♯switchport trunk encapsulation dot1q

SWB(config-if)♯switchport mode trunk

SWB(config-if)♯exit

SWC：

SWC(config)♯int range f0/2-3

SWC(config-if)♯switchport mode trunk

SWC(config-if)♯exit

（4）开启三层交换的路由功能。

SWA(config)♯ip routing

SWB(config)♯ip routing

（5）HSRP 配置。

配置 SWA 为 vlan 10 的主网关，vlan 20 的备份网关，SWB 为 vlan 20 的主网关，vlan 10 的备份网关。

SWA：

SWA(config)♯interface vlan 10

SWA(config-if)♯standby 10 ip 192.168.10.254　　//配置组的虚拟网关 IP 地址

SWA(config-if)♯standby 10 priority 200

配置 HSRP 的优先级别。优先级高的交换机将成为主网关。优先级可以是 0～255 的数值，默认是 100。

SWA(config-if)♯standby 10 preempt　　　　　　//配置 HSRP 的占先权

配置占先权的目的：down 掉的交换机在重新启动后，不会自动夺回原来的主网关的角色，默认会成为备份网关，而以前的备份网关成为主网关，所以需要配置占先权，让该交换机在故障修复后能恢复主网关的身份。

SWA(config)♯interface vlan 20

SWA(config-if)♯standby 20 ip 192.168.20.254

SWA(config-if)♯standby 20 preempt

SWB：

SWB(config)♯interface vlan 10

SWB(config-if)♯standby 10 ip 192.168.10.254

SWB(config-if)♯standby 10 preempt

SWB(config)♯interface vlan 20

SWB(config-if)♯standby 20 ip 192.168.20.254

SWB(config-if)♯standby 20 priority 200

SWB(config-if)♯standby 20 preempt

查看 HSRP 信息：

SWA：

SWA♯show standby brief

　　　　　　P indicates configured to preempt.

Interface	Grp	Prio	P	State	Active	Standby	Virtual IP
vlan 10	10	200	P	Active	local	192.168.10.2	192.168.10.254
vlan 20	20	100	P	Standby	192.168.20.2	local	192.168.20.254

SWB：

SWB♯show standby brief

P indicates configured to preempt.

Interface	Grp	Prio	P	State	Active	Standby	Virtual IP
vlan 10	10	100	P	Standby	192.168.10.1	local	192.168.10.254
vlan 20	20	200	P	Active	local	192.168.20.1	192.168.20.254

四、实训调测及结果

（1）根据上面的配置，组 10 的主网关为 SWA，备份网关为 SWB，我们 shutdown 一下交换机 SWA 的 F0/2 口，看看主网关是不是会变成 SWB。使用"show standby brief"命令，将结果截图并粘贴在下方。

（2）验证占先权的效果：恢复交换机 SWA 的 F0/2 口为"no shutdown"的状态，看看占先权是否生效，使用"show standby brief"命令，将结果截图并粘贴在下方。

（3）验证客户端之间的通信：

按实训环境将 PC1 和 PC2 分别接入 SWC 的 F0/1 口和 F0/4 口，将 PC1 和 PC2 的 IP 地址分别设在不同网段：

PC1 的 IP 地址 192.168.10.3，PC1 处于 VLAN 2，网关设为：192.168.10.254，指向 VLAN 10 的虚拟网关。

PC2 的 IP 地址 192.168.20.3，PC2 处于 VLAN 3，网关设为：192.168.20.254，指向 VLAN 20 的虚拟网关。

用 PC1 持续 Ping PC2，即在 PC1 中输入"Ping 192.168.20.3-t"，断开 SWA 的 F0/2 口后，查看结果并将结果截图粘贴在下方。试分析该结果。

项目 4 报告　局域网环路检查与测试

一、项目描述

在某局域网项目中，考虑网络的可靠性及负载均衡，搭建了环路，如图 4-26 所示。要求检查该网络运行 STP 后的阻塞端口，并根据要求改变主根网桥和次根网桥，执行优化 STP，收集测试中有关问题的数据，实施解决方案并测试连通性。

二、项目拓扑图

项目拓扑图见图 4-26。

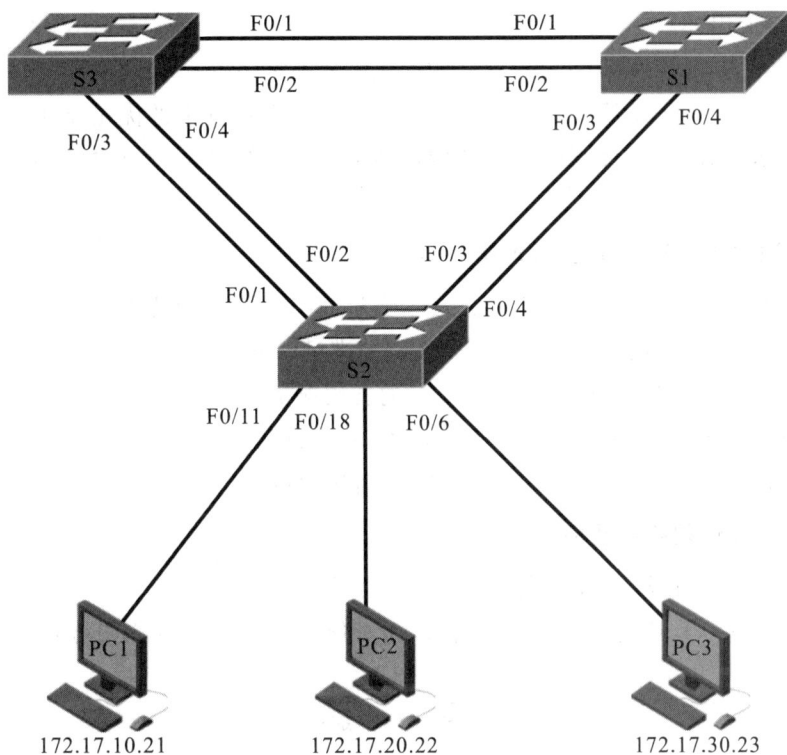

图 4-26

三、项目任务

【任务一】基本交换机配置。

（1）配置各交换机名称。

（2）禁止各交换机 DNS 查询。

（3）为控制台（Console 口）和虚拟终端线路 VTY 配置口令：cisco。

（4）配置主机 PC 上的以太网接口地址。

（5）模拟调测逻辑图。

【任务二】配置 VLAN。

（1）VTP 配置：S1 为服务器模式，S2、S3 为客户机模式，域名和密码均为你的名字的拼音字母缩写。

（2）配置中继端口和本征 VLAN：将每台交换机的端口 F0/1 至 F0/5 配置为中继端口，将 VLAN 99 指定为这些中继的本征 VLAN。

（3）在 VTP Server 上按要求创建 VLAN 99、VLAN 10、VLAN 20、VLAN 30。

（4）在所有交换机上配置管理接口地址。

（5）按要求将端口划分到相应的 VLAN。

【任务三】配置生成树 STP。

（1）检查各交换机上的 STP 的默认配置。

（2）检查输出：

① VLAN 99 上交换机 S1、S2、S3 的优先级分别是多少？

② S1 在 VLAN 10、VLAN 20、VLAN 30 和 VLAN 99 上的优先级分别是多少？

③ STP 根据什么选择根桥，若这些网桥的优先级全部相同，交换机会根据哪项信息来确定根桥？

【任务四】优化 STP 实现负载均衡。

修改 STP 配置，使所有中继都能用上。尝试找出一个解决方案，使三个用户 VLAN 中的每一个都使用不同的一组端口进行转发，即满足以下条件：

（1）成为 VLAN 10 的根桥、VLAN 20 的备用根桥。

（2）成为 VLAN 20 的根桥、VLAN 30 的备用根桥。

（3）成为 VLAN 30 的根桥、VLAN 10 的备用根桥。

【任务五】测试网络连通性。

（1）三台 PC 分别进行 Ping 通测试，得出测试结果。

（2）若想不同 VLAN 中的 PC 能 Ping 通，要如何实现？实现的逻辑图与配置命令是什么？

习　　题

一、单项选择题

1. 生成树协议端口的几种状态说法正确的是（　　）

A. 阻塞状态既不发送数据也不接收数据

B. 侦听状态只接收 BPDU，不发送任何数据

C. 学习状态接收 BPDU，发送 BPDU，转发数据

D. 转发状态，正常处理所有数据

2. 使用全局配置命令 spanning-tree vlan vlan-id root primary 可以改变网桥的优先级。在默认状态下使用一次该命令后，网桥的优先级为（　　）。

A. 32 768　　　　　　　　　　　B. 24 576

C. 比最低的网桥优先级小 1　　　D. 32 767

3. STP 如何提供无环网络？（　　）

A. 将所有端口置为阻塞状态　　　B. 将所有网桥置为阻塞状态

C. 将部分端口置为阻塞状态　　　D. 将部分网桥置为阻塞状态

4. 参见图 4 - 27 所示，该网络中阻塞的端口是(　　　)。

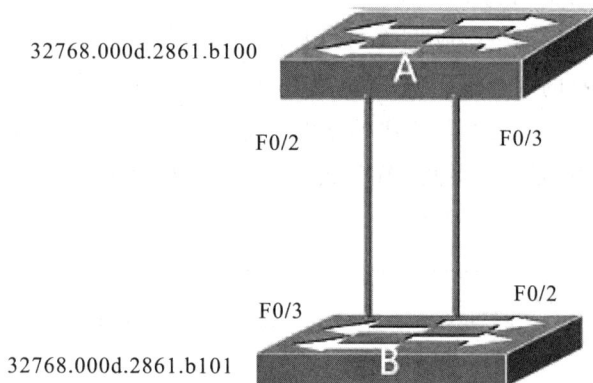

32768.000d.2861.b100

F0/2　　　　　　F0/3

F0/3　　　　　　F0/2

32768.000d.2861.b101

图 4 - 27　习题图 1

A. A 交换机的 F0/2 端口　　　　　　B. A 交换机的 F0/3 端口
C. B 交换机的 F0/2 端口　　　　　　D. B 交换机的 F0/3 端口

5. 某网络有 VLAN 2-4 与 VLAN 6-8，已配置通过 Trunk 传递，其 SWA 上的端口配置如图 4 - 28 所示，从端口状态来看并没有实现负载均衡。现欲实现负载均衡，应选择下列哪个方案?(　　　)

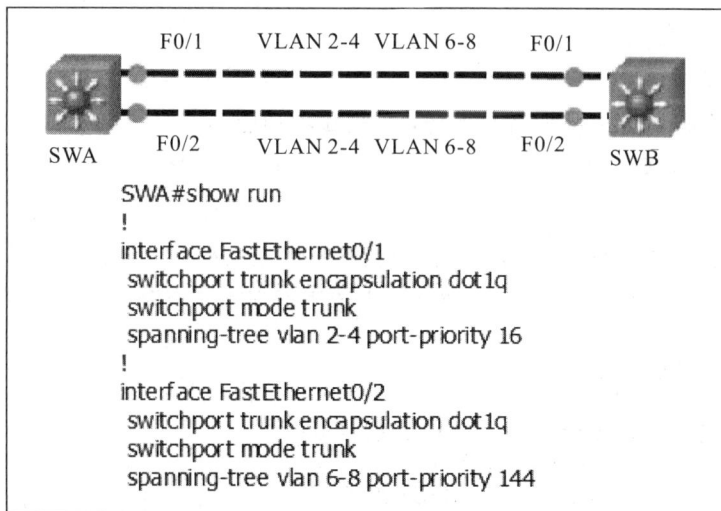

```
SWA#show run
!
interface FastEthernet0/1
 switchport trunk encapsulation dot1q
 switchport mode trunk
 spanning-tree vlan 2-4 port-priority 16
!
interface FastEthernet0/2
 switchport trunk encapsulation dot1q
 switchport mode trunk
 spanning-tree vlan 6-8 port-priority 144
```

图 4 - 28　习题图 2

A. 进入 F0/1 并配置：SWA(config-if)♯ spanning-tree vlan 2-4 port-priorit 32
B. 进入 F0/1 并配置：SWA(config-if)♯ spanning-tree vlan 6-8 port-priority 144
C. 进入 F0/2 并配置：SWA(config-if)♯ spanning-tree vlan 2-4 port-priority 144
D. 进入 F0/2 并配置：SWA(config-if)♯ spanning-tree vlan 6-8 port-priority 16

6. 关于 HSRP 组，以下说法错误的是（　　　）。

A. 默认优先级的值为 100

B. 优先级最低的那个将成为 Active Router

C. 优先级最高的那个将成为 Active Router

D. 开启抢占后拥有更高优先级的路由器将成为 Active Router

7. 参见图 4-29 所示，若要使 SWA 成为 VLAN 20 的 Standby，在 VLAN 20 接口状态下，下列哪条命令是不需要的？（　　　）

```
SWA#show standby brief
                      P indicates configured to preempt.
                      |
Interface   Grp  Pri P State    Active         Standby        Virtual IP
Vl110       10   110 P Active   local          10.1.1.3       10.1.1.1
Vl120       20   90  P Standby  10.1.2.3       local          10.1.2.1
```

图 4-29　习题图 3

A. SWA(config-if)# standby 10 ip 10.1.1.1

B. SWA(config-if)# standby 20 ip 10.1.2.1

C. SWA(config-if)# standby 20 priority 90

D. SWA(config-if)# standby 20 preempt

8. 下列哪项功能 Etherchannel 不能实现？（　　　）

A. 增加带宽　　　　　　　　　　B. 快速收敛

C. 负载均衡　　　　　　　　　　D. 实现热备

9. 要实现 Etherchannel 的链路捆绑，下列哪项功能不需要？（　　　）

A. 双工模式要一致　　　　　　　B. 端口号要一致

C. 端口速率要一致　　　　　　　D. Trunk 模式要一致

10. 参见图 4-30 所示，原网络中各交换机的优先级都为默认值，现要将交换机 A 配置为图 4-30 所示的优先级并成为根网桥，需选用下列哪一个命令？（　　　）

```
A#show spanning-tree
VLAN0001
  Spanning tree enabled protocol ieee
  Root ID   Priority  24577
            Address   0060.47B3.29EE
            This bridge is the root
            Hello Time  2 sec  Max Age 20 sec  Forward Delay 15 sec
```

图 4-30　习题图 4

A. A# spanning-tree vlan1 root primary

B. A(config)# spanning-tree root primary

C. A(config)# spanning-tree vlan1 root primary

D. A(config)# spanning-tree primary

二、多选题

1. STP 状态中，缺省时间为 15 秒的有（　　　）。（选两项）

　　A. 转发状态　　　　　　　　　　　B. 学习状态

　　C. 侦听状态　　　　　　　　　　　D. 阻塞状态

　　E. 禁止状态

2. 下列哪些项是 STP 协议判断最短路径的规则？（　　　）（选三项）

　　A. 比较路径开销，带宽越小开销越大

　　B. 比较发送者的 Bridge ID，选择参数小的

　　C. 比较是二层交换机还是三层交换机，选择层次低的

　　D. 比较接收者的 Port ID，选择参数小的

3. 下列哪些模式能在交换机之间形成 Etherchannel？（　　　）（选三项）

　　A. 一端为 on，另一端也为 on

　　B. 一端为 desirable，另一端为 auto

　　C. 一端为 desirable，另一端为 on

　　D. 一端为 auto，另一端也为 auto

　　E. 一端为 desirable，另一端也为 desirable

4. 参见图 4-31 所示，SW1 上要进行下列哪些配置才能查看到图示中的以太通道组的信息？（　　　）

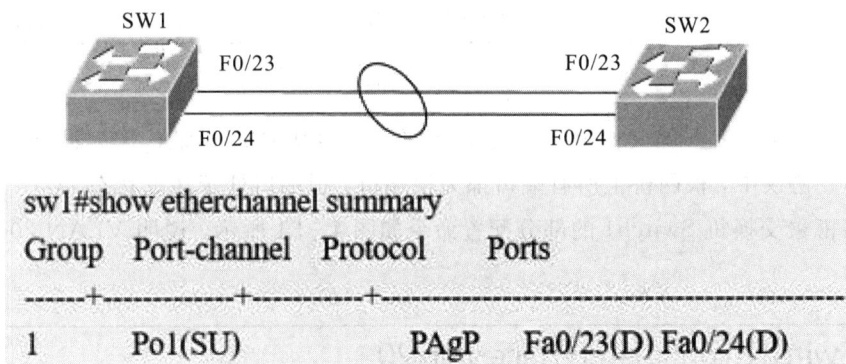

图 4-31　习题图 5

　　A. SW1(config)＃ int range f0/23-24

　　B. SW1(config-if)＃ switchport mode access

　　C. SW1(config-if)＃ switchport mode trunk

　　D. SW1(config-if)＃ channel-group 1 mode on

　　E. SW1(config-if)＃ channel-group 1 mode desirable

　　F. SW1(config-if)＃ channel-group 1 mode auto

5. 参见图 4-32 所示，SWA 上已配置了 VLAN 10 的 IP 地址，还需配置下列哪三条命令才能查看到图示信息？（　　　）

```
SWA#show standby brief
                      P indicates configured to preempt.
                      |
Interface   Grp  Pri P State   Active      Standby     Virtual IP
Vl10        10   110 P Active  local       10.1.1.3    10.1.1.1
```

图 4-32　习题图 6

A. SWA(config-if)♯standby 10 ip 10.1.1.3

B. SWA(config-if)♯standby 10 ip 10.1.1.1

C. SWA(config-if)♯standby 10 active

D. SWA(config-if)♯standby 10 priority 110

E. SWA(config-if)♯standby 10 local

F. SWA(config-if)♯standby 10 preempt

三、判断题

1. 在一台交换机上通过 show spanning-tree 查看时，其端口状态如图 4-33 所示，说明该交换机一定是非根网桥。(　　)

```
Interface         Role Sts Cost      Prio.Nbr Type
----------------  ---- --- --------- -------- ----
Fa0/1             Altn BLK 19        128.1    P2p
Fa0/2             Root FWD 19        128.2    P2p
```

图 4-33　习题图 7

2. 生成树协议中，Blocking 状态可接收 BPDU，不学习 MAC 地址，不转发数据帧。(　　)

3. STP 协议中，根网桥上所有端口都为根端口，根端口处于转发状态。(　　)

4. 某汇聚交换机 Switch1 的部分配置命令如图 4-34 所示，说明 VLAN 20 配置了抢占模式。(　　)

```
Switch1(config)#interface vlan 20
Switch1(config-if)#ip address 192.168.20.253 255.255.255.0
Switch1(config-if)#standby 2 ip 192.168.20.250
Switch1(config-if)#standby 2 preempt
Switch1(config-if)#exit
```

图 4-34　习题图 8

5. 参见图 4-35 所示，该网络中 SWA 与 SWB 之间的两条物理链路已经捆绑成一条逻辑链路(以太通道组 1)，因此 STP 将认为仅仅是一条链路，不存在环路，不必作用。(　　)

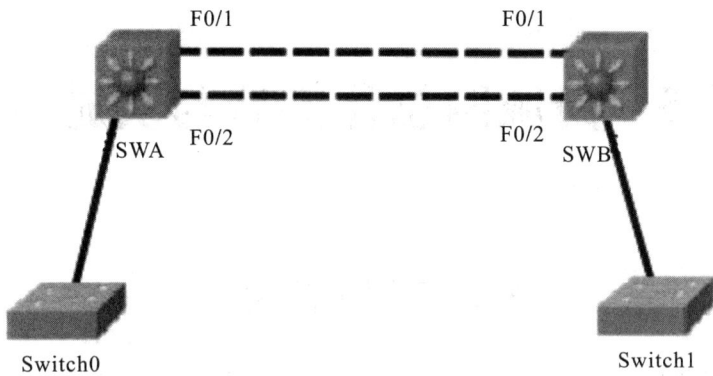

图 4 – 35 习题图 9

项目四习题答案

项目5 局域网总体部署与实施方案

5.1 项目概述

某公司是一家新型IT企业,分为总公司和分公司,现需在某市新成立一分公司。新分公司在一栋大楼内,需要有线联网的计算机有200台左右。

新分公司的网络中心设在三楼,主干采用千兆,百兆交换到桌面。新分公司设有财务、技术等部门,其中技术部和财务部需要独立的网络,其他各部门没有特殊要求,为便于管理,各部门网络都采用动态获取IP地址。

新分公司规模虽然不大,但要求实现一个完善、高效、高可用性和高可靠性的办公网络,用以满足各项业务发展的需要。

由于新分公司已经在所有的办公场所完成了综合布线系统,因此本项目只包含网络部分的组建和配置实施。

5.2 需求分析

针对该分公司企业的网络项目需求,可分别进行下列部署:

(1)网络结构部署。确定网络采用的拓扑结构和层次结构。

(2)网络设备部署。在满足项目需求并考虑一定的延续性的基础上,选用性价比优的设备。

(3)网络配置部署。根据应用需求,在设备上进行设备名称、IP规划、VLAN规划及配置规划。

(4)配置实施。根据配置部署进行各项配置。

(5)验收测试。配置完成后进行全网测试,做出测试报告,并提出验收申请。

(6)提交竣工文档。

5.3 结构部署

根据这个企业联网的需求,网络结构应采用二层架构,二层架构的网络主要有单星型和双星型,如图5-1所示。

考虑到企业对系统的可靠性要求较高,核心层需采用两台交换机作为互备,因此该网络可采用二层双星型结构。

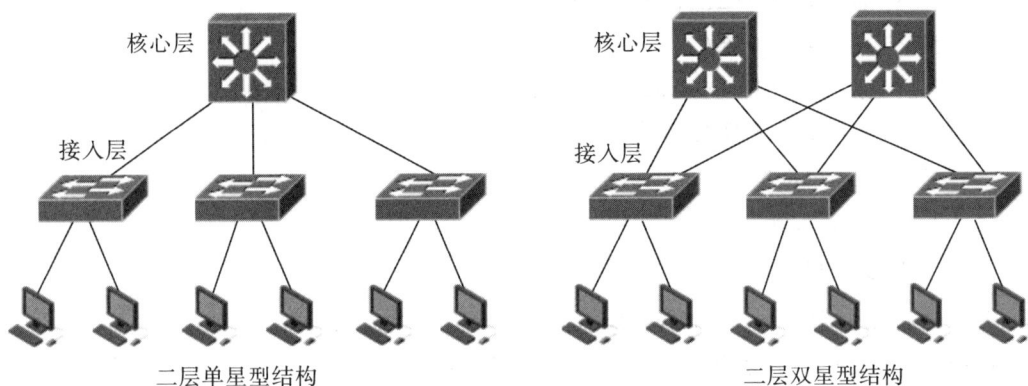

图 5-1 网络结构

5.4 设备部署

设备部署主要是为设备选择品牌和型号，考虑到兼容性和以后的维护，尽可能考虑选择同一品牌的产品。下面以选择 Cisco 的产品为例说明。

1. 核心交换机

核心层设备两台，由于企业规模较小，可选择两台 Cisco Catalyst 3560。

Cisco Catalyst 3560 系列交换机是一个固定配置的交换机系列，能够提供千兆以太网连接和路由功能，适用于中小型企业局域网接入层或核心层部署。

在这里选择的具体的型号为 WS-C3560G-24TS，产品外形如图 5-2 所示。

图 5-2 核心交换机选择：Cisco WS-C3560G-24TS

WS-CC3560G-24TS 主要参数：

- 交换机类：企业级交换机
- 应用层级：三层
- 接口介质：10/100/1000BASE-T/10
- 传输速率：10/100/1000 Mb/s
- 端口数量：24
- 背板带宽：32 Gb/s
- 网管功能：网管功能 SNMP，CLI
- 包转发率：38.7 Mb/s
- MAC 地址：12k

- 网络标准：IEEE 802.3、IEEE 802
- 交换方式：存储—转发
- 产品内存：128 MB DRAM 和 32 MB 闪存
- 传输模式：支持全双工
- 配置形式：可堆叠
- QOS 支持：支持

2. 接入层交换机

每层楼选用一台 Cisco Catalyst 2960，共 5 台。

Cisco Catalyst 2960 系列交换机是一个固定配置交换机系列，可以为中端市场和分支机构网络提供快速以太网、千兆以太网连接和 PoE 功能等服务，能提供入门级的特性、可扩展的管理和简便的故障排除功能。

在这里具体型号选择为 Cisco WS-C2960-24PC-L。

产品外形如图 5-3 所示。

图 5-3　接入层交换机选择：Cisco WS-C2960-24PC-L

WS-C2960-24PC-L 主要参数：

- 交换机类：智能交换机
- 应用层级：二层
- 传输速率：10/100/1000 Mb/s
- 端口数量：24
- 背板带宽：16 Gb/s
- 网管功能：Web 浏览器，SNMP，CLI
- 包转发率：6.5 Mp/s
- MAC 地址：8k
- 网络标准：IEEE 802.3、IEEE 802
- 端口结构：非模块化
- 交换方式：存储—转发
- 产品内存：64 MB DRAM 和 32 MB 闪存
- 传输模式：支持全双工
- QoS 支持：支持

3. 设备连接示意图

核心交换机间通过千兆口互连，并采用链路捆绑以提高带宽实现负载均衡，各楼层交换机分别都与两核心交换机互连，其设备连接如图 5-4 所示。

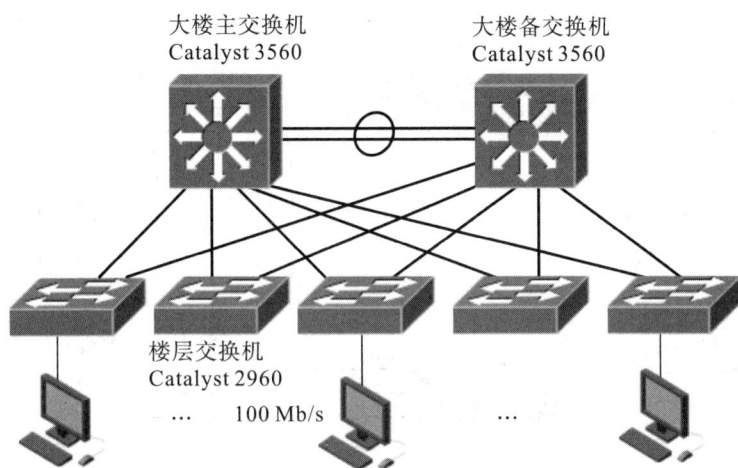

图 5 - 4　企业局域网设备连接图

5.5　配置部署

1. 设备命名

在做网络配置时，我们通常会对所有的网络设备进行规范的命名，命名的规则往往按照简单和易于识别的原则，这里我们设置命名规则为"类别_型号_楼层_序号"，比如，"SW_2950_f1_1"表示一层的第一台 2950 交换机，当只有一台时，序号可省略。我们这里一层只有一台相同的交换机，因此命名为"SW_2950_f1"，其余类推。

设备命名见表 5 - 1。在这里楼层以一、二层交换机为例，三至五层以此类推。

表 5 - 1　设备命名列表

	大楼主交换机	大楼备交换机	一层交换机	二层交换机
设备命名	SW_3560_1	SW_3550_2	SW_2960_f1	SW_2960_f2

2. VLAN 部署

VLAN 命名及 IP 地址分配见表 5 - 2。

表 5 - 2　VLAN 命名及 IP 地址分配

部门	VLAN 名	VLAN ID	主交换机网关地址	备交换机网关地址	HSRP 组虚拟地址
财务部	finance	10	192.168.10.254	192.168.10.253	192.168.10.252
技术部	techniqy	20	192.168.20.254	192.168.20.253	192.168.20.252
其他	other	30	192.168.30.254	192.168.30.253	192.168.30.252

配置调测示意如图 5 - 5 所示。

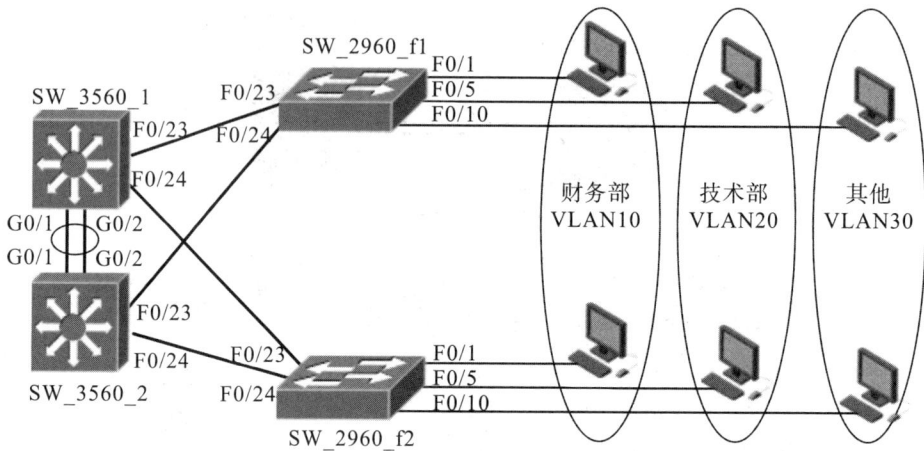

图 5-5　配置调测示意图

3. 配置规划

（1）交换机基础性配置。

（2）设置 VTP DOMAIN、VTP MODE(核心、接入层交换机上都设置)。

（3）配置中继(核心、接入层交换机上都设置)。

（4）配置以太通道组(核心交换机上设置)。

（5）创建 VLAN(在 VTP Server 上设置)。

（6）将交换机端口绑定到 VLAN。

（7）设置生成树的根。

（8）配置 VLAN 间路由。

（9）配置 HSRP。

（10）配置 DHCP 服务器。

5.6　配 置 实 施

1. 交换机基础性配置

在核心交换机和楼层交换机上的基础性配置除主机名和密码外,其他基本相同。

交换机基础性配置如下:

```
config terminal
hostname SW_3560_1
enable password 123
no ip domain-lookup
service timestamps log datetime msec
service timestamps debug datetime msec
line con 0
login
line vty 0 4
```

```
password 123
login
end
```

也可只做最基本的命名：

主核心交换机：

```
switch # config t
switch(config) # hostname SW_3560_1
```

备核心交换机：

```
switch # config t
switch(config) # hostname SW_3560_2
```

一层交换机：

```
switch # config t
switch(config) # hostname SW_2960_f1
```

二层交换机：

```
switch # config t
switch(config) # hostname SW_2960_f2
```

2. 设置 VTP DOMAIN、VTP MODE(核心、接入层交换机上都设置)

VTP 域名在这里设为 cisco，在两台核心交换机上 VTP 模式设置为 Server，各楼层交换机上都设置为 Client。

```
SW_3560_1 # config t
SW_3560_1(config) # vtp domain cisco
SW_3560_1(config) # vtp mode server

SW_3560_2 # config t
SW_3560_2(config) # vtp domain cisco
SW_3560_2(config) # vtp mode server

SW_2960_f1 # config t
SW_2960_f1(config) # vtp domain cisco
SW_2960_f1(config) # vtp mode client

SW_2960_f2 # config t
SW_2960_f2(config) # vtp domain cisco
SW_2960_f2(config) # vtp mode client
```

分别在各台交换机上查看配置：

```
show vtp status
```

3. 配置中继(核心、接入层交换机上都设置)

```
SW_3560_1 # config t
SW_3560_1(config) # int range g0/1-2，f0/23-24
SW_3560_1(config-if) # switchport
SW_3560_1(config-if) # switchport trunk encapsulation dot1q
```

```
SW_3560_1(config-if)♯switchport mode trunk
SW_3560_1(config-if)♯end


SW_3560_2♯config t
SW_3560_2(config)♯int range g0/1-2, f0/23-24
SW_3560_2(config-if)♯switchport
SW_3560_2(config-if)♯switchport trunk encapsulation dot1q
SW_3560_2(config-if)♯switchport mode trunk
SW_3560_2(config-if)♯end


SW_2960_f1♯config t
SW_2960_f1(config)♯intrange f0/23-24
SW_2960_f1(config-if)♯switchport mode trunk
SW_2960_ f1(config-if)♯end


SW_2960_f2♯config t
SW_2960_f2(config)♯intrange f0/23-24
SW_2960_f2(config-if)♯switchport mode trunk
SW_2960_f2(config-if)♯end
```

分别在各台交换机上查看配置：

```
show int trunk
```

4. 配置以太通道组(核心交换机上设置)

在两台核心设备之间配置多链路捆绑，能形成更大的数据传输通道，同时也能实现链路的冗余。

```
SW_3560_1♯config t
SW_3560_1(config)♯int range g0/1-2
SW_3560_1(config-if)♯channelgroup 1 mode on
SW_3560_1(config-if)♯ int port-channel 1
SW_3560_1(config-if)♯ switchport trunk encapsulation dot1q
SW_3560_1(config-if)♯ switchport mode trunk
SW_3560_1(config-if)♯end


SW_3560_2♯config t
SW_3560_2(config)♯int rangeg0/1-2
SW_3560_2(config-if)♯channel group 1 mode on
SW_3560_2(config-if)♯ int port-channel 1
SW_3560_2(config-if)♯switchport trunk encapsulation dot1q
SW_3560_2(config-if)♯switchport mode trunk
SW_3560_2(config-if)♯end
```

在两台核心交换机上查看配置：

```
show ip int brief
```

5. 创建 VLAN(在 VTP Server 上设置)

> SW_3560_1#vlan data
>
> SW_3560_1(vlan)#vlan 10 name finance
>
> SW_3560_1(vlan)#vlan 20 name techniqy
>
> SW_3560_1(vlan)#vlan 30 name other

在 VTP Server 上(SW_3560_1)建立的 vlan 10、vlan 20、vlan 30 在其他各台交换机上都应该看到。

分别在各台交换机上查看配置:

> show vlan

6. 将交换机端口绑定到 VLAN

在两台接入层交换机上,F0/1 接入到 vlan 10,F0/5~ F0/8 接入到 vlan 20,F0/10~ F0/15 接入到 vlan 30。

> SW_2960_f1#config t
>
> SW_2960_f1(config)#int f0/1
>
> SW_2960_f1(config-if)#switchport mode access
>
> SW_2960_f1(config-if)#switchport access vlan 10
>
> SW_2960_f1(config-if)#exit
>
> SW_2960_f1(config)#int range f0/5-8
>
> SW_2960_f1(config-if)#switchport mode access
>
> SW_2960_f1(config-if)#switchport access vlan 20
>
> SW_2960_f1(config-if)#exit
>
> SW_2960_f1(config)#int range f0/10-15
>
> SW_2960_f1(config-if)#switchport mode access
>
> SW_2960_f1(config-if)#switchport access vlan 30
>
> SW_2960_f1(config-if)#exit
>
>
> SW_2960_f2#config t
>
> SW_2960_f2(config)#int f0/1
>
> SW_2960_f2(config-if)#switchport mode access
>
> SW_2960_f2(config-if)#switchport access vlan 10
>
> SW_2960_f2(config-if)#exit
>
> SW_2960_f2(config)#int range f0/5-8
>
> SW_2960_f2(config-if)#switchport mode access
>
> SW_2960_f2(config-if)#switchport access vlan 20
>
> SW_2960_f2(config-if)#exit
>
> SW_2960_f2(config)#int range f0/10-15
>
> SW_2960_f2(config-if)#switchport mode access
>
> SW_2960_f2(config-if)#switchport access vlan 30
>
> SW_2960_f2(config-if)#exit

在两台接入层交换机上查看配置:

> show ip int brief

7. 设置生成树的根

这里将 vlan 10、vlan 30 的生成树的首根（Primary Root）设在 SW_3560_1 上，次根（Secondary Root）设在 SW_3560_2 上；将 vlan 20 的生成树的首根设在 SW_3560_2 上，次根设在 SW_3560_1 上，尽可能使网络负载可以均衡地分布在两台核心交换机上。

```
SW_3560_1（config）# spanning-tree vlan 10 root primary
SW_3560_1（config）# spanning-tree vlan 20 root secondary
SW_3560_1（config）# spanning-tree vlan 30 root primary


SW_3560_2（config）# spanning-tree vlan 10 root secondary
SW_3560_2（config）# spanning-tree vlan 20 root primary
SW_3560_2（config）# spanning-tree vlan 30 root secondary
```

8. 配置 VLAN 间路由

VLAN 的划分已经完毕，但此时只有本 VLAN 的主机之间可以互相访问，不同 VLAN 的主机之间还不能互访。为了让不同 VLAN 之间可以互访，需要在三层核心设备上给各 VLAN 分配 IP 地址。由于两台核心设备互为备份，因此需要在两台核心交换机上分别为所有 VLAN 各配置一个接口地址，这个地址也就是各 VLAN 主机的网关地址。

这里先为各 VLAN 分配 IP 地址：

```
SW_3560_1(config)# int vlan 10
SW_3560_1(config-if)# ip add 192.168.10.254 255.255.255.0
SW_3560_1(config-if)# no shutdown
SW_3560_1(config)# int vlan 20
SW_3560_1(config-if)# ip add 192.168.20.254 255.255.255.0
SW_3560 1(config-if)# no shutdown
SW_3560_1(config)# int vlan 30
SW_3560_1(config-if)# ip add 192.168.30.254 255.255.255.0
SW_3560_1(config-if)# no shutdown


SW_3560_2(config)# int vlan 10
SW_3560_2(config-if)# ip add 192.168.10.253 255.255.255.0
SW_3560_2(config-if)# no shutdown
SW_3560_2(config)# int vlan 20
SW_3560_2(config-if)# ip add 192.168.20.253 255.255.255.0
SW_3560_2(config-if)# no shutdown
SW_3560_2(config)# int vlan 30
SW_3560_2(config-if)# ip add 192.168.30.253 255.255.255.0
SW_3560_2(config-if)# no shutdown
```

启动核心交换机的三层路由功能：

```
SW_3560_1(config)# ip routing
SW_3560_2(config)# ip routing
```

查看各核心交换机上路由配置：

```
show ip route
```

　　问题：两台核心交换机上都配有 VLAN 的接口 IP 地址，那么 VLAN 中的主机到底应该将网关设为哪个 IP 地址呢？

　　设置方法：SW_3560_1 是 vlan 10、vlan 30 生成树的首根，因此属于这两个 VLAN 的主机，应选 SW_3560_1 上配的地址为自己的网关；相反属于 vlan 20 的主机应选 SW_3560_2 上配的地址为自己的网关。

　　这种配置存在一定的问题，虽然正常情况下可以工作，但 VLAN 中的主机在核心发生故障时无法实现切换。

　　解决的办法：配置 HSRP

9. 配置 HSRP

　　HSRP 中需要配置虚拟地址，虚拟地址作为主机在本 VLAN 中的网关。

　　vlan 10、vlan 30 在 SW_3560_1 上优先级较高，vlan 20 在 SW_3560_2 上优先级较高，尽可能实现流量的负载均衡。

　　具体配置如下：

```
SW_3560_1(config)♯ config terminal
SW_3560_1 (config)♯ int vlan 10
SW_3560_1 (config-if)♯ standby 1 ip 192.168.10.252     //配置 HSRP 组 1 的虚拟 IP
SW_3560_1 (config-if)♯ standby 1 priority 150          //配置 HSRP 组 1 优先级
SW_3560_1 (config-if)♯ standby 1 preempt               //配置 HSRP 组 1 可以抢占
SW_3560_1 (config-if)♯ standby 1 time 3 10             //设置检测时间和切换时间
SW_3560_1 (config)♯ int vlan 20
SW_3560_1 (config-if)♯ standby 2 ip 192.168.20.252     //配置 HSRP 组 2 的虚拟 IP
SW_3560_1 (config-if)♯ standby2 time 3 10
SW_3560_1 (config)♯ int vlan 30
SW_3560_1 (config-if)♯ standby3 ip 192.168.30.252      //配置 HSRP 组 3 的虚拟 IP
SW_3560_1 (config-if)♯ standby3 priority 150
SW_3560_1 (config-if)♯ standby3 preempt
SW_3560_1 (config-if)♯ standby3 time 3 10
//以下是 SW_3560_2 上的配置，注意是在 vlan 20 上设置为优先
SW_3560_2 (config)♯ int vlan 10
SW_3560_2 (config-if)♯ standby 1 ip 192.168.10.252
SW_3560_2 (config-if)♯ standby 1 time 3 10
SW_3560_2 (config)♯ int vlan 20
SW_3560_2 (config-if)♯ standby 2 ip 192.168.20.252
SW_3560_2 (config-if)♯ standby 2 priority 150
SW_3560_2 (config-if)♯ standby 2 preempt
SW_3560_2 (config)♯ int vlan 30
SW_3560_2 (config-if)♯ standby3 ip 192.168.30.252
SW_3560_2 (config-if)♯ standby3 time 3 10
```

　　在各核心交换机上查看 HSRP 简要信息：

```
show standby brief
```

10. 配置 DHCP 服务器

```
SW_3560_1(config)♯ip dhcp excluded-address 192.168.10.250 192.168.10.254
SW_3560_1(config)♯ip dhcp excluded-address 192.168.20.250 192.168.20.254
SW_3560_1(config)♯ip dhcp excluded-address 192.168.30.250 192.168.30.254
SW_3560_1(config)♯ip dhcp pool vlan 10
SW_3560_1(dhcp-config)♯network 192.168.10.0 255.255.255.0
SW_3560_1(dhcp-config)♯default-router 192.168.10.252
SW_3560_1(dhcp-config)♯dns-server 8.8.8.8
SW_3560_1(dhcp-config)♯ip dhcp pool vlan 20
SW_3560_1(dhcp-config)♯network 192.168.20.0 255.255.255.0
SW_3560_1(dhcp-config)♯default-router 192.168.20.252
SW_3560_1(dhcp-config)♯dns-server 8.8.8.8
SW_3560_1(dhcp-config)♯ip dhcp pool vlan 30
SW_3560_1(dhcp-config)♯network 192.168.30.0 255.255.255.0
SW_3560_1(dhcp-config)♯default-router 192.168.30.252
SW_3560_1(dhcp-config)♯dns-server 8.8.8.8

SW_3560_2(config)♯ip dhcp excluded-address 192.168.10.250 192.168.10.254
SW_3560_2(config)♯ip dhcp excluded-address 192.168.20.250 192.168.20.254
SW_3560_2(config)♯ip dhcp excluded-address 192.168.30.250 192.168.30.254
SW_3560_2(config)♯ip dhcp pool vlan 10
SW_3560_2(dhcp-config)♯network 192.168.10.0 255.255.255.0
SW_3560_2(dhcp-config)♯default-router 192.168.10.252
SW_3560_2(dhcp-config)♯dns-server 8.8.8.8
SW_3560_2(dhcp-config)♯ip dhcp pool vlan 20
SW_3560_2(dhcp-config)♯network 192.168.20.0 255.255.255.0
SW_3560_2(dhcp-config)♯default-router 192.168.20.252
SW_3560_2(dhcp-config)♯dns-server 8.8.8.8
SW_3560_2(dhcp-config)♯ip dhcp pool vlan 30
SW_3560_2(dhcp-config)♯network 192.168.30.0 255.255.255.0
SW_3560_2(dhcp-config)♯default-router 192.168.30.252
SW_3560_2(dhcp-config)♯dns-server 8.8.8.8
```

5.7　验收测试

一个网络系统的验收测试通常包括单机验收测试和全网验收测试。

1. 单机验收测试

单机验收测试通常由设备厂商主导，客户及集成商审核结果，但具体的责任分工还要参照具体项目标书及合同条款。其包含两部分：硬件验收测试和软件验收测试。

硬件验收测试包括电源可靠性及安装验收测试、线缆插线及走线、主

项目验收申请样例

备板倒换测试等。硬件验收测试部分通常作为单机验收测试的重点。

软件验收测试内容倾向于采用一般的功能性验证，如 FTP、Telnet 等。软件验收测试中的功能及性能测试，通常作为单机验收测试的可选项，根据客户具体需求而定。

2. 全网验收测试

全网验收测试通常以网络集成商为主导，根据客户需求设计并组织实施全网验收测试，设备厂商进行数据及操作配合，测试结果反馈客户审核。其内容主要包括全网性能指标测试、可靠性测试、厂商间互通测试、业务模拟测试四大组成部分。

（1）全网性能指标测试。

全网性能指标测试是根据客户承载业务的需求，对网络的端到端延迟（Latency）、抖动（Jitter）、丢包率（Loss Rate）等 QoS 指标进行测试。表 5-3 是对网络性能指标的定义。

表 5-3　网络性能指标

网络等级	单向时延(ms)	丢包率	抖动(ms)
良好(自定义)	≤40	≤0.1%	≤10
较差 *	≤100	≤1%	≤20
恶劣 *	≤400	≤5%	≤60

（2）可靠性测试。

客户对网络可靠性的要求越来越高，如果发生地震、战争等不可抗力原因导致网络中链路、节点、单板等出现故障，要保证业务中断时间尽可能短，甚至对业务没有影响。

可靠性测试主要包括单点故障及恢复模拟测试、单链路故障及恢复模拟测试。

（3）厂商间互通测试。

对于网络中存在多厂商设备时，厂商间互通测试尤其重要。对各项功能互通遍历验证在设备选型时通常由运营商进行过测试，因此不再进行全面的各项功能互通测试，而是根据网络实际需要部署的特性或是即将应用的特性进行互通验证。

互通验证测试需设备厂商工程师协助共同进行，验证结果交由客户审核。

（4）业务模拟测试。

业务模拟测试需要根据客户网络的业务模型，使用测试仪器在客户实际网络上进行模拟测试，可以分为一般业务连通性测试和专门业务模拟测试。

一般业务连通性测试：对接入业务所有的网关地址进行连通性测试，记录测试结果。

专门业务模拟测试：使用专门测试仪器，模拟实际业务流量（如 Abacus 等），输出完整的关键指标测试结果。

3. 网络验收测试报告

网络验收测试的所有结果需要同客户进行签字确认，网络集成方、客户、设备厂商各自存档，作为网络割接前，网络承载业务能力的证明。对于工程服务，此报告可作为网络初验报告和回款依据。

该企业局域网规模较小，可只做全网 Ping 通测试和故障测试。

（1）全网 Ping 通测试。

在各个 VLAN 中接入一台 PC 做测试点，将从 DHCP 服务器动态获取的 IP 地址、子网掩码和网关地址填入表 5-4；若未能获取动态地址，需检查 DHCP 服务器的配置。

表 5 - 4　各 PC 的 IP 地址

PC	VLAN ID	DHCP 获取的 IP 地址	子网掩码	网关地址
PC1	10			
PC2	20			
PC3	30			

按表 5-5 进行连通性测试，应能全 Ping 通。

表 5 - 5　连通性测试

Ping(通/不通)	PC1	PC2	PC3
PC1	————	√	√
192.168.10.252	√	√	√
192.168.10.253	√	√	√
192.168.10.254	√	√	√
PC2	√	————	√
192.168.20.252	√	√	√
192.168.20.253	√	√	√
192.168.20.254	√	√	√
PC3	√	√	————
192.168.30.252	√	√	√
192.168.30.253	√	√	√
192.168.30.254	√	√	√

（2）故障测试。

该企业项目中配置了 HSRP，故障测试时可将主交换机链路中断（将 SW_3560_1 上与各交换机的连接线都拔掉或关闭电源），再进行 Ping 通测试，除 Ping 不通主交换机上的 VLAN 网关外，其他应都能 Ping 通，如表 5-6 所示。

表 5 - 6　设置主交换机故障后连通性测试

Ping(通/不通)	PC1	PC2	PC3
PC1	———	√	√
192.168.10.252	√	√	√
192.168.10.253	√	√	√
192.168.10.254	×	×	×
PC2	√	————	√
192.168.20.252	√	√	√
192.168.20.253	√	√	√
192.168.20.254	×	×	×

Ping（通/不通）	PC1	PC2	PC3
PC3	√	√	－ － － －
192.168.30.252	√	√	√
192.168.30.253	√	√	√
192.168.30.254	×	×	×

若能按表 5-5 Ping 通，表明 HSRP 配置正确。

至此，一个小型企业局域网项目的部署与实施已基本完成。

5.8   竣工文档

竣工验收是指工程完工及施工单位自检合格后，通知客户有关部门及监理进行的验收。验收合格并取得相关资料（竣工资料移交）后，竣工验收开始承担责任。

竣工文档主要包括：竣工说明、项目验收表、项目施工任务、项目进度安排、项目实施方案、各类竣工图表（综合布线系统图、信息点数量统计表、工程项目端口对应表、IP 地址规划分配表、项目工程采购设备清单）、产品合格证及相关资料、现场安装调试的设备配置命令、测试报告、售后服务承诺书等。项目验收申请表样式见下表。

竣工文档样例

项目正式验收申请表

项目名称		招标编号	
使用部门	信息化建设与管理处	预验收时间	
中标实施单位			
项目合同签订时间			
项目试运行时间			
预验收内容：			
预验收结论：			
中标实施单位意见：	相关使用部门意见：		项目建设部门意见：
申请正式验收时间			

续表

拟定正式验收人员	
招投标管理办公室意见：	

5.9 项目拓展

目前，各企事业单位、机关学校及政府部门的网络组建、升级改造等项目都需要通过以政府采购的形式进行，这里简要说明。

政府采购是指各级国家机关、事业单位和团体组织，使用财政性资金采购依法制定的集中采购目录以内的或者采购限额标准以上的货物、工程和服务的行为。这些行为都需要走政府采购流程，依据的是国家颁发的《中华人民共和国招标投标法》和《中华人民共和国政府采购法》。

招标文件格式样例

根据招标投标法和政府采购法，明确了政府采购的流程和规范，即什么人（政府机关、事业单位、团体组织）花什么钱（财政资金）买什么东西（货物、工程、服务），采取什么采购方式（公开招标、协议供货、定点采购、邀请招标、竞争性谈判、询价、单一来源、竞争性磋商、紧急采购）。

参与项目的主要有三类人群：采购人、采购代理机构、供应商（系统集成商）。

（1）采购人是指依法进行政府采购的国家机关、事业单位和团队组织，是政府采购的买方。

（2）供应商是指向采购人提供货物、工程或者服务的法人和其他组织或者自然人。

（3）采购代理机构是指具备一定条件，经政府有关部门批准依法拥有政府采购代理资格的机构。它分两种，一种是政府集中采购机构，另一种是招投标代理中介机构。

1. 招标文件

招标文件共八章，分两部分，各部分的内容如下：

第一部分：

第一章　投标须知

第二章　评标方法及标准

第三章　政府采购合同格式条款

第四章　政府采购合同协议书

第五章　投标文件的组成

第二部分：

第六章　招标文件前附表

第七章　投标邀请

第八章　技术规格、参数及要求

2. 投标文件

投标文件是指投标人应招标文件要求编制的响应性文件。投标文件由商务文件、技术文件两部分组成：

商务文件包括：

（1）投标函。

（2）开标一览表。

（3）分项价格表。

（4）商务条款响应/偏离表。

（5）投标保证金。

（6）投标人资格证明文件。

技术文件包括：

（1）货物说明一览表。

（2）技术规格、参数响应/偏离表。

（3）投标货物符合招标文件规定的证明文件。

投标文件内容及题目的编排顺序和编号按本章要求的结构。

根据《政府采购法》第四十二条的规定，投标人无论中标与否，其投标文件不予退还。

投标人如有投标优惠，涉及价格的，应当直接在开标一览表的投标报价中给出（即投标报价中已包含价格折扣）；涉及商务、技术内容的，应当在商务条款响应/偏离表或技术规格、参数响应/偏离表中填写。

投标文件格式样例

【总项目报告】 企业局域网部署与实施

一、项目任务

为一家企业做一个局域网设计方案，并对该方案进行配置部署和实施。

二、项目描述

实地考察一家企业，针对其网络需求写出项目描述。

综合部署配置源文件

三、项目要求

按照结构部署、设备部署、配置部署、工程实施、系统测试等内容步骤进行，最后提交项目报告和竣工文档。

四、项目展示

制作项目汇报 PPT，并作项目演示和演讲。

习题答案及解析

项目 1 局域网项目设计

一、单选题

1. D	2. C	3. C	4. B	5. A
6. B	7. B	8. D	9. C	10. D

二、多选题

1. BDE	2. ADF	3. BD	4. CD	5. CD

三、判断题

1. 对	2. 错	3. 错	4. 错	5. 对

项目 2 小型办公局域网项目

一、单选题

1. B	2. B	3. D	4. D	5. C
6. D	7. C	8. B	9. A	10. C

二、多选题

1. BCDE	2. AC	3. CD	4. ABE	5. ABD

三、判断题

1. 对	2. 对	3. 错	4. 对	5. 错

项目 3 中型企业局域网项目

一、单项选择题

1. B	2. A	3. D	4. B	5. D
6. D	7. B	8. D	9. C	10. B

二、多选题

1. AB	2. BD	3. ABD	4. ABE	5. AC

三、判断题

1. 对	2. 对	3. 错	4. 对	5. 对

项目 4　大型园区局域网项目

一、单项选择题

1. D	2. B	3. C	4. C	5. D
6. B	7. A	8. D	9. B	10. C

二、多选题

1. BC	2. ABD	3. ABE	4. ACE	5. BDF

三、判断题

1. 对	2. 对	3. 错	4. 对	5. 对

参 考 文 献

［1］　陈敏. 局域网组建与交换技术项目教程［M］. 北京：电子工业出版社，2011.

［2］　李申. 网络组建与管理实用教程［M］. 北京：清华大学出版社，2010.

［3］　胡辰浩，袁建华. 网络组建与管理实训教程［M］. 北京：清华大学出版社，2011.

［4］　王达. 深入理解计算机网络［M］. 北京：机械工业出版社，2013.

［5］　王达. Cisco/H3C 交换机配置与管理完全手册［M］. 北京：中国水利水电出版社，2011.

［6］　杨继萍，张振. 计算机网络组建与管理标准教程(2015－2018 版). 北京：清华大学出版社，2010.

［7］　［加］斯科特•埃普森(Scott Empson)［美］谢丽尔•施密特(Cheryl Schmidt). 思科网络技术学院教程路由和交换基础［M］. 北京：人民邮电出版社，2014.

［8］　谢希仁. 计算机网络. 7 版［M］. 北京：电子工业出版社，2017.